Fundamentals of Elementary Mathematics

수리적 사고와
논리적 문제 해결을 위한

대학 기초 수학

| 진현성 · 박진원 · 최병진 지음 |

경문사

PREFACE

머리말

수학은 이공계뿐만 아니라 경제·경영학, 인문·사회과학 등 인간 생활의 전 분야에 걸쳐 응용되고, 인류의 문명과 더불어 발전해 왔다. 수학은 수식과 도형을 이용해 자연과 인간사회의 질서와 원리, 법칙, 수리적 모델, 사회문제 해결의 방법과 다양한 분야에서의 응용을 보여 준다. 수학은 복잡한 현상을 가능한 한 가장 단순화해서 세상을 바라보기 때문에 기호와 숫자, 수식과 그래프가 단순성을 포착할 수 있는 유일한 방법이 된 것뿐이다. 우리는 수학을 이용해 새로운 세상을 발견할 뿐만 아니라 미지의 세계를 창조하기도 한다. 16세기 근대과학을 탄생시킨 갈릴레이는 수학이 자연을 설명하는 데 중요한 도구라는 것을 깨닫고 "자연이라는 책은 수학의 언어로 쓰여 있다"고 말했다. 18세기 베르누이가 발견한 방정식은 비행기를 날 수 있게 만들었고, 가우스와 리만의 정수론은 인터넷에서 검색, 암호, 통신, 유통 등 새로운 비즈니스를 창출할 수 있게 하였다.

4차 산업혁명 시대에 돌입하면서 산업계의 디지털 전환 열풍으로 수학 지식이 폭넓게 활용되고, 수학의 논리적 사고를 필요로 하며 많은 사람이 수학 교육의 중요성을 느끼고 있다. 제조, 과학기술, IT, SW, 금융·보험업 등 다양한 산업계에서 인공 지능을 활용하고 있고, 인공지능의 핵심 기술로 부각되고 있는 머신 러닝이나 빅데이터 분석 등에서 사용되는 알고리즘의 원리에는 함수, 미분, 행렬과 벡터, 확률과 같은 수리적 바탕이 뒷받침되고 있다.

이 책은 자연 계열 및 공학 계열 학생들에게 논리적인 사고력과 전공을 공부하는 데 기초가 되는 수학적 지식을 제공하기 위해 쓰였다. 학생들이 논리적인 사고력을 갖추도록 함과 동시에 충분한 계산 능력을 갖추도록 다양한 예를 수록하여 집필하였다. 또한 예제와 함께 같은 유형의 문제를 제시하여 학생들이 예제를 복습하고 스스로 문제를 해결할 수 있는 능력을 익힐 수 있도록 구성하였다. 특히, 수학의 기초가 필요한 학생을 위하여 함수의 기본적인 내용과 함께 여러 가지 함수, 극한을 소개하고 있으며, 인공 지능 알고리즘과 데이터 분석의 기본이 되는 벡터와 행렬, 확률을 소개하고 있다.

이 책의 1장에서는 함수에 관한 기본적인 내용과 여러 가지 함수들을 소개하고 있으며, 2장에서는 미분을 공부하기 위한 전 단계로서 함수의 극한과 연속을 다루고 있다. 그리고 3장에서는 미분과 미분의 응용을 다루고, 4장에서는 벡터, 5장에서는 행렬을 소개한다. 6장에서는 다변수 함수를 다루고 7장에서 확률을 소개한다.

이 책이 이공학 계열 학생들이 대학 과정을 공부하는 데 많은 도움이 되기를 바라며, 이 책을 집필하는 데 도움을 주신 모든 분에게 감사를 드린다.

2021년 저자 일동

CONTENTS **목차**

CHAPTER 01 함수

CHAPTER 02 극한과 연속

CONTENTS **목차**

CHAPTER 05 행렬

CHAPTER 06 다변수 함수

CONTENTS **목차**

CHAPTER 07 확률

APPENDIX

연습문제 정답

APPENDIX

부록

CHAPTER 01

함수

이공학 분야뿐만 아니라 컴퓨팅 분야에서의 문제는 상당 부분 수학에서 다루는 다양한 함수를 이용하여 설명하고 문제를 해결한다. 이 장에서는 함수에 관한 기본 이론을 소개하며 여기서 다루는 모든 집합은 실수 전체 집합 $\mathbb{R}$ 의 부분집합으로 가정한다.

SECTION 1.1 함수의 정의

함수를 정의하기 위하여 먼저 대응 관계를 알아보기로 한다. 공집합이 아닌 두 집합 X와 Y에 대하여 집합 X의 원소에 집합 Y의 원소를 짝지어 주는 것을 대응이라 한다. 함수는 두 가지 요소를 만족하는 대응 관계로 다음과 같이 정의할 수 있다.

정의 1.1

공집합이 아닌 두 집합 X와 Y에 대하여 X의 각 원소 x에 Y의 단 하나의 원소 y를 대응시키는 대응 규칙 f를 집합 X에서 Y로의 **함수**라 하고

$$f : X \rightarrow Y, \quad y = f(x)$$

로 나타낸다. 이때 집합 X를 함수 f의 **정의역**, 집합 Y를 **공역**이라 한다. 그리고 $y = f(x)$를 x에서 f의 함숫값이라 하며 x를 **독립변수**, y를 **종속변수**라고 한다. 또한 집합 X의 모든 원소 x에 대한 함숫값의 집합 $f(X) = \{f(x) \mid x \in X\}$를 f의 **치역**이라 한다.

함수 f의 치역은 공역의 부분집합임을 알 수 있다. 즉, $f(X) \subseteq Y$이다.

함수 f의 정의역을 특별히 명시하지 않을 때는 f가 정의되는 실수들의 가장 큰 집합을 f의 정의역으로 하고 $dom(f)$으로 나타낸다.

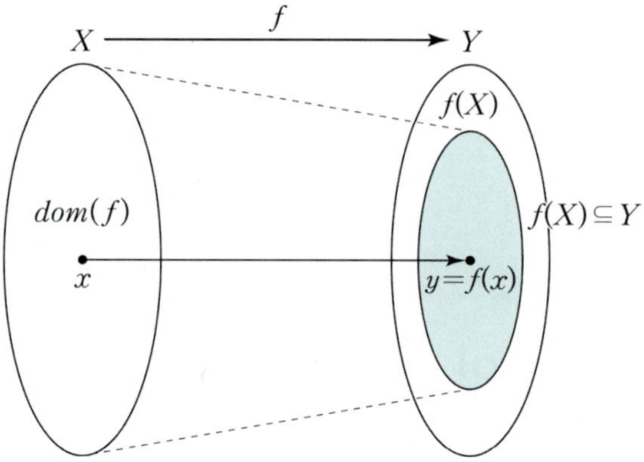

▎그림 1.1 ▎ 정의역, 공역, 치역

예제 1.1

다음에서 함수를 찾아라. 함수인 경우 정의역, 공역, 치역을 구하여라.

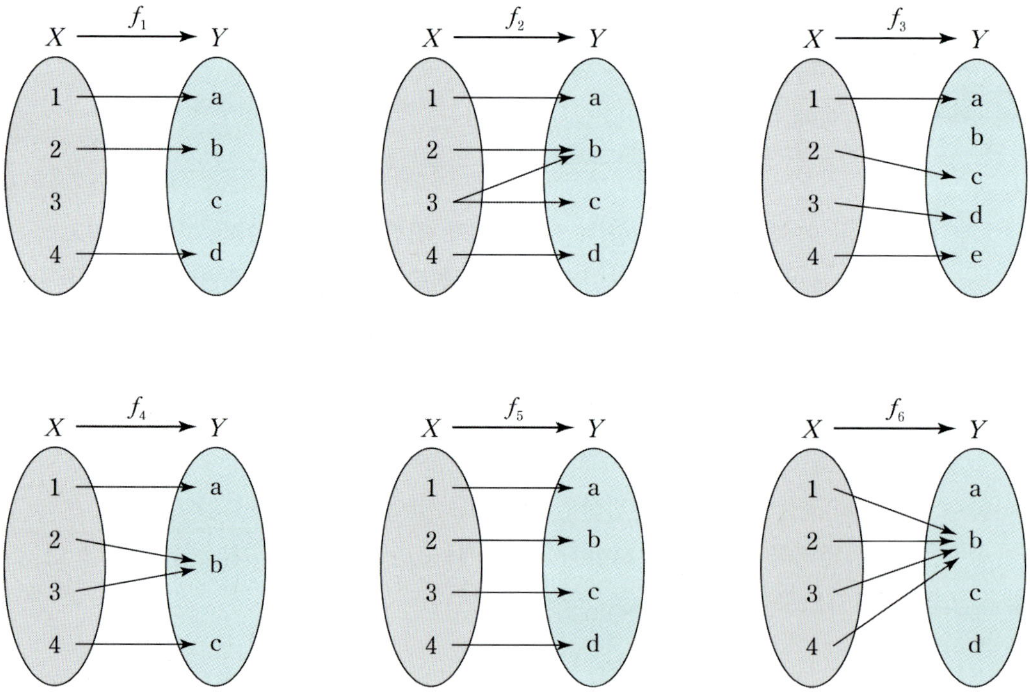

풀이 함수는 f_3, f_4, f_5, f_6 이다. 정의역은

$$dom(f_3) = dom(f_4) = dom(f_5) = dom(f_6) = \{1, 2, 3, 4\}$$

이다. 함수 f_3의 공역과 치역은

$$Y = \{a, b, c, d, e\}, \quad f_3(X) = \{a, c, d, e\}$$

이다. 함수 f_4의 공역과 치역은

$$Y = \{a, b, c\} \quad f_4(X) = \{a, b, c\}$$

이다. 함수 f_5의 공역과 치역은

$$Y = \{a, b, c, d\}, \quad f_5(X) = \{a, b, c, d\}$$

이다. 함수 f_6의 공역과 치역은

$$Y = \{a, b, c, d\}, \quad f_6(X) = \{b\}$$

이다.

문제 1.1

다음에서 함수를 찾아라. 함수인 경우 정의역, 공역, 치역을 구하여라.

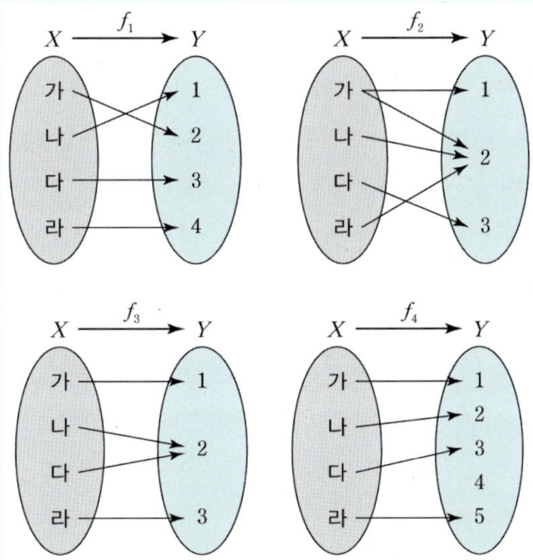

공집합이 아닌 임의의 집합 X에 대하여 X의 각 원소를 자기 자신으로 대응시키는 함수 $f(x)=x$를 **항등함수**라 하고 $I_X(x)=x$로 나타낸다. 또한 X의 모든 원소 x가 집합 Y의 오로지 한 원소 c와 대응을 이루는 경우, 즉 모든 $x \in X$에 대하여 $y=f(x)=c$일 때 f를 **상수함수**라 한다.

컴퓨터 프로그래밍의 관점에서 보면 함수 $y=f(x)$는 x에 어떤 값을 넣었을 때 주어진 함수식에 의해 계산을 수행하고 결괏값 y를 도출하는 과정이라고 볼 수 있다. 여기서 중요한 점은 함수 내부가 어떻게 구현되어 있을지라도 입력을 넣으면 출력이 나온다는 것이다. 프로그래밍에서 함수가 하는 일도 수학에서 배운 함수와 같다. 컴퓨터 프로그래밍을 하다 보면 동일한 계산을 반복해서 구하는 경우가 있는데 이때 바로 함수를 사용하면 유용하다. 즉 반복되는 부분이 있는 경우 '반복적으로 사용되는 계산 부분'을 한 덩어리로 묶어서 '어떤 입력값을 주었을 때 어떤 결괏값을 돌려준다.'라는 방식으로 함수를 작성하면 된다. 입력되는 값이 새롭게 바뀔 때마다 내부적으로 처리를 수행하고 결괏값을 내놓게 된다. 이것이 함수를 사용하는 이유이며 프로그래밍에서 함수는 매우 중요한 역할을 한다.

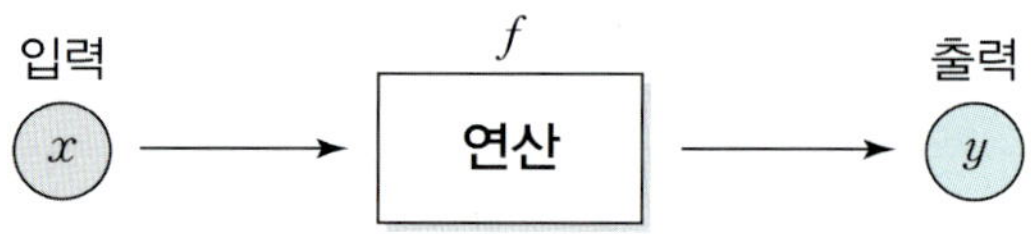

| 그림 1.2 | 컴퓨터 프로그래밍에서 함수

함수를 시각화하는 가장 보편적인 방법은 그래프이다. 함수 $f: X \to Y$, $y=f(x)$의 그래프는 함수의 자취를 나타내는 그림을 제공한다. 다시 말해, f의 그래프는 정의역 X의 모든 원소 x에 대해 $y=f(x)$를 만족하는 좌표평면의 점 (x, y) 전체로 구성된다.

함수 $f: X \to Y$에 대하여 정의역 X의 모든 원소 x와 그에 대응하는 함숫값 $f(x)$의 순서쌍 $(x, f(x))$ 전체의 집합

$$G = \{(x, f(x)) \mid x \in X\} = \{(x, y) \mid y=f(x),\ x \in X\}$$

을 함수 f의 **그래프**라 한다.

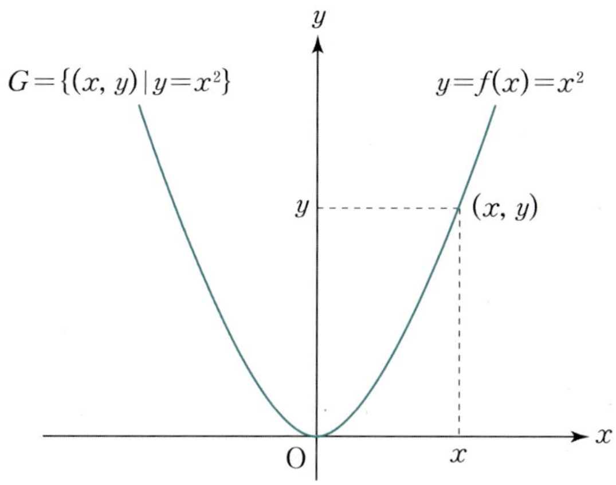

▎그림 1.3▎ 함수 $y=f(x)=x^2$의 그래프

어떤 곡선이 수직선과 두 점 이상에서 만나면 이 곡선은 함수의 그래프가 될 수 없다. 왜냐하면 x의 값에 y의 값이 꼭 하나만 대응해야 함수가 되기 때문이다. 이를 함수의 **수직선 판정법**이라 한다. 예를 들어 그림 1.4는 함수의 그래프가 아니고, 그림 1.5는 함수의 그래프이다.

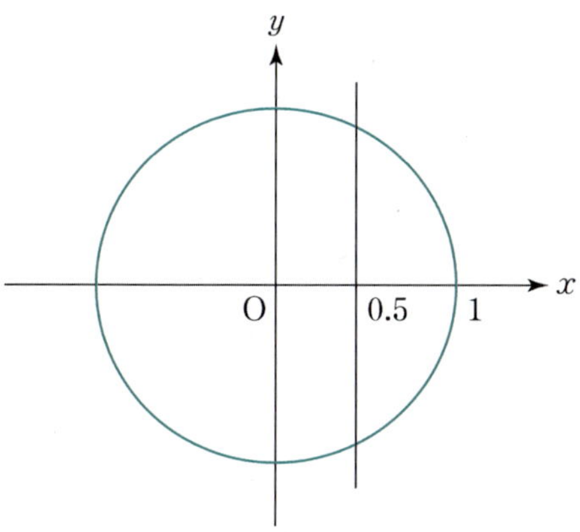

▎그림 1.4▎ 함수의 그래프가 아니다.

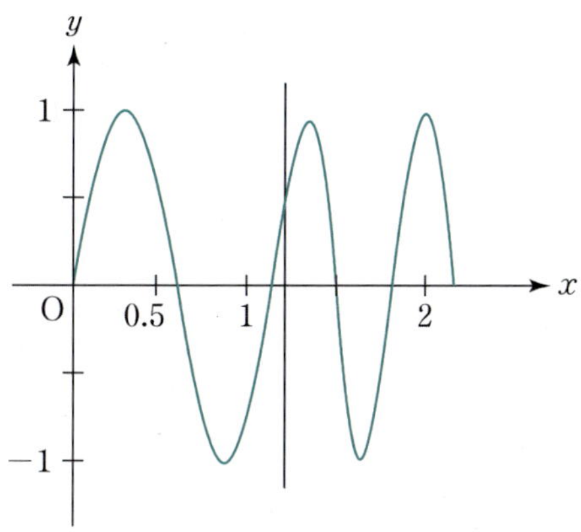

▎그림 1.5▎ 함수의 그래프이다.

$f(x)=x^2$의 그래프를 x축을 따라 수평 이동한 그래프는 그림 1.6과 같다.

$y=(x-2)^2$는 $y=x^2$의 그래프를 x축을 따라 오른쪽으로 2만큼 수평 이동한 그래프이고, $y=(x+2)^2$는 $f(x)=x^2$의 그래프를 x축을 따라 -2만큼 수평 이동한 그래프

이다. 즉, 왼쪽으로 2만큼 수평 이동한 그래프이다. 따라서 $p > 0$에 대하여 $y = f(x)$를 x축을 따라 오른쪽으로 p만큼 수평 이동한 함수는 $y = f(x-p)$ 이고, 왼쪽으로 p만큼 수평 이동한 함수는 $y = f(x+p)$ 이다.

$f(x) = x^2$ 의 그래프를 y축을 따라 수직 이동한 그래프는 그림 1.7과 같다.

$y = x^2 + 1$ 은 $y = x^2$ 의 그래프를 y축을 따라 위쪽으로 1 만큼 수직 이동한 그래프이고, $y = x^2 - 1$ 은 $y = x^2$ 의 그래프를 y축을 따라 -1 만큼 수직 이동한 그래프이다. 즉, 아래쪽으로 1만큼 수직 이동한 그래프이다. 그러므로 $q > 0$에 대하여 $y = f(x)$를 y 축을 따라 q만큼 위쪽으로 수직 이동한 함수는 $y = f(x) + q$ 이고, 아래쪽으로 q만큼 수직 이동한 함수는 $y = f(x) - q$가 된다.

$f(x) = x^2$ 의 그래프를 x축에 대칭시킨 $y = -x^2$ 의 그래프는 그림 1.8이다.

$y = 1 - (x+2)^2$ 그래프의 형태는 대칭과 평행이동이 된 그림 1.9이다. 함수의 평행, 대칭 이동에 관해 정리하면 표 1.1과 같다.

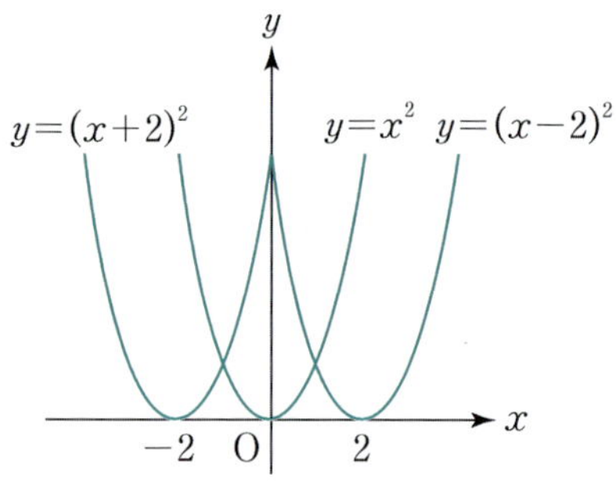

그림 1.6 $f(x) = x^2$의 수평 이동

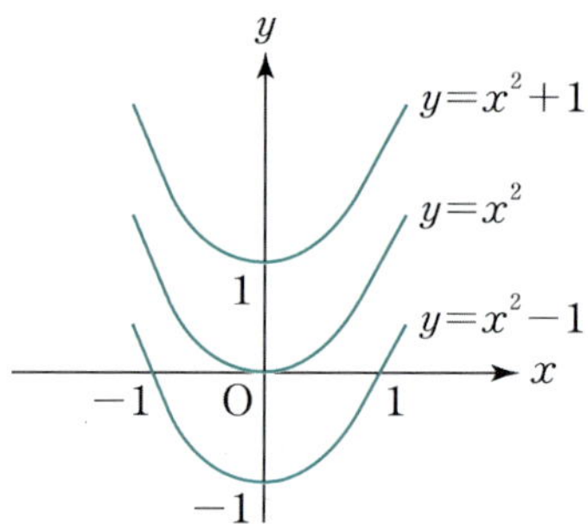

그림 1.7 $f(x) = x^2$의 수직 이동

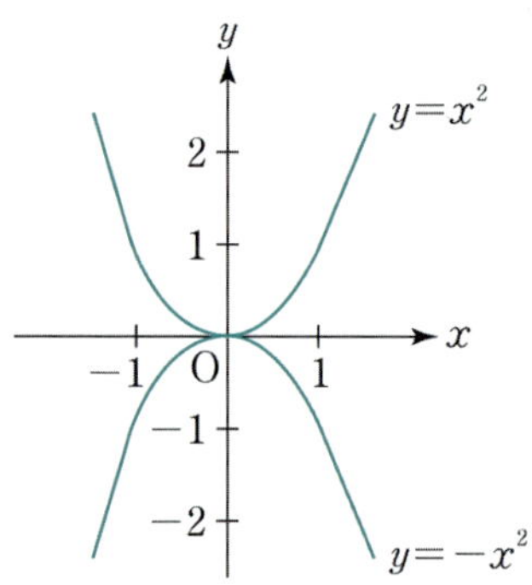

그림 1.8 $f(x) = x^2$의 x축에 대한 대칭

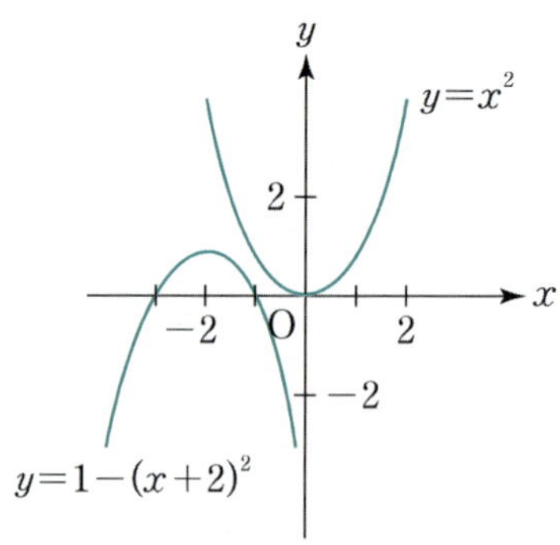

그림 1.9 $f(x) = x^2$의 대칭, 평행 이동

▼ 표 1.1 평행, 대칭 이동

함수 $y=f(x)$의 평행이동과 대칭 $(p,\ q>0)$	
오른쪽으로 p만큼 수평 이동	$y=f(x-p)$
왼쪽으로 p만큼 수평 이동	$y=f(x+p)$
위쪽으로 q만큼 수직 이동	$y=f(x)+q$
아래쪽으로 q만큼 수직 이동	$y=f(x)-q$
x축에 대하여 대칭	$y=-f(x)$
y축에 대하여 대칭	$y=f(-x)$
원점에 대하여 대칭	$y=-f(-x)$

예제 1.2

함수 $y=3x$에 대하여 주어진 대칭, 평행 이동된 함수를 구하여라.

(1) 왼쪽으로 2만큼 수평 이동

(2) 위쪽으로 4만큼 수직 이동

(3) x축에 대한 대칭 이동과 아래쪽으로 1만큼 수직 이동

풀이

(1) $y=f(x+2)=3(x+2)$

(2) $y=f(x)+4=3x+4$

(3) $y=-f(x)-1=-3x-1$

문제 1.2

함수 $y=-x+2$에 대하여 주어진 대칭, 평행 이동된 함수를 구하여라.

(1) 오른쪽으로 3만큼 수평이동

(2) 아래쪽으로 1만큼 수직이동

(3) y축에 대한 대칭 이동과 위쪽으로 2만큼 수직이동

두 함수들 사이의 사칙연산을 다음과 같이 정의한다.

정의 1.2

두 함수 f, g의 정의역이 각각 X_1, X_2라고 하자. 함수의 사칙연산을 모든 $x \in X_1 \cap X_2$에 대하여 다음과 같이 정의한다.

$$(f+g)(x) = f(x) + g(x)$$
$$(f-g)(x) = f(x) - g(x)$$
$$(fg)(x) = f(x)g(x)$$
$$\left(\frac{f}{g}\right)(x) = \frac{f(x)}{g(x)} \quad (\text{단, } g(x) \neq 0)$$

예제 1.3

두 함수 $f(x) = 3x+1$과 $g(x) = x-2$에 대하여 $f+g$, $f-g$, fg, $\dfrac{f}{g}$를 구하고 각각의 정의역을 구하여라.

풀이 두 함수 $f(x) = 3x+1$과 $g(x) = x-2$의 사칙연산을 구하면

$$(f+g)(x) = f(x) + g(x) = (3x+1) + (x-2) = 4x-1$$
$$(f-g)(x) = f(x) - g(x) = (3x+1) - (x-2) = 2x+3$$
$$(fg)(x) = f(x)g(x) = (3x+1)(x-2) = 3x^2 - 5x - 2$$
$$\left(\frac{f}{g}\right)(x) = \frac{f(x)}{g(x)} = \frac{3x+1}{x-2}$$

이고 $dom(f) = dom(g) = \mathbb{R}$이므로 각 함수의 정의역은

$$dom(f+g) = dom(f-g) = dom(fg) = dom(f) \cap dom(g) = \mathbb{R}$$
$$dom\left(\frac{f}{g}\right) = dom(f) \cap dom(g) - \{x \mid g(x) = 0\} = \mathbb{R} - \{2\}$$

이다.

문제 1.3

두 함수 $f(x)=2x+3$ 와 $g(x)=x^2-1$ 에 대하여 $f+g$, $f-g$, fg, $\dfrac{f}{g}$ 을 구하고 각각의 정의역을 찾아라.

이제 특별한 성질을 갖고 있는 함수에 대해 알아보도록 한다.

정의 1.3

(1) 함수 $f: X \to Y$에 대하여 공역과 치역이 일치하면, 즉

$$Y=f(X)$$

일 때 f를 **전사함수** 또는 **위로의 함수**라 한다.

(2) 모든 $x_1,\ x_2 \in X$에 대하여

$$x_1 \neq x_2 \text{ 이면 } f(x_1) \neq f(x_2)$$

일 때 f를 **단사함수** 또는 **일대일 함수**라 한다.

(3) f가 전사함수이면서 단사함수일 때 f를 **전단사함수** 또는 **일대일 대응**이라 부른다.

단사함수란 정의역 X의 서로 다른 임의의 두 원소에 대한 함숫값이 서로 다르다는 의미이고 다음과 같은 필요충분조건을 갖는다.

$$f(x_1) = f(x_2) \text{ 이면 } x_1 = x_2$$

함수의 그래프를 알고 있는 경우 단사함수임을 쉽게 확인할 수 있다. 함수의 그래프가 수평선과 두 점 이상에서 만나면 이 그래프는 단사함수가 아니라고 판정하고, 어떤 수평선과도 한 번 이하로 만나면 단사함수라고 판정한다. 왜냐하면 함숫값 y에 대응되는 x의 값이 꼭 하나만 있어야 단사함수가 되기 때문이다. 이를 단사함수의 **수평선 판정법**이라 한다.

예제 1.1에 있는 함수 중 f_3은 전사함수는 아니지만 단사함수이고, f_4는 전사함수이지만 단사함수가 아니다. 한편 f_5는 전단사함수이다.

예제 1.4

다음 함수에서 단사함수, 전사함수, 전단사함수를 구별하여라.

(1) $f(x)=x^3,\ f:\mathbb{R}\rightarrow\mathbb{R}$

(2) $g(x)=x^2,\ g:\mathbb{R}\rightarrow\mathbb{R}^+$

단, $\mathbb{R}^+$는 음이 아닌 실수 전체의 집합이다.

풀이 (1)은 전단사함수이다. (2)는 전사함수이지만 단사함수는 아니다.

(1)

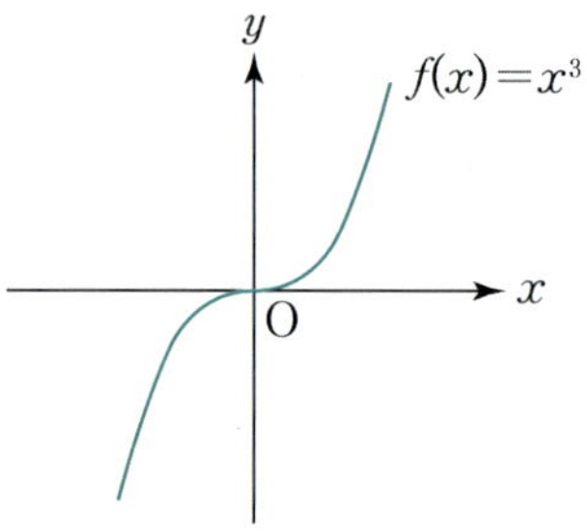

(2)

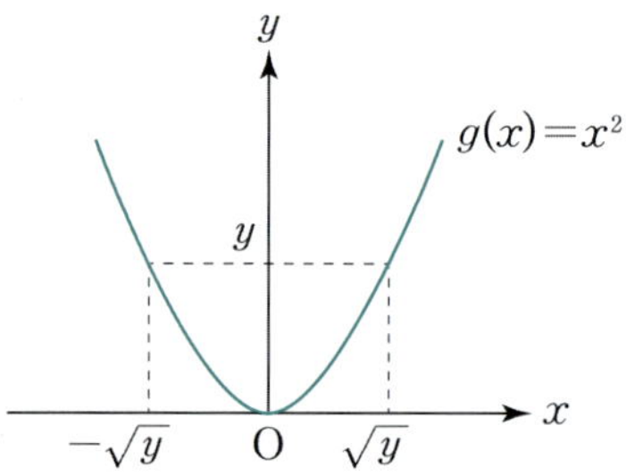

문제 1.4

다음 함수에서 단사함수, 전사함수, 전단사함수를 판단하여라.

(1) $g_1(x)=x^2,\ g_1:\mathbb{R}^+\rightarrow\mathbb{R}$

(2) $g_2(x)=x^2,\ g_2:\mathbb{R}^+\rightarrow\mathbb{R}^+$

단, $\mathbb{R}^+$는 음이 아닌 실수 전체의 집합이다.

이제 두 함수가 주어졌을 때 이 두 함수를 합성하는 방법에 대하여 알아보기로 한다.

정의 1.4

두 함수 $f : X \to U$와 $g : U \to Y$에 대하여 함수 $g \circ f : X \to Y$를

$$(g \circ f)(x) = g(f(x))$$

라 정의하고 이때 $g \circ f$를 f와 g의 **합성함수**라 한다.

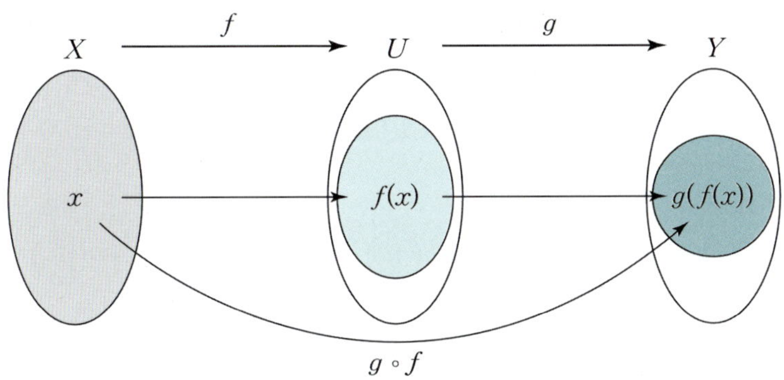

그림 1.10 두 함수의 합성

즉, 합성함수 $g \circ f$란 X의 임의의 원소 x에 대하여 f에 의한 U의 원소 $f(x)$를 대응시키고, 다시 $f(x)$에 대하여 g에 의한 Y의 원소 $g(f(x))$를 대응시키는 '집합 X에서 Y로의 함수이다.' 합성함수 $g \circ f$에서 함수 f의 치역이 함수 g의 정의역인 집합 U의 부분집합이 된다. 따라서 (함수 f의 치역) $\subseteq$ (함수 g의 정의역) 이어야만 합성함수 $g \circ f$가 정의된다.

예제 1.5

함수 $f(x) = x + 2$와 $g(x) = x^2 - 1$에 대하여 합성함수 $f \circ g$와 $g \circ f$를 구하여라.

풀이 합성함수의 정의에 의해

$$(f \circ g)(x) = f(g(x)) = g(x) + 2 = (x^2 - 1) + 2 = x^2 + 1$$

$$(g \circ f)(x) = g(f(x)) = f(x)^2 - 1 = (x + 2)^2 - 1 = x^2 + 4x + 3$$

예제 1.5에서 알 수 있듯이 일반적으로 합성함수에서 교환법칙이 성립하지 않는다. 즉, $f \circ g \neq g \circ f$ 이다.

문제 1.5

함수 $f(x) = 2x - 1$, $g(x) = -3x^2$ 에 대하여 다음 합성함수를 구하여라.

(1) $(f \circ g)(x)$ (2) $(g \circ f)(x)$ (3) $(f \circ f)(x)$

컴퓨터 코딩의 관점에서 보면 합성함수 $y = (g \circ f)(x) = g(f(x))$는 x를 넣었을 때 주어진 f에 의해 계산된 값 $u = f(x)$를 얻고, u를 다시 g에 넣어서 계산을 수행하여 결괏값 y를 도출하는 과정이라고 볼 수 있다.

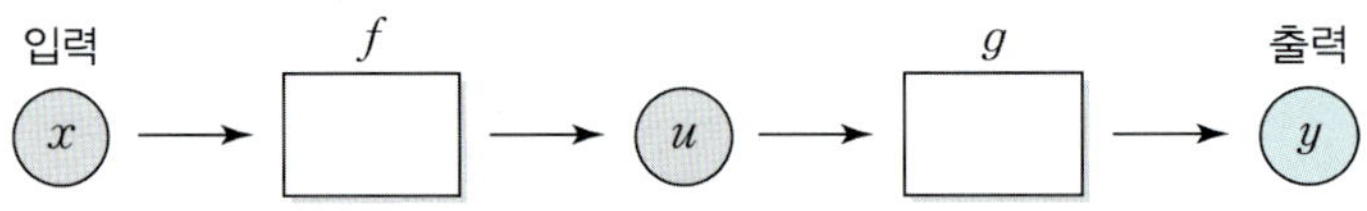

그림 1.11 합성함수의 컴퓨터 코딩

여러 함수들의 합성함수도 정의할 수 있다. 세 함수 $f: X \to U$, $g: U \to W$, $h: W \to Y$에 대하여 함수 $h \circ g \circ f : X \to Y$를

$$(h \circ g \circ f)(x) = h(g(f(x)))$$

라 정의하고 이때 $h \circ g \circ f$를 f와 g와 h의 합성함수라 한다.

일반적으로, n개의 함수들의 합성함수는

$$y = (f_n \circ \cdots \circ f_2 \circ f_1)(x) = f_n(\cdots(f_2(f_1(x)))$$

으로 정의한다. 이때 $u_1 = f_1(x), u_2 = f_2(u_1), \cdots, u_{n-1} = f_{n-1}(u_{n-2}), y = f_n(u_{n-1})$ 이라면 그림 1.12와 같이 합성함수를 나타낼 수 있다.

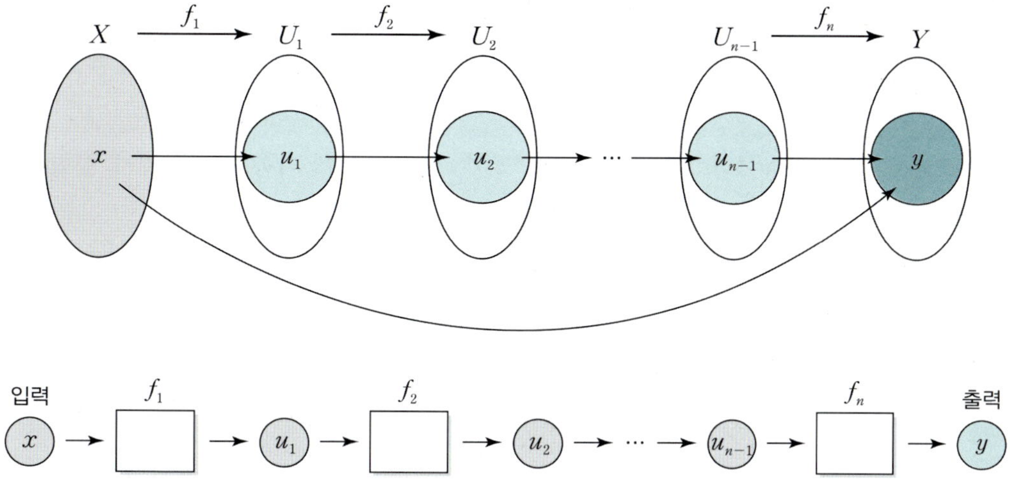

❙ 그림 1.12 ❙ 복잡한 합성함수의 컴퓨터 코딩

함수 $f : X \to Y$가 전단사함수이면 정의역 X와 공역 Y 안의 원소들이 일대일 대응을 이룬다. 이때 그림 1.13과 같이 집합 Y 안의 각 원소 y에 대하여 $y = f(x)$에 의한 X 안의 유일한 원소 x로 대응시키는 함수 $g : Y \to X$가 존재한다. 따라서 모든 $x \in X$에 대하여 $y = f(x)$라 할 때 $g : Y \to X$는 $x = g(y)$이므로 $g : Y \to X$는 함수의 조건을 만족할 뿐만 아니라 전단사함수의 조건을 만족한다.

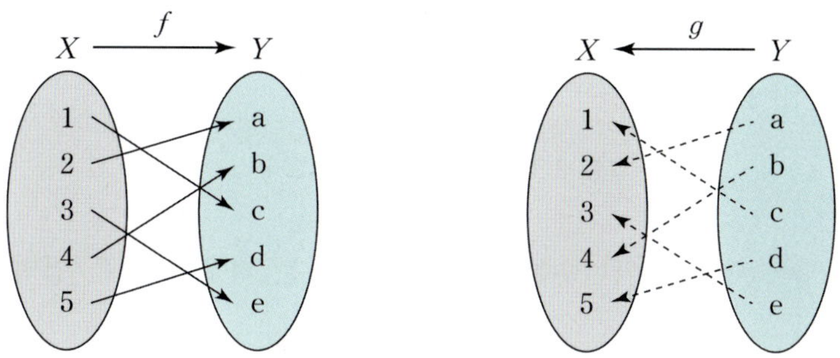

❙ 그림 1.13 ❙ 역대응 관계

정의 1.5

전단사함수 $y=f(x)$의 치역을 정의역으로 하고 $y=f(x)$의 대응 관계를 역대응하는 함수 $g:Y\to X$, $x=g(y)$를 $f:X\to Y$의 **역함수**라 하고 $g=f^{-1}$로 나타낸다. 따라서 $f:X\to Y$와 $f^{-1}:Y\to X$ 사이에 다음 합성관계가 성립한다.

(1) 모든 $x\in X$에 대하여 $(f^{-1}\circ f)(x)=f^{-1}(f(x))=f^{-1}(y)=x$
 즉, $f^{-1}\circ f=I_X$이다.

(2) 모든 $y\in Y$에 대하여 $(f\circ f^{-1})(y)=f(f^{-1}(y))=f(x)=y$
 즉, $f\circ f^{-1}=I_Y$이다.

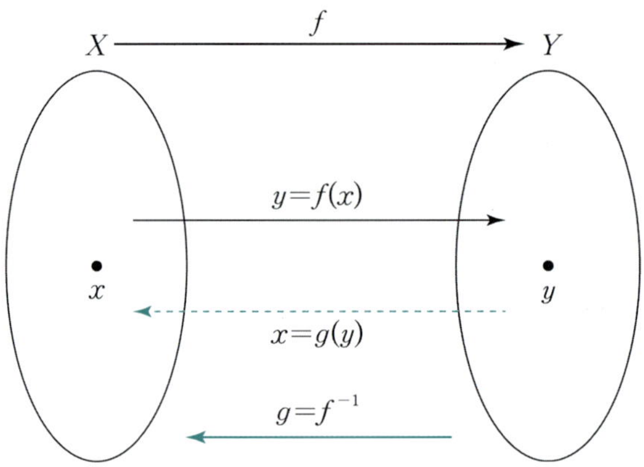

그림 1.14 함수 f와 역함수 f^{-1}

전단사함수 $y=f(x)$의 역함수를 구하기 위해서는 다음과 같은 방법을 사용한다.

(1단계) 식 $y=f(x)$에서 x를 y에 관한 식으로 고친다. 즉 $x=g(y)$ 형태로 쓴다. (2단계) $x=g(y)$에서 x와 y를 바꾸어 쓰면 역함수 $y=g(x)=f^{-1}(x)$를 얻는다.

결국, $y=f(x)$의 역함수는 $y=f(x)$에서 x와 y를 바꾼 다음 x에 관한 식으로 고친 함수이므로 역함수와 원래의 함수는 직선 $y=x$에 관하여 대칭이 된다.

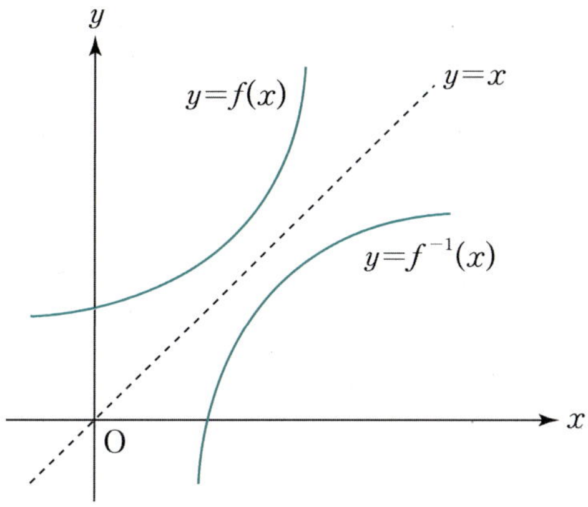

그림 1.15 f와 f^{-1}의 그래프

예제 1.6

$f(x)=3x^3-2$와 $g(x)=\sqrt[3]{\dfrac{x+2}{3}}$는 서로 역함수임을 보여라.

풀이 두 함수의 합성함수를 구하면

$$f(g(x))=3g(x)^3-2=3\left(\frac{x+2}{3}\right)-2=x$$

$$g(f(x))=\sqrt[3]{\frac{f(x)+2}{3}}=\sqrt[3]{\frac{(3x^3-2)+2}{3}}=\sqrt[3]{x^3}=x$$

이므로 f와 g는 서로 역함수이다.

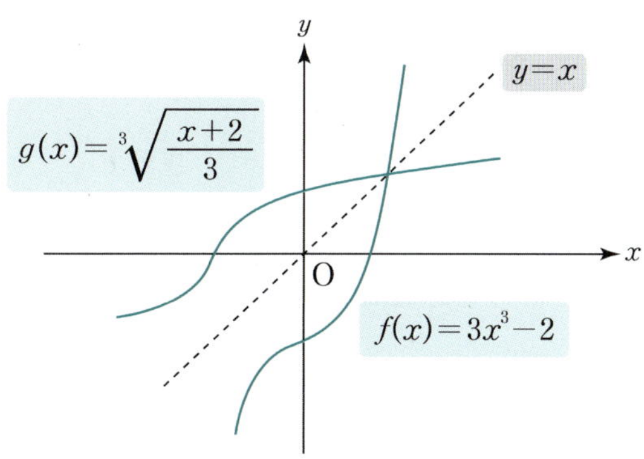

그림 1.16

문제 1.6

$f(x)=\sqrt[5]{\dfrac{x-1}{4}}$ 와 $g(x)=4x^5+1$는 서로 역함수임을 보여라.

예제 1.7

주어진 함수 $f(x)$의 정의역과 치역을 구하고 역함수 $f^{-1}(x)$를 구하여라.

(1) $f(x)=-2x+1$

(2) $f(x)=3x^2+2,\ \ x\geq 0$

풀이 (1) f 의 정의역과 치역은 $\mathbb{R}$ 이고 전단사함수이므로 역함수가 존재한다. $y=-2x+1$의 x에 관한 식은 $x=\dfrac{-y+1}{2}$이므로 역함수는

$$f^{-1}(x)=\frac{-x+1}{2}$$

이다.

(2) 정의역은 $\{x\,|\,x\geq 0\}$이고 치역은 $f(x)=3x^2+2\geq 2$이다. 따라서 $f:\{x\,|\,x\geq 0\}\rightarrow\{y\,|\,y\geq 2\}$인 전단사함수이다. $y=3x^2+2$의 x에 관한 식은 $x=\pm\sqrt{\dfrac{y-2}{3}}$ 이다. 그런데 $x\geq 0$ 이므로 $x=\sqrt{\dfrac{y-2}{3}}$ 이고 역함수는

$$f^{-1}(x)=\sqrt{\frac{x-2}{3}}$$

이다.

문제 1.7

함수 $y=x^2-4, x\geq 0$ 의 정의역과 치역을 찾고, 역함수 $f^{-1}(x)$를 구하여라.

SECTION 1.1 연/습/문/제

01 다음 그래프가 X에서 Y로의 함수인지 아닌지 결정하여라.

(1)

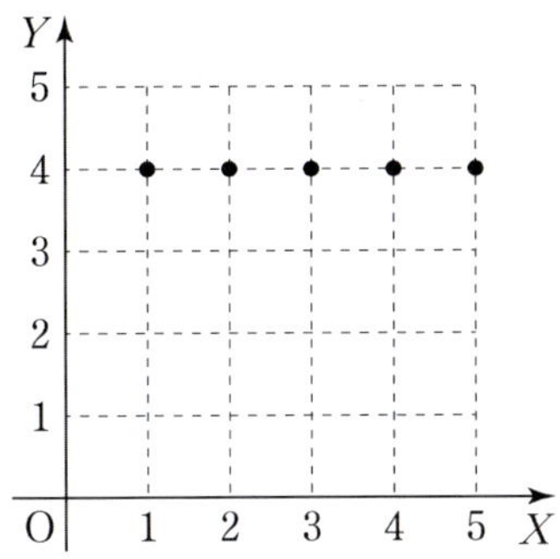

(2)

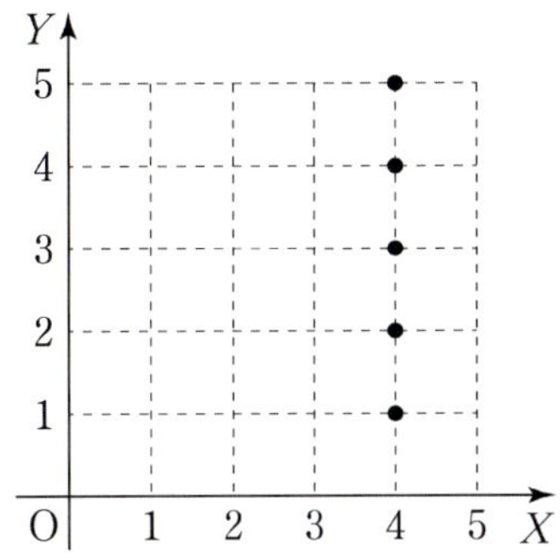

(3)

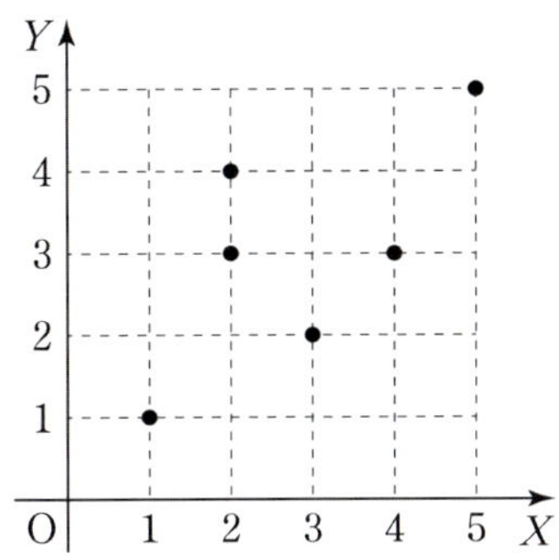

(4)

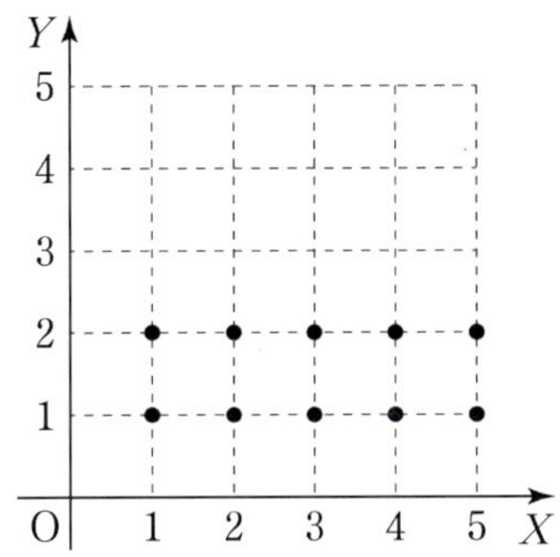

[02–06] 다음 함수 $f(x)$에 대하여 주어진 방향으로 평행 이동한 함수 $g(x)$를 구하여라.

02 $f(x)=3x+1$을 위로 3만큼, 오른쪽으로 1만큼 이동한 함수

03 $f(x)=-2x^2+1$을 아래로 1만큼, 오른쪽으로 2만큼 이동한 함수

04 $f(x)=\sqrt{x+2}$를 아래로 2만큼, 왼쪽으로 1만큼 이동한 함수

05 $f(x)=\dfrac{2}{x}$를 3만큼 수직 이동, -1만큼 수평 이동한 함수

06 $f(x)=|x|$를 -3만큼 수직 이동, -2만큼 수평 이동한 함수

직선의 기울기는 말 그대로 기울어진 정도를 측정하는 것으로 x의 변화량에 대응되는 y의 변화량의 비율로 나타낼 수 있으며 간단히 변화율이라고도 한다. 즉, x값이 x_1에서 x_2로 변할 때 x의 변화량은 $x_2 - x_1$이고, 이때 대응되는 y값이 y_1에서 y_2로 변하면 y의 변화량은 $y_2 - y_1$이며 기울기는 다음과 같다.

$$\text{기울기} := \frac{y\text{값의 변화량}}{x\text{값의 변화량}} = \frac{y_2 - y_1}{x_2 - x_1} \tag{1.1}$$

어떤 일차함수가 두 점 (x_1, y_1), (x_2, y_2)를 지날 때, 이때의 일차함수의 기울기는 (1.1)에 의해 구할 수 있다.

예를 들어 그림 1.18과 같이 x가 1에서 3으로 변할 때 x의 변화량은 2이고 이때 y는 2에서 6으로 변하므로 y의 변화량은 4이다. 따라서 기울기는 2가 된다. 또한 x가 -1에서 -2로 변할 때 y는 -2에서 -4로 변하므로 기울기는 역시 2이다.

$$\begin{aligned}\text{기울기} :&= \frac{y\text{값의 변화량}}{x\text{값의 변화량}} = \frac{y_2 - y_1}{x_2 - x_1} \\ &= \frac{6-2}{3-1} = \frac{4}{2} = 2 \\ &= \frac{-4-(-2)}{-2-(-1)} = \frac{-2}{-1} = 2\end{aligned}$$

그림 1.19에서 x가 -1에서 -2로 변할 때 x의 변화량은 -1이고 이때 y는 3에서 6으로 변하므로 y의 변화량은 3이다. 따라서 기울기는 -3이 된다. 또한 x가 0에서 1로 변할 때 y는 0에서 -3으로 변하므로 기울기는 역시 -3이 된다.

$$\begin{aligned}\text{기울기} &= \frac{6-3}{-2-(-1)} = \frac{3}{-1} = -3 \\ &= \frac{-3-0}{1-0} = \frac{-3}{1} = -3\end{aligned}$$

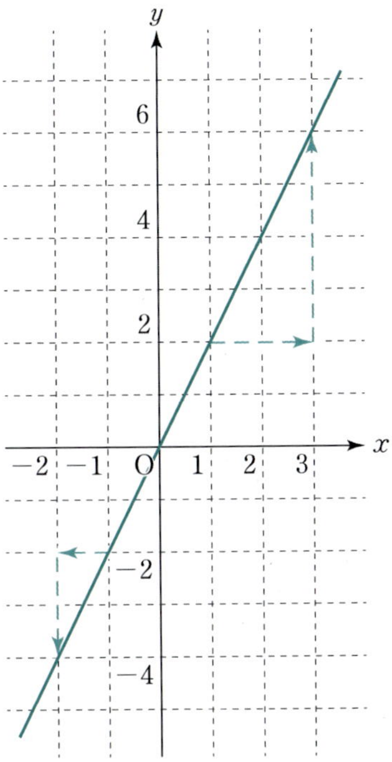

| 그림 1.18 | $y = 2x$

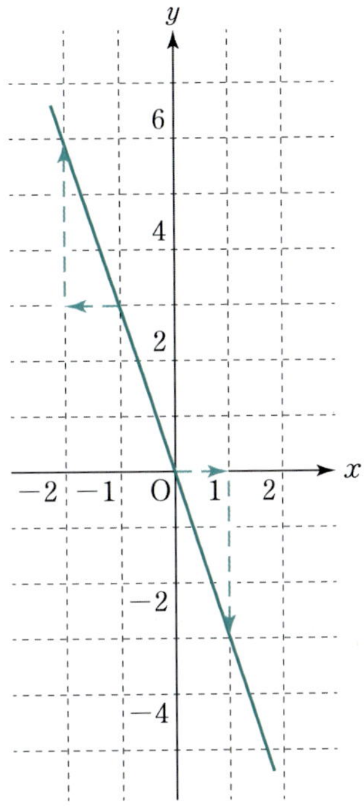

| 그림 1.19 | $y = -3x$

정리 1.7

(1) 기울기 m과 지나는 한 점 (x_1, y_1)이 주어졌을 때 직선의 방정식은 다음과 같다.

$$y - y_1 = m(x - x_1)$$

(2) 지나는 두 점 (x_1, y_1), (x_2, y_2)가 주어졌을 때 직선의 기울기는

$$m = \frac{y_2 - y_1}{x_2 - x_1}$$

이고, 직선의 방정식은 다음과 같다.

$$y - y_1 = \frac{y_2 - y_1}{x_2 - x_1}(x - x_1)$$

예제 1.8

다음 직선의 방정식을 구하고 그래프를 그려라.

(1) 기울기가 2이고 지나는 점 $(1, -3)$

(2) 지나는 두 점 $(4, -8)$, $(-2, 7)$

풀이 (1) 기울기는 $m=2$ 이고 $(x_1, y_1) = (1, -3)$ 이므로

$$y+3 = 2(x-1)$$

을 얻는다. 간단히 하면 $y = 2x-5$이다. 기울기가 2, y절편이 -5이고 x절편이 $\frac{5}{2}$인 직선의 그래프는 그림 1.20과 같다.

(2) $(x_1, y_1)=(4, -8)$, $(x_2, y_2)=(-2, 7)$이라 두면, 직선의 방정식

$$y+8=\frac{7+8}{-2-4}(x-4)$$

를 얻는다. 간단히 정리하면 $y = -\frac{5}{2}x+2$이다. 기울기가 $-\frac{5}{2}$, x절편이 $\frac{4}{5}$이고 y절편이 2인 직선의 그래프는 그림 1.21과 같다.

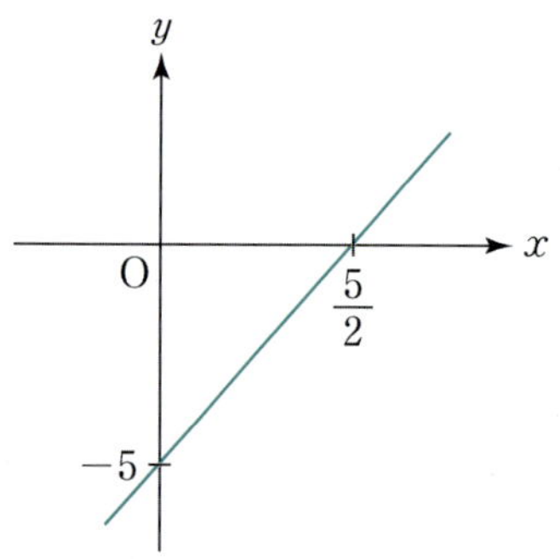

그림 1.20 $y=2x-5$

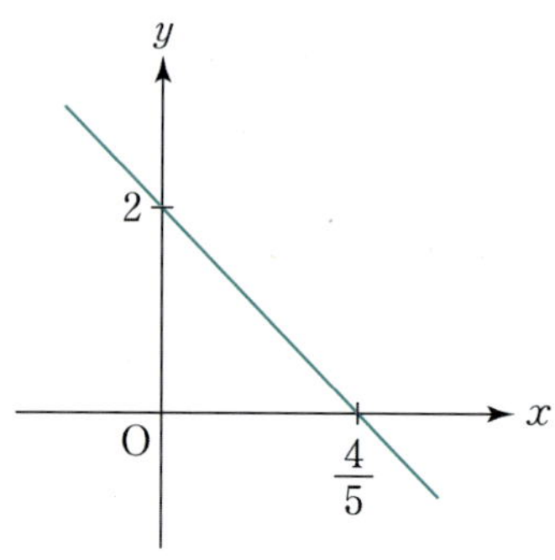

그림 1.21 $y = -\frac{5}{2}x+2$

문제 1.8

다음 직선의 방정식을 구하고 그래프를 그려라.

(1) 기울기가 3이고 지나는 점 $(1, 2)$

(2) 지나는 두 점 $(2, -3)$, $(0, -1)$

1.2.2 이차함수

이차함수 $f(x) = ax^2 + bx + c$의 그래프는 포물선 모양이다. 이차항의 계수가 $a > 0$이면 아래로 볼록인 형태의 포물선이고, $a < 0$이면 위로 볼록인 형태의 포물선이 된다. 상수항 c는 y축 절편을 나타낸다. 이차함수는 포물선 모양이므로 꼭짓점을 가지며 꼭짓점의 좌표를 구하기 위해 다음과 같이 완전제곱식으로 변형한다.

$$\begin{aligned} f(x) &= ax^2 + bx + c = a\left(x^2 + \frac{b}{a}x\right) + c \\ &= a\left(x + \frac{b}{2a}\right)^2 - \frac{b^2}{4a} + c = a\left(x + \frac{b}{2a}\right)^2 - \frac{b^2 - 4ac}{4a} \\ &= a(x-p)^2 + q \end{aligned}$$

그러면 $p = -\frac{b}{2a}$, $q = -\frac{b^2 - 4ac}{4a}$이고 꼭짓점의 좌표는 (p, q)이다. 그러므로 볼록성을 결정하는 이차항의 계수가 a이고 꼭짓점의 좌표가 (p, q)인 이차함수의 식은 다음과 같다.

$$f(x) = a(x-p)^2 + q$$

이 식을 표준형이라 부른다. 그림 1.22와 같이 $a > 0$이면 꼭짓점에서 이차함수는 최소가 되고, $a < 0$이면 꼭짓점에서 이차함수는 최대가 된다. 따라서 이차함수 $f(x) = ax^2 + bx + c$의 최솟값 또는 최댓값은 다음과 같다.

$$f(p) = q = -\frac{b^2 - 4ac}{4a}$$

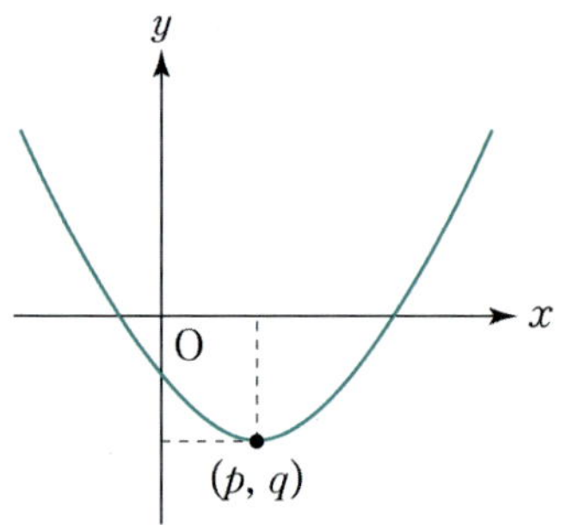

(a) $a>0$ (아래로 볼록)

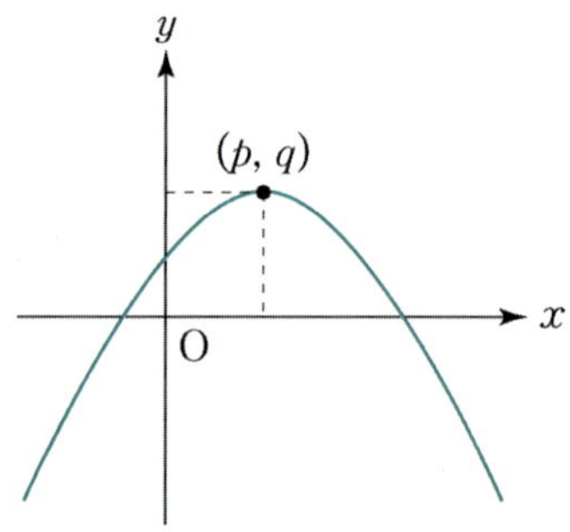

(b) $a<0$ (위로 볼록)

그림 1.22 이차함수 $y=ax^2+bx+c$의 볼록성, 꼭짓점과 최대 · 최소

예제 1.9

다음 이차함수의 그래프를 그려라.

(1) $f(x)=-4x^2-8x+1$

(2) $g(x)=3x^2-2x+2$

풀이 (1) 완전제곱식으로 변형하면

$$\begin{aligned} f(x) &= -4x^2-8x+1 = -4(x^2+2x)+1 \\ &= -4(x+1)^2+4+1 \\ &= -4(x+1)^2+5 \end{aligned}$$

이다. 따라서 그래프는 꼭짓점 $(p,q)=(-1,5)$를 지나고 y축 절편이 1 인 위로 볼록인 포물선인 그림 1.23이다.

(2) 완전제곱식으로 변형하면

$$\begin{aligned} g(x) &= 3x^2-2x+2=3\left(x^2-\frac{2}{3}x\right)+2 \\ &= 3\left(x-\frac{1}{3}\right)^2-\frac{3}{9}+2 \\ &= 3\left(x-\frac{1}{3}\right)^2+\frac{5}{3} \end{aligned}$$

이다. 따라서 그래프는 꼭짓점 $(p,q)=\left(\frac{1}{3},\frac{5}{3}\right)$를 갖고 y축 절편이 2 인 아래로 볼록인 포물선인 그림 1.24이다.

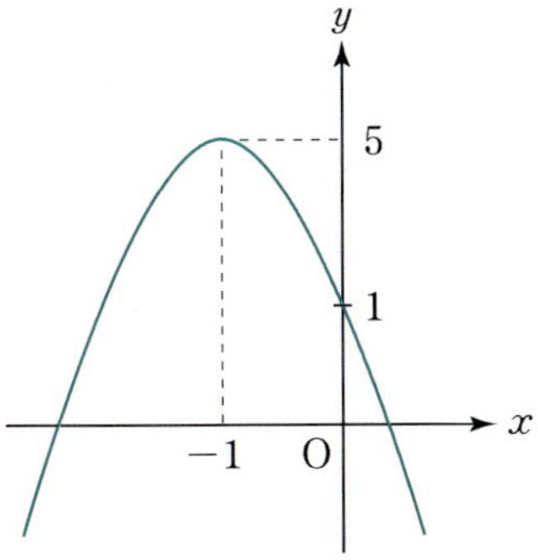

| 그림 1.23 | $f(x)=-4x^2-8x+1$

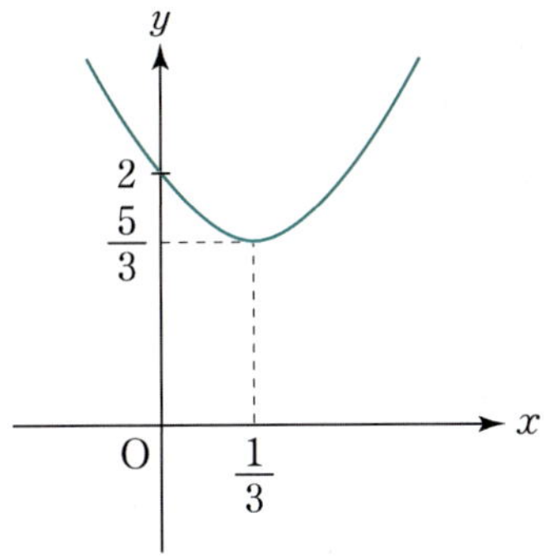

| 그림 1.24 | $g(x)=3x^2-2x+2$

문제 1.9

다음 이차함수의 꼭짓점과 y축 절편을 찾고 그래프를 그려라.

(1) $f(x)=x^2-6x+2$

(2) $g(x)=-3x^2+x$

1.2.3 유리함수

정의 1.8

$p(x)$와 $q(x)$가 다항식일 때

$$f(x)=\frac{p(x)}{q(x)}=\frac{a_nx^n+a_{n-1}x^{n-1}+\cdots+a_1x+a_0}{b_mx^m+b_{m-1}x^{m-1}+\cdots+b_1x+b_0},\quad q(x)\neq 0$$

을 유리함수라 하며 유리함수의 정의역은 분모가 0이 되는 경우를 제외한 모든 실수이다.

예를 들어

$$f(x)=\frac{1}{x}\ ,\quad g(x)=\frac{-2}{x}$$

의 그래프는 그림 1.25와 같고 정의역은 $dom(f) = \mathbb{R} - \{0\} = dom(g)$이며 f와 g의 치역은 모두 $\mathbb{R} - \{0\}$이다.

즉 유리함수

$$f(x) = \frac{k}{x} \qquad (k\text{는 상수})$$

의 그래프는 $k > 0$일 때 제1, 3사분면에 있는 쌍곡선 모양이고 $k < 0$이면 제2, 4사분면에 있는 쌍곡선 모양이다. 또한 유리함수

$$f(x) = \frac{k}{x-p} + q \qquad (k, p, q\text{는 상수})$$

의 그래프는 $y = \frac{k}{x}$의 그래프를 x축 방향으로 p만큼 y축 방향으로 q만큼 평행 이동한 그래프이다. 따라서 f의 정의역은 $\mathbb{R} - \{p\}$이고, 치역은 $\mathbb{R} - \{q\}$이다.

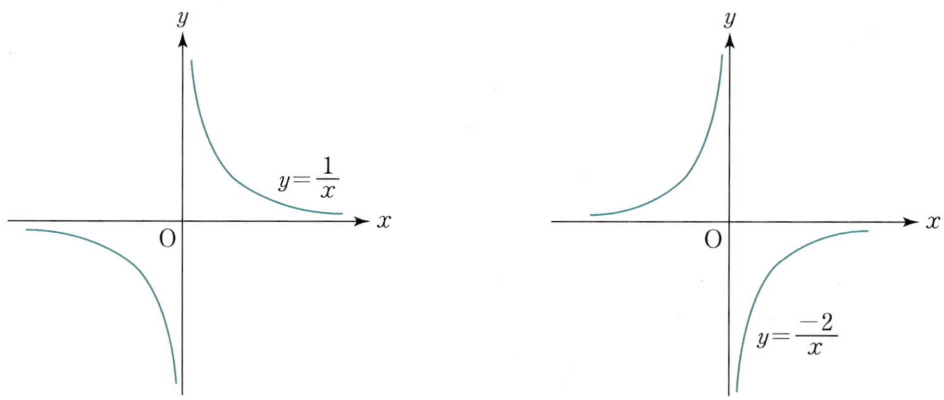

그림 1.25 유리함수의 그래프

예제 1.10

다음 유리함수의 그래프를 그리고 정의역과 치역을 구하여라.

(1) $f(x) = \dfrac{3x+1}{-x}$

(2) $g(x) = \dfrac{3x-2}{x-2}$

풀이 (1) 유리함수의 정의역은 분모가 $-x \neq 0$인 모든 실수이다. 따라서 정의역은 $\mathbb{R}-\{0\}$이다. 유리함수를

$$f(x)=\frac{3x+1}{-x}=-3+\frac{-1}{x}$$

로 쓸 수 있으므로 $y=\frac{-1}{x}$의 그래프를 y축 방향으로 -3만큼 평행 이동하여 그림 1.26이 된다. 위 식에서 $\frac{-1}{x}\neq 0$이므로 $f(x)\neq -3$이다. 따라서 치역은 $\mathbb{R}-\{-3\}$이다.

(2) 유리함수의 정의역은 분모가 $x-2\neq 0$인 모든 실수이다. 따라서 정의역은 $\mathbb{R}-\{2\}$이다. 유리함수를

$$g(x)=\frac{3x-2}{x-2}=\frac{4}{x-2}+3$$

으로 쓸 수 있으므로 $y=\frac{4}{x}$의 그래프는 x축 방향으로 2만큼 y축 방향으로 3만큼 평행 이동한 그림 1.27을 얻는다. 위 식에서 $\frac{4}{x-2}\neq 0$이므로 $g(x)\neq 3$이다. 따라서 치역은 $\mathbb{R}-\{3\}$이다.

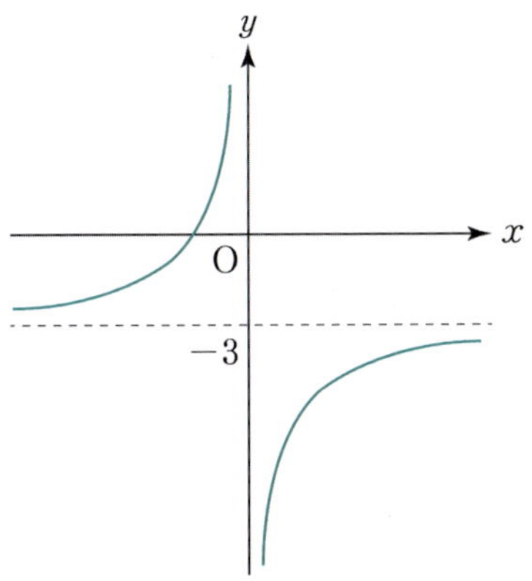

그림 1.26 $f(x)=\frac{3x+1}{-x}$

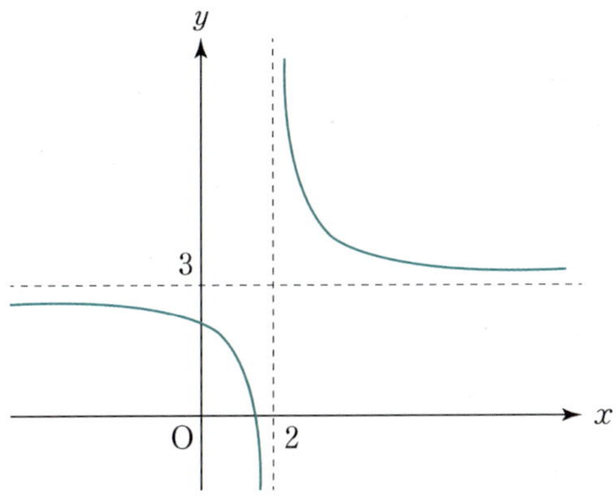

그림 1.27 $g(x)=\frac{3x-2}{x-2}$

문제 1.10

유리함수 $f(x)=\dfrac{2x-1}{x+3}$의 그래프를 그리고 정의역과 치역을 구하여라.

1.2.4 무리함수

정의 1.9

x에 관한 무리식으로 표현되는 함수를 **무리함수**라 한다. 무리함수의 정의역은 근호의 값이 실수이어야 하므로 짝수 근호 안의 값이 음수가 아니어야 한다.

예를 들어 $f(x)=\sqrt{x-2}-2$의 정의역은 $x-2\geq 0$이어야 하므로

$$dom(f)=\{x\in\mathbb{R}\mid x-2\geq 0\}=\{x\in\mathbb{R}\mid x\geq 2\}$$

이고 이 함수의 그래프는 $y=\sqrt{x}$의 그래프를 x축 방향으로 2만큼 y축 방향으로 -2만큼 평행 이동한 그래프로 그림 1.29와 같다. 이 함수의 치역은 $y\geq -2$이고, 일대일 대응이다.

정리 1.10

무리함수 $f(x)=\sqrt[n]{h(x)}$의 정의역은 다음과 같다.

(1) n이 짝수일 때

$f(x)$의 정의역은 $\{x\in\mathbb{R}\mid h(x)\geq 0\}$ 이고,

(2) n이 홀수일 때

$f(x)$의 정의역은 $h(x)$의 정의역과 같다.

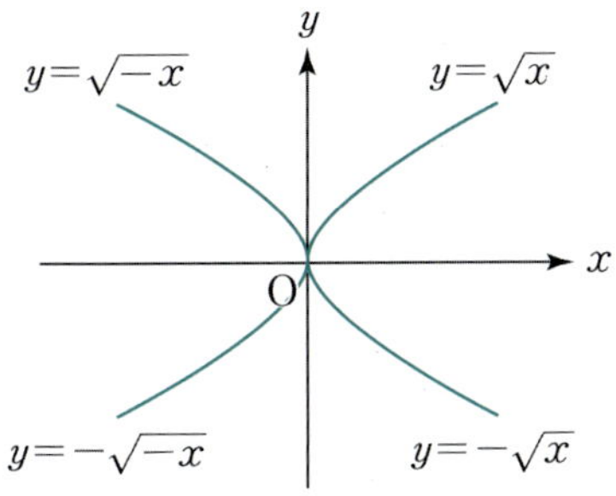

| 그림 1.28 | 무리함수의 그래프

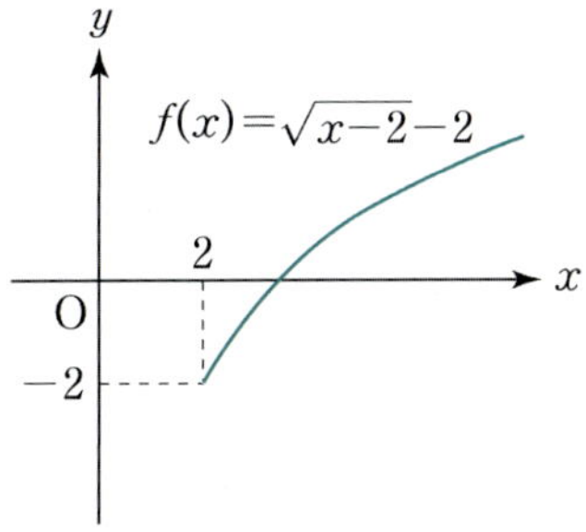

| 그림 1.29 | $f(x)=\sqrt{x-2}-2$

예제 1.11

함수 $f(x)=\sqrt{x-2}-2$ 의 역함수를 구하여라.

풀이

함수 $f(x)=\sqrt{x-2}-2$ 는 $f:[2,\infty)\to[-2,\infty)$ 인 전단사함수이므로 역함수가 존재한다. 먼저 $y=f(x)$를 x에 대해 표현하기 위해

$$y+2=\sqrt{x-2}$$

라 두고 양변을 제곱한다. 그러면 $(y+2)^2=x-2$ 이고 따라서

$$x=(y+2)^2+2$$

이다. 이제 x와 y를 바꿔쓰면 역함수

$$f^{-1}(x)=(x+2)^2+2=x^2+4x+6,\ \ x\geq -2$$

을 얻는다.

문제 1.11

다음 함수의 정의역과 치역을 찾고 역함수를 구하여라.

(1) $f(x)=\sqrt{x+7}+3$

(2) $f(x)=\sqrt{-\dfrac{1}{3}x+\dfrac{1}{36}}+\dfrac{1}{6}$

예제 1.12

함수 $f(x)=\sqrt[3]{-4x^2-8x+1}$ 의 정의역과 치역을 찾아라. 정의역이 $x \geq -1$일 때 역함수를 구하여라.

풀이 $h(x)=-4x^2-8x+1$로 놓자. 예제 1.9에서 구한 $y=h(x)$의 완전제곱식과 그림 1.23을 이용하면 $h(x)$의 정의역은 $\mathbb{R}$ 이고 치역은 $\{y \in \mathbb{R} \mid y \leq 5\}$이다. 따라서 $y=f(x)$의 정의역은 $\mathbb{R}$ 이고 치역은 $\{y \in \mathbb{R} \mid y \leq \sqrt[3]{5}\}$이다. 정의역이 $x \geq -1$ 인 경우 함수 $f:[-1,\infty) \to (-\infty, \sqrt[3]{5}]$는 전단사함수이다. 양변을 세제곱하면

$$y^3=-4x^2-8x+1$$

이고 정리하면

$$4x^2+8x+y^3-1=0$$

이다. 이식을 x에 대해 풀면 $x=-1\pm\frac{\sqrt{5-y^3}}{2}$이다. $x \geq -1$ 이므로

$$x=-1+\frac{\sqrt{5-y^3}}{2}$$

이다. 이제 x와 y를 바꿔쓰면 역함수

$$f^{-1}(x)=-1+\frac{\sqrt{5-x^3}}{2}$$

을 얻는다.

문제 1.12

함수 $f(x)=\sqrt[3]{3x^2-2x+2}$ 의 정의역과 치역을 찾아라. 정의역이 $x \geq \frac{1}{3}$일 때 역함수를 구하여라.

SECTION 1.2 연/습/문/제

01 다음 함수의 정의역과 치역을 구하여라.

(1) $y = \sqrt{x-7}$

(2) $y = \sqrt[3]{x-7}$

(3) $y = \dfrac{1}{\sqrt{x-7}}$

(4) $y = \dfrac{1}{\sqrt[3]{x-7}}$

(5) $y = \sqrt{x+1} - 3$

(6) $y = 1 - \sqrt{2-x}$

(7) $y = \dfrac{x+2}{x^2-x-6}$

(8) $y = x^2 - x - 6$

(9) $y = \sqrt[4]{x^2-x-6}$

(10) $y = \sqrt[5]{x^2-x-6}$

02 다음 조건을 만족하는 일차함수를 구하여라.

(1) 기울기가 -1 이고 점 $(2, 3)$을 지난다.

(2) x축 절편 -1과 y축 절편 -2을 지난다.

03 다음 이차함수의 그래프를 그리고, 최댓값 또는 최솟값을 구하여라.

(1) $f(x) = 3x^2 - x + 1$

(2) $g(x) = -4x^2 - 2x + 3$

(3) $h(x) = |x^2 - x - 6|$

(4) $l(x) = -|x^2 - 2x|$

04 다음 함수의 역함수를 구하여라.

(1) $y = x^3 - 5$

(2) $y = x^2 - 6x$, $[3, \infty)$

(3) $y = \dfrac{3x-1}{2x+1}$

(4) $y = \sqrt{x+1} + 2$

SECTION 1.3 지수함수와 로그함수

지수함수를 정의하기 위하여 기본이 되는 거듭제곱과 거듭제곱근에 대하여 알아보자. 어떤 수 a를 n번 곱한 것

$$a^n = \underbrace{a \cdot a \cdot \cdots \cdot a}_{n}$$

을 a의 n제곱이라 하고, 이것을 a^n으로 나타낸다. 특히, $a^1 = a$로 나타내며, $a, a^2, a^3, \cdots$ 을 모두 a의 **거듭제곱**이라고 한다. 또한 a^n에서 a를 거듭제곱의 **밑**, n을 거듭제곱의 **지수**라고 한다. 그리고 어떤 수 b를 제곱하여 실수 a가 되는 경우, 즉 $b^2 = a$일 때 b를 a의 **제곱근**이라 하고 특히 b가 양의 실수이면 $b = \sqrt{a}$로 나타낸다. 또한 어떤 수 b를 세제곱하여 실수 a가 될 때 b를 a의 **세제곱근**이라 하고 $b = \sqrt[3]{a}$로 나타낸다. 일반적으로 양의 정수 n에 대하여 어떤 수 b를 n제곱하여 a가 되는 수, 즉 $b^n = a$의 근 b를 a의 n**제곱근**이라 하고 $b = \sqrt[n]{a}$로 나타낸다.

예를 들면 $4 \times 4 \times 4 = 64$이기 때문에 $\sqrt[3]{64} = 4$가 된다. 이것을 '4는 64의 세제곱근'이라 부른다. 한편, $2 \times 2 = (-2) \times (-2) = 4$이므로 '4의 제곱근은 ± 2'라고 한다. 즉, $\pm\sqrt{4} = \pm 2$이다.

다음 정리는 실수 a의 n제곱근의 성질을 나타낸다.

정리 1.11

(1) n이 짝수이면 $a > 0$인 실수 a의 n제곱근은 $\pm\sqrt[n]{a}$이다.
(2) n이 홀수이면 실수 a의 n제곱근은 $\sqrt[n]{a}$이다.

특히, 지수가 0, 음수, 분수인 경우는 다음과 같이 확장하여 정의한다.

$$a^0 \equiv 1, \quad \frac{1}{a^n} \equiv a^{-n}, \quad \sqrt[n]{a} \equiv a^{\frac{1}{n}}, \quad \sqrt[n]{a^m} \equiv a^{\frac{m}{n}}$$

이제 지수를 실수 범위로 확장하기 위하여 $a > 0$일 때 지수 r가 무리수인 a^r의 의미를 알아보자. 예를 들어 $2^{\sqrt{2}}$을 어떻게 정의할 것인지, 그리고 만약에 정의된다면 어떤 실수가 되는지 생각해 보자. 먼저 $\sqrt{2}$를 소수로 나타내면

$$\sqrt{2} = 1.414213562373\cdots$$

이므로 다음과 같은 방법으로 유리수 지수를 갖는 수의 나열을 생각할 수 있다.

$$\begin{array}{rcl}
1 < \sqrt{2} < 2 & \Rightarrow & 2^1 < 2^{\sqrt{2}} < 2^2 \\
1.4 < \sqrt{2} < 1.5 & \Rightarrow & 2.639016\cdots = 2^{1.4} < 2^{\sqrt{2}} < 2^{1.5} = 2.828427\cdots \\
1.41 < \sqrt{2} < 1.42 & \Rightarrow & 2.657372\cdots = 2^{1.41} < 2^{\sqrt{2}} < 2^{1.42} = 2.675855\cdots \\
1.414 < \sqrt{2} < 1.415 & \Rightarrow & 2.664750\cdots = 2^{1.414} < 2^{\sqrt{2}} < 2^{1.415} = 2.666597\cdots \\
1.4142 < \sqrt{2} < 1.4143 & \Rightarrow & 2.665119\cdots = 2^{1.4142} < 2^{\sqrt{2}} < 2^{1.4143} = 2.665304\cdots \\
1.41421 < \sqrt{2} < 1.41422 & \Rightarrow & 2.665138\cdots = 2^{1.41421} < 2^{\sqrt{2}} < 2^{1.41422} = 2.665156\cdots \\
1.414213 < \sqrt{2} < 1.414214 & \Rightarrow & 2.665143\cdots = 2^{1.414213} < 2^{\sqrt{2}} < 2^{1.414214} = 2.665145\cdots \\
1.4142135 < \sqrt{2} < 1.4142136 & \Rightarrow & 2.665144\cdots = 2^{1.4142135} < 2^{\sqrt{2}} < 2^{1.4142136} = 2.665144\cdots \\
\vdots & & \vdots
\end{array}$$

이때 2^1, $2^{1.4}$, $2^{1.41}$, $2^{1.414}$, $2^{1.4142}$, $2^{1.41421}$, $2^{1.414213}$, $2^{1.4142135}$, $\cdots$와 같은 유리수 지수를 갖는 수열은 $2^{\sqrt{2}}$ 보다는 작지만 점점 커지는 것을 알 수 있다. 또한 $2^2, 2^{1.5}, 2^{1.42}$, $2^{1.415}, 2^{1.4143}$, $2^{1.41422}$, $2^{1.414214}$, $2^{1.4142136}$, $\cdots$수열은 $2^{\sqrt{2}}$ 보다는 크지만 점점 작아지는 것을 알 수 있다. 이와 같은 두 수열은 동일한 실수로 수렴하는 것으로 알려져 있으며 그 극한을 $2^{\sqrt{2}}$으로 정의할 수 있다. 소수점 이하 6자리까지만 생각하면 두 수열은 동일한 수 2.665144에 수렴한다. 즉 소수점 6자리에서 $2^{\sqrt{2}} = 2.665144$이다. 그리고 유효숫자 20자리로 근삿값을 구하면

$$2^{\sqrt{2}} = 2.6651441426902251886\,5\cdots$$

인 순환하지 않는 무한소수이다. 이와 같이 양의 실수 $a\ (a \neq 1)$에 대하여 무리수 r을 지수로 갖는 a^r은 순환하지 않는 무한소수이다. 그러나 $a < 0$이면 무리수 r에 대하여 a^r은 실수가 아닌 복소수이다. 예를 들어

$$(-2)^{\sqrt{2}} = -0.70960886\cdots - i(2.568939189\cdots)$$

이고 $0^{\sqrt{2}} = 0$ 이다. 따라서 임의의 실수 r과 $a > 0$에 대하여 실수 a^r이 정의되며 다음과 같이 실수 지수로 지수법칙을 일반화할 수 있다.

지수법칙으로 알려진 거듭제곱에 대한 성질과 거듭제곱근의 성질을 알아보자.

정리 1.12

임의의 양의 실수 a, b와 임의의 실수 p, q에 대하여

(1) $a^p a^q = a^{p+q}$

(2) $(a^p)^q = a^{pq}$

(3) $(ab)^p = a^p b^p$

(4) $\left(\dfrac{a}{b}\right)^p = \dfrac{a^p}{b^p} \ (b \neq 0)$

(5) $a^p \div a^q = a^{p-q}$

예제 1.13

다음을 간단히 하여라.

(1) $2^{\frac{2}{3}} \cdot 4^{\frac{1}{6}}$

(2) $\dfrac{\sqrt[3]{\sqrt{81}}}{\sqrt[3]{3}}$

풀이

(1) $4^{\frac{1}{6}} = (2^2)^{\frac{1}{6}} = 2^{2 \cdot \frac{1}{6}} = 2^{\frac{1}{3}}$ 이므로

$$2^{\frac{2}{3}} \cdot 4^{\frac{1}{6}} = 2^{\frac{2}{3}} \cdot 2^{\frac{1}{3}} = 2^{\frac{2}{3}+\frac{1}{3}} = 2^1 = 2$$

이다.

(2) $\sqrt[3]{\sqrt{81}} = (\sqrt{81})^{\frac{1}{3}} = (81^{\frac{1}{2}})^{\frac{1}{3}} = 81^{\frac{1}{6}} = (3^4)^{\frac{1}{6}} = 3^{\frac{4}{6}} = 3^{\frac{2}{3}}$ 이고 $\sqrt[3]{3} = 3^{\frac{1}{3}}$ 이므로

$$\frac{\sqrt[3]{\sqrt{81}}}{\sqrt[3]{3}} = \frac{3^{\frac{2}{3}}}{3^{\frac{1}{3}}} = 3^{\frac{2}{3}-\frac{1}{3}} = 3^{\frac{1}{3}} = \sqrt[3]{3}$$

이다.

문제 1.13

다음을 간단히 하여라. 단 $a > 0, b > 0$ 이다.

(1) $\dfrac{\sqrt{a^3}}{\sqrt[3]{a^6}}$

(2) $2^{1/5} \cdot 4^{-1/5} \cdot 8^{3/5}$

정의 1.13

임의의 실수 $a>0(a\neq 1)$에 대하여 x가 실수일 때

$$f(x)=a^x$$

을 **지수함수**라 한다. 이때 a를 밑, x를 지수라 한다. 특히, 밑이 e인 지수함수

$$f(x)=e^x$$

을 **자연지수함수**라 한다.

참고 무리수 e는 다음과 같이 수열의 극한으로 정의되는 무한소수이다.

$$\lim_{n\to\infty}\left(1+\frac{1}{n}\right)^n=e\approx 2.7182818284590452\cdots$$

지수함수의 정의역은 실수 전체 집합 $\mathbb{R}$이고 치역은 $\{y\,|\,y>0\}$이다. 지수함수의 그래프 모양은 밑 a에 따라 $a>1$인 경우 $y=a^x$은 증가함수이고 $0<a<1$인 경우 $y=a^x$은 감소함수이다. 그래프는 점 $(0,1)$을 지나고 x축을 점근선으로 갖는다. 자연지수함수의 경우 밑이 $e>1$이므로 그림 1.30 (a)와 같은 그래프 형태를 갖는다.

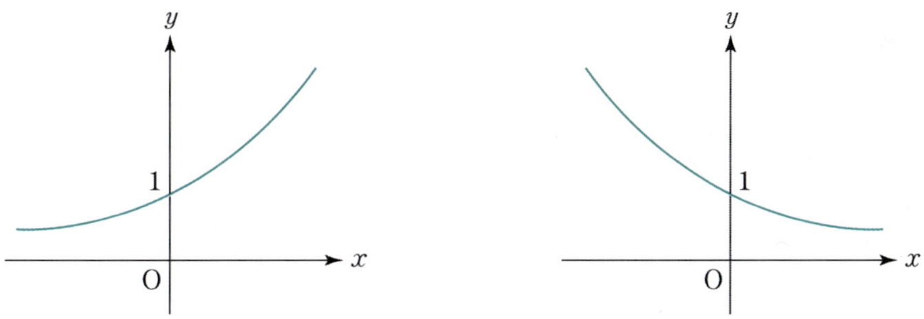

(a) $a>1$ (b) $0<a<1$

| 그림 1.30 | 지수함수 $y=a^x$의 그래프

그림 1.31과 같이 $a>1$이면 a가 커질수록 그래프의 모양은 가파르게 증가한다. 그리고 $0<a<1$이면 a가 커질수록 그래프의 모양은 완만하게 감소한다.

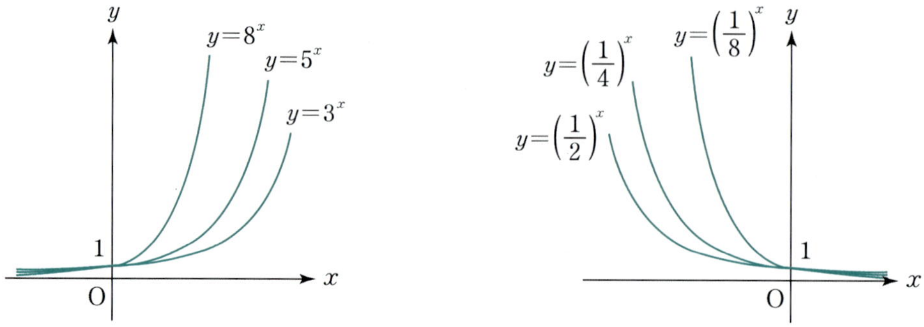

그림 1.31 a에 따른 $y=a^x$의 그래프

예제 1.14

다음 지수함수의 그래프를 그려라.

(1) $y=3^{-x}$　　(2) $y=-3^x$　　(3) $y=-3^{-x}$

풀이

(1) $y=3^{-x}=\left(\frac{1}{3}\right)^x$이므로 밑이 $\frac{1}{3}$인 지수함수의 그래프이다. 또한 $y=3^x$의 그래프를 y축에 대칭한 그래프이다.

(2) $y=-3^x$의 그래프는 $y=3^x$의 그래프를 x축에 대칭한 그래프이다.

(3) $y=-3^{-x}=-\left(\frac{1}{3}\right)^x$의 그래프는 $y=\left(\frac{1}{3}\right)^x$의 그래프를 x축에 대칭한 그래프이다.

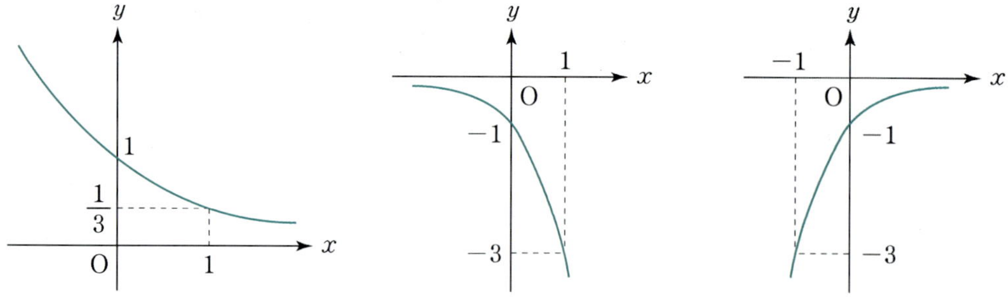

그림 1.32 $y=3^{-x}$　**그림 1.33** $y=-3^x$　**그림 1.34** $y=-3^{-x}$

문제 1.14

다음 지수함수의 그래프를 그려라.

(1) $y = e^{-x}$ (2) $y = -e^{x}$ (3) $y = -e^{-x} + 2$

한편 $a > 0$, $a \neq 1$에 대하여 지수함수 $f(x) = a^x$은 증가하거나 감소하는 함수이고 $f : \mathbb{R} \to (0, \infty)$ 인 전단사함수이므로 역함수 $f^{-1} : (0, \infty) \to \mathbb{R}$ 을 갖는다. 이때 이 역함수를 밑이 a인 로그함수라 하고 $\log_a$로 나타낸다. 즉, 지수함수와 로그함수는 서로 역함수 관계이며 다음이 성립한다.

$$y = a^x \quad \Leftrightarrow \quad x = \log_a y$$

정의 1.14

$a > 0$이고 $a \neq 1$이라 하자. x가 양의 실수일 때

$$y = \log_a x$$

를 **로그함수**라 한다. 이때 a를 밑, x를 진수라 한다. 특히, $a = e$일 때를 **자연로그함수**라 하고 다음과 같이 표현한다.

$$y = \log_e x = \ln x$$

지수함수의 역함수인 로그함수의 정의역은 $\{x \mid x > 0\}$이고 치역은 $\mathbb{R}$이다. 로그함수의 그래프는 밑 a에 따라 $a > 1$인 경우 $y = \log_a x$는 증가하고 $0 < a < 1$ 경우 $y = \log_a x$는 감소한다. 역함수 관계에 있는 두 함수는 $y = x$에 관하여 대칭이므로 그림 1.35와 같다. 로그함수는 점 $(1, 0)$을 항상 지나고 y축을 점근선으로 갖는다.

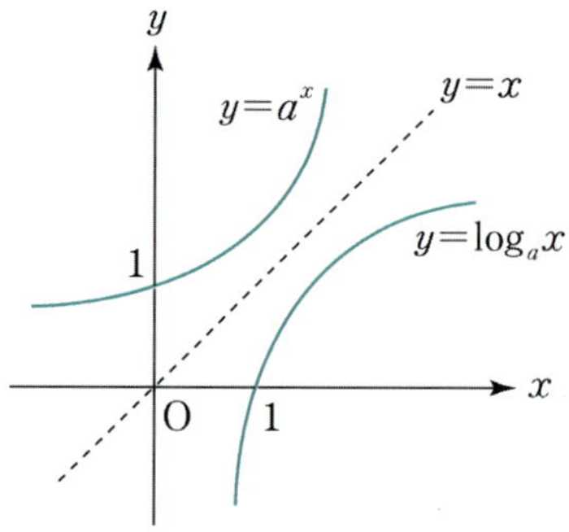

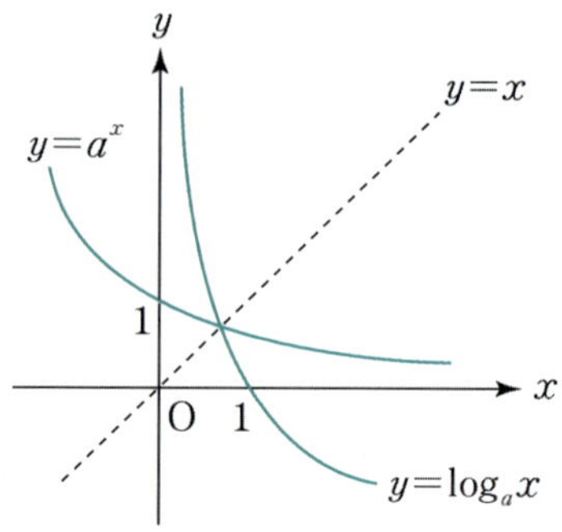

그림 1.35 지수함수와 로그함수의 관계

앞에서 다룬 지수법칙을 역으로 이용하면 다음의 기본적인 로그 성질을 얻을 수 있다.

정리 1.15

$a > 0$, $a \neq 1$이고 $x > 0$, $y > 0$일 때 다음이 성립한다.

(1) $\log_a a^x = x$, $a^{\log_a x} = x$

(2) $\log_a 1 = 0$, $\log_a a = 1$

(3) $\log_a xy = \log_a x + \log_a y$

(4) $\log_a\left(\dfrac{x}{y}\right) = \log_a x - \log_a y$

(5) m이 실수일 때, $\log_a x^m = m\log_a x$

(6) $\log_a x = \dfrac{\log_c x}{\log_c a}$ (단, $c \neq 1$인 양수)

(7) $\log_a b = \dfrac{1}{\log_b a}$ (단, $b \neq 1$인 양수)

(8) $\log_{a^n} x^m = \dfrac{m}{n}\log_a x$

(9) $a^{\log_c x} = x^{\log_c a}$ (단, $c \neq 1$인 양수)

예제 1.15

다음 식을 간단히 하여라.

(1) $4^{\log_2 4}+\log_4 16$　　　　(2) $\frac{1}{3}\log_3 7-\log_3 \frac{\sqrt[3]{7}}{27}$

풀이

(1) $4^{\log_2 4}+\log_4 16 = 16+\log_{2^2}2^4 = 16+\frac{4}{2}\log_2 2 = 16+2 = 18$

(2) $\frac{1}{3}\log_3 7-\log_3 \frac{\sqrt[3]{7}}{27} = \log_3\sqrt[3]{7}-(\log_3\sqrt[3]{7}-\log_3 27)$

$$= \log_3 27 = 3\log_3 3 = 3$$

문제 1.15

다음 식을 간단히 하여라.

(1) $2^{(\log_2 3+\log_2 5)}$　　　　(2) $\log_{\frac{1}{2}}(\sqrt{3}-\sqrt{2})+\log_2(\sqrt{3}+\sqrt{2})$

예제 1.16

다음 함수의 정의역과 치역을 찾고 역함수를 구하여라.

(1) $y=e^{x-1}+2$　　　　(2) $y=\log_3(3x-1)$

풀이

(1) $f(x)=e^{x-1}+2$의 그래프는 $y=e^x$의 그래프를 오른쪽으로 1만큼 수평 이동하고 위쪽으로 2만큼 수직 이동한 그래프이다. 따라서 정의역은 $\mathbb{R}$이고 치역은 $y>2$이다. 즉 $f:\mathbb{R}\to(2,\infty)$인 전단사함수이다. 역함수를 구하기 위해 y에 대한 식을 구하려면 다음과 같이 계산한다.

$$e^{x-1}=y-2$$

$$\ln e^{x-1}=\ln(y-2)$$

$$(x-1)\ln e=\ln(y-2)$$

$$x=\ln(y-2)+1$$

이다. x와 y를 바꾸면

$$y = \ln(x-2)+1$$

을 얻는다. 따라서 역함수는 $f^{-1}(x) = \ln(x-2)+1$ 이다.

(2) 로그함수의 진수는 $3x-1>0$이므로 정의역은 $x>\frac{1}{3}$ 이다.

즉 $f:(\frac{1}{3},\infty)\to\mathbb{R}$ 인 전단사함수이다. 역함수를 구하기 위해 x에 대한 식을 구하면

$$3x-1 = 3^y$$

$$x = \frac{1}{3}(3^y+1) = 3^{y-1}+\frac{1}{3}$$

이다. x와 y를 바꾸면

$$y = 3^{x-1}+\frac{1}{3}$$

을 얻는다. 따라서 역함수는 $f^{-1}(x) = 3^{x-1}+\frac{1}{3}$ 이다.

문제 1.16

다음 함수의 정의역과 치역을 구하고, 역함수를 구하여라.

(1) $y = e^{-x+1}$ (2) $y = \ln(x+4)$

SECTION 1.3 연/습/문/제

01 다음 식을 간단히 하여라.

(1) $\sqrt{2} \div \sqrt[3]{4} \times \sqrt[5]{64}$

(2) $\log_2 x - \log_4 (x-2)$

(3) $e^{-2\ln 5}$

(4) $\ln(\ln e^{e^{10}})$

(5) $\log_4 6 - \log_2 \frac{\sqrt{6}}{8}$

(6) $\log_{\frac{1}{3}}(\sqrt{5}+\sqrt{7}) + \log_3(\sqrt{5}-\sqrt{7})$

02 식 $\log_2(x^2-y^2) - \log_4(x-y)$을 자연로그를 이용하여 간단히 하여라.

03 다음 함수의 역함수를 구하고 그 정의역을 구하여라.

(1) $y = 3^{x+1}+1$

(2) $y = \sqrt{4-e^{3x}}$

(3) $y = \frac{e^x + e^{-x}}{2}$ $(x > 0)$

(4) $y = \ln(x+5)$

(5) $y = \ln(x+\sqrt{x^2+1})$

(6) $y = \log_2(x^3+1)$

04 다음 함수의 역함수를 $f^{-1}(x)$라 할 때, $f^{-1}(4)$을 구하여라.

(1) $f(x) = 2^{2x+1}+3$

(2) $f(x) = \frac{2^x+1}{2^x-1}$

(3) $f(x) = \log_3(x+18)$

(4) $f(x) = \log_2(x^3-11)$

CHAPTER 02

극한과 연속

극한은 함수의 연속성, 함수의 도함수를 비롯한 많은 중요한 정의에서 해석적으로 사용된다. 따라서 공학 수학을 더욱더 잘 이해하려면 극한의 개념을 상세히 배워서 문제 해결력을 높여야 한다. 함수의 극한을 쉽게 이해할 수 있도록 직관적으로 서술하였으며 극한에 대해 공부해야 할 필수 내용을 설명하였고 극한을 바탕으로 함수의 연속성에 대해 이해하도록 하였다.

SECTION 2.1 함수의 극한

이 절에서는 x가 정점 a에 가까이 갈 때 함수 $f(x)$의 자취에 대하여 살펴본다. 함수

$$f(x) = \frac{x^2-1}{x-1}$$

은 $x=1$에서 정의되지 않지만, $x=1$ 근방에서 표 2.1과 같이 함숫값들을 구할 수 있다. $y=f(x)$의 그래프에서 x가 1에 가까이 갈 때 $f(x)$의 값은 2에 가까워짐을 그림 2.1에서 확인할 수 있다.

▼ 표 2.1

$x<1$	$f(x)$	$x>1$	$f(x)$
0.9	1.9	1.1	2.1
0.99	1.99	1.01	2.01
0.999	1.999	1.001	2.001
0.9999	1.9999	1.0001	2.0001
0.99999	1.99999	1.00001	2.00001
⋮	⋮	⋮	⋮
1	2	1	2

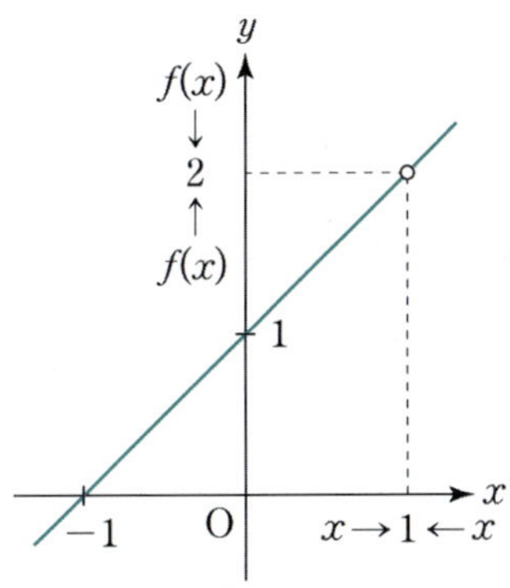

❙ 그림 2.1 ❙ $f(x) = \frac{x^2-1}{x-1}$

이것을 "x가 1에 접근할 때 함수 $f(x)=\dfrac{x^2-1}{x-1}$의 극한은 2이다."라고 말하고

$$\lim_{x\to1}\frac{x^2-1}{x-1}=2$$

라고 나타낸다. 극한의 일반적인 정의는 다음과 같다.

정의 2.1

함수 $f: X\to\mathbb{R}$에서 $x\,(\neq a)$가 a에 한없이 가까워질 때 함숫값 $f(x)$가 어떤 유한하고 유일한 값 L에 가까워지면 L을 $x=a$에서 $f(x)$의 **극한값** 또는 **극한**이라 한다. 이것을

$$\lim_{x\to a}f(x)=L$$

로 나타내고 "x가 a에 접근할 때 $f(x)$의 **극한**은 L이다."라고 말한다.

위의 정의는 a와 같지 않은 x가 a에 접근할 때 $f(x)$값은 점점 더 L에 가까워진다는 것을 의미한다. 이것을

$$x\to a\text{일 때 } f(x)\to L$$

로 나타내기도 하고 "x가 a에 접근할 때 $f(x)$는 L에 접근한다."라고 말한다.

그림 2.1의 그래프에 표시된 화살표와 같이 $x=1$을 기준으로 x가 1의 왼쪽에서 가까워지는 경우와 1의 오른쪽에서 가까워지는 경우를 생각할 수 있다. 표 2.1의 첫 번째 열에서 x값은 1보다 작지만 1로 접근하고 있고, 세 번째 열에서는 x값은 1보다 크지만 1로 접근하고 있다. 두 경우 각각 함숫값의 움직임은 2에 가까워지고 있다.

정의 2.2

(1) x가 a의 왼쪽에서 a에 한없이 가까워질 때 (즉 $x < a$이면서 $x \to a$일 때) 함숫값 $f(x)$는 L_1에 가까워지면

$$\lim_{x \to a^-} f(x) = L_1$$

과 같이 나타내고 L_1을 $f(x)$의 **좌극한**이라 한다.

(2) x가 a의 오른쪽에서 a에 한없이 가까워질 때 (즉 $x > a$이면서 $x \to a$일 때) 함숫값 $f(x)$는 L_2에 가까워지면

$$\lim_{x \to a^+} f(x) = L_2$$

와 같이 나타내고 L_2를 $f(x)$의 **우극한**이라 한다.

그림 2.1에 있는 함수 $f(x) = \dfrac{x^2 - 1}{x - 1}$은 $x = 1$에 대한 좌극한과 우극한이 일치한다. 즉,

$$\lim_{x \to 1^-} \frac{x^2 - 1}{x - 1} = \lim_{x \to 1^+} \frac{x^2 - 1}{x - 1} = 2$$

이다. 반면에 다음과 같이 정의되는 **헤비사이드 함수**

$$H(t) = \begin{cases} 0\,, & t < 0 \\ 1\,, & t \geq 0 \end{cases}$$

는 그림 2.2에서 보는 바와 같이

$$\lim_{t \to 0^-} H(t) = 0\,, \qquad \lim_{t \to 0^+} H(t) = 1$$

이다.

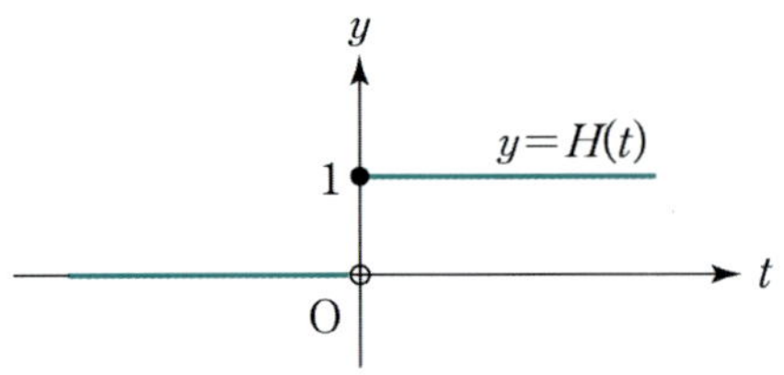

| 그림 2.2 | 헤비사이드 함수 $H(t)$

이와 같이 $\lim_{x \to a^-} f(x) = L_1$ 이고 $\lim_{x \to a^+} f(x) = L_2$ 일 때 $L_1 \neq L_2$ 이면 x가 a에 접근할 때 함숫값 $f(x)$가 접근하는 유일한 값이 존재하지 않게 된다. 따라서 이 경우에는 극한이 존재하지 않는다고 한다. 그러므로 극한의 정의는 다음과 같은 성질을 얻게 된다.

정리 2.3 **극한의 존재성**

$\lim_{x \to a} f(x) = L$이기 위한 필요충분조건은 $\lim_{x \to a^-} f(x) = \lim_{x \to a^+} f(x) = L$이다.

예제 2.1

다음 그래프를 갖는 함수 $f(x)$에 대하여 극한을 구하여라.

(1) $\lim_{x \to 5^-} f(x)$ (2) $\lim_{x \to 5^+} f(x)$ (3) $\lim_{x \to 5} f(x)$

(4) $\lim_{x \to 9^-} f(x)$ (5) $\lim_{x \to 9^+} f(x)$ (6) $\lim_{x \to 9} f(x)$

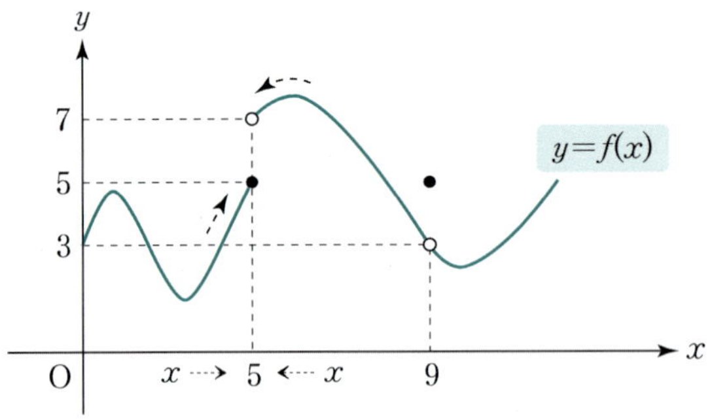

| 그림 2.3 |

풀이

(1) $\lim_{x \to 5^-} f(x) = 5$

(2) $\lim_{x \to 5^+} f(x) = 7$

(3) (1)과 (2)에서 좌극한과 우극한이 다르므로 $\lim_{x \to 5} f(x)$는 존재하지 않는다.

(4) $\lim_{x \to 9^-} f(x) = 3$

(5) $\lim_{x \to 9^+} f(x) = 3$

(6) (4)와 (5)에서 좌극한과 우극한이 같으므로 $\lim_{x \to 9} f(x) = 3$이다.

문제 2.1

함수 $y = x^2 + 2x + 3$의 그래프를 그리고, $x = 0$에서 극한을 구하여라.

예제 2.2

극한 $\lim_{x \to 0} \frac{|x|}{x}$를 구하여라.

풀이

먼저 좌극한을 구하면 $x < 0$이므로 $|x| = -x$이다. 따라서

$$\lim_{x \to 0^-} \frac{|x|}{x} = \lim_{x \to 0^-} \frac{-x}{x} = -1$$

이다. 이제 우극한을 구하면 $x > 0$이므로 $|x| = x$이다. 따라서

$$\lim_{x \to 0^+} \frac{|x|}{x} = \lim_{x \to 0^+} \frac{x}{x} = 1$$

이다. 좌극한과 우극한이 다르므로 $\lim_{x \to 0} \frac{|x|}{x}$는 존재하지 않는다.

문제 2.2

극한 $\lim_{x \to 0} \frac{|x^2 + 2x|}{x}$ 을 구하여라.

예제 2.3

다음 함수의 그래프를 그리고, $x = 1$에서 극한을 구하여라.

(1) $f(x) = x + 1$

(2) $g(x) = \frac{x^2 - 1}{x - 1}$

(3) $h(x) = \begin{cases} \frac{x^2 - 1}{x - 1}, & x \neq 1 \\ \frac{3}{2}, & x = 1 \end{cases}$

(4) $k(x) = \begin{cases} \frac{x^2 - 1}{x - 1}, & x \neq 1 \\ 2, & x = 1 \end{cases}$

풀이

(1) $\lim_{x \to 1} f(x) = 2$

(2) $\lim_{x \to 1} g(x) = 2$

(3) $\lim_{x \to 1} h(x) = 2$

(4) $\lim_{x \to 1} k(x) = 2$

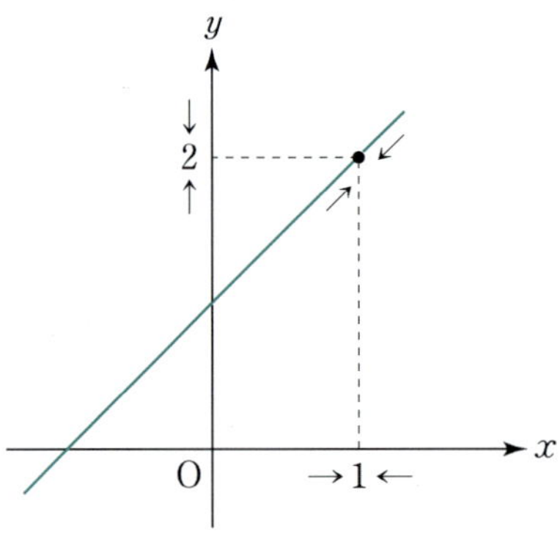

(1) $f(x) = x + 1$

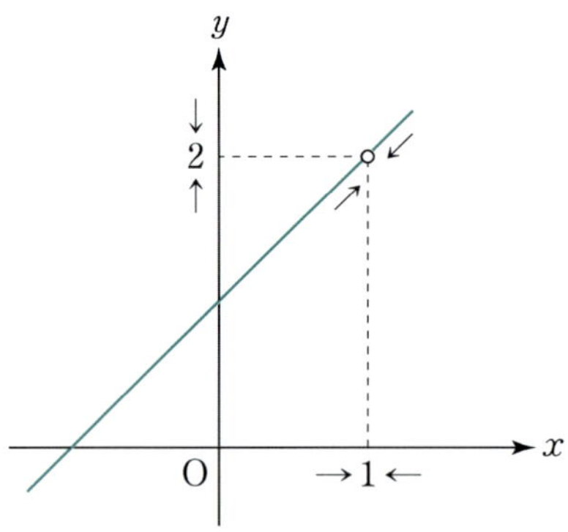

(2) $g(x) = \frac{x^2 - 1}{x - 1}$

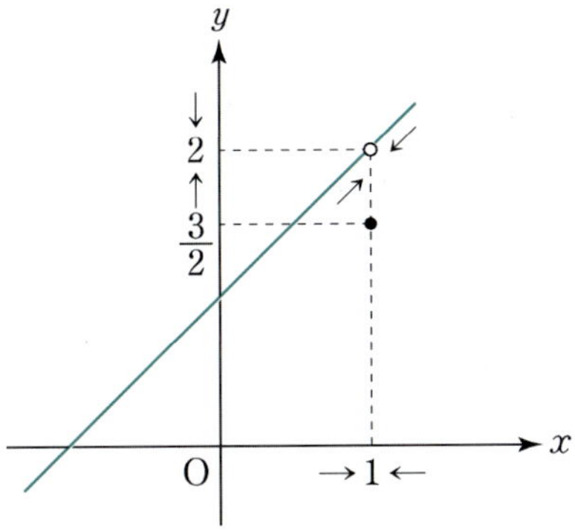

(3) $h(x)=\begin{cases} \dfrac{x^2-1}{x-1}, & x \neq 1 \\ \dfrac{3}{2}, & x=1 \end{cases}$

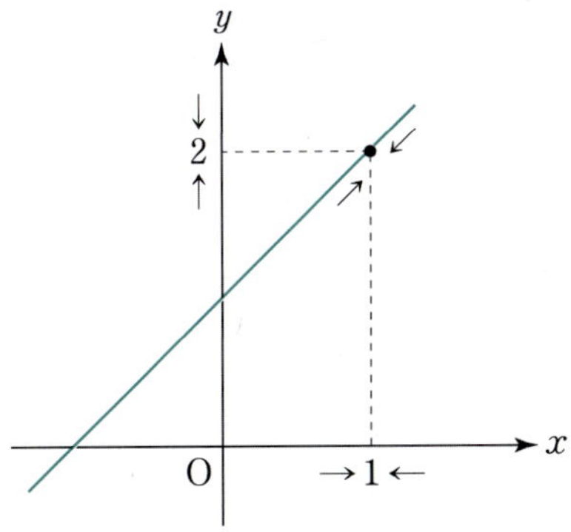

(4) $k(x)=\begin{cases} \dfrac{x^2-1}{x-1}, & x \neq 1 \\ 2, & x=1 \end{cases}$

문제 2.3

다음 함수의 그래프를 그리고, $x=2$에서 극한을 구하여라.

(1) $f(x)=x+2$

(2) $g(x)=\dfrac{x^2-4}{x-2}$

(3) $h(x)=\begin{cases} \dfrac{x^2-4}{x-2}, & x \neq 2 \\ 3, & x=2 \end{cases}$

(4) $k(x)=\begin{cases} \dfrac{x^2-4}{x-2}, & x \neq 2 \\ 4, & x=2 \end{cases}$

앞에서는 그래프를 사용하여 함수의 극한값을 추정하였다. 그러나 모든 함수의 그래프를 정확하게 그리는 일은 어려우므로 이 방법은 정확한 해답을 얻는 데는 한계가 있다. 이제 극한 법칙을 이용하여 극한을 구해보자.

정리 2.4

임의의 상수 c와 임의의 실수 a에 대하여 다음이 성립한다.

(1) $\lim\limits_{x \to a} c = c$

(2) $\lim\limits_{x \to a} x = a$

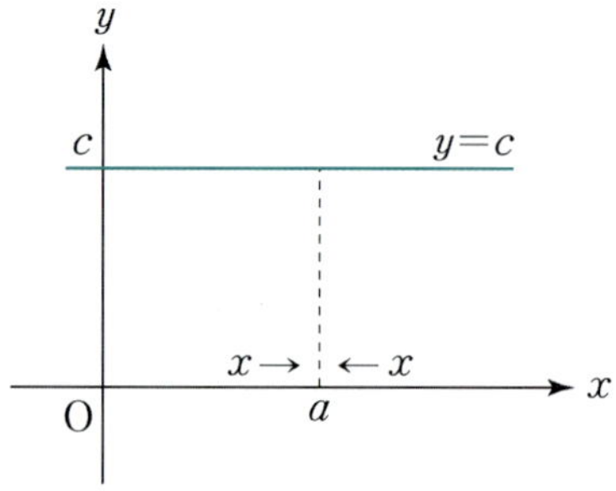

그림 2.4 $\lim_{x \to a} c = c$

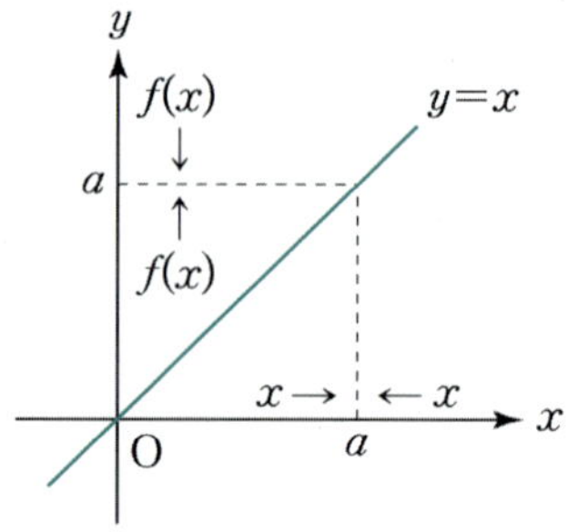

그림 2.5 $\lim_{x \to a} x = a$

정리 2.5

$\lim_{x \to a} f(x)$와 $\lim_{x \to a} g(x)$가 존재하고 c를 임의의 상수라고 할 때 다음 성질이 성립한다.

(1) $\lim_{x \to a} [f(x) \pm g(x)] = \lim_{x \to a} f(x) \pm \lim_{x \to a} g(x)$

(2) $\lim_{x \to a} [f(x) \cdot g(x)] = \lim_{x \to a} f(x) \cdot \lim_{x \to a} g(x)$

(3) $\lim_{x \to a} \dfrac{f(x)}{g(x)} = \dfrac{\lim_{x \to a} f(x)}{\lim_{x \to a} g(x)}$ (단, $\lim_{x \to a} g(x) \neq 0$)

(4) $\lim_{x \to a} [c f(x)] = c \lim_{x \to a} f(x)$

(5) $\lim_{x \to a} \sqrt[n]{f(x)} = \sqrt[n]{\lim_{x \to a} f(x)}$

예제 2.4

다음 극한을 구하여라.

(1) $\lim_{x \to 1} (2x^3 - 3x^2 + 1)$

(2) $\lim_{x \to -2} \dfrac{x^3 - 2x^2 + 1}{3 - x}$

(3) $\lim_{x \to 2} \sqrt{2x^2 + x - 1}$

(4) $\lim_{x \to -1} \dfrac{\sqrt[3]{x^3 + 9}}{\sqrt{x^2 + 3}}$

풀이

(1) $\lim_{x\to1}(2x^3-3x^2+1)=2\cdot1^3-3\cdot1^2+1=0$

(2) $\lim_{x\to-2}\dfrac{x^3-2x^2+1}{3-x}=\dfrac{(-2)^3-2(-2)^2+1}{3-(-2)}=-3$

(3) $\lim_{x\to2}\sqrt{2x^2+x-1}=\sqrt{2\cdot2^2+2-1}=\sqrt{9}=3$

(4) $\lim_{x\to-1}\dfrac{\sqrt[3]{x^3+9}}{\sqrt{x^2+3}}=\dfrac{\sqrt[3]{(-1)^3+9}}{\sqrt{(-1)^2+3}}=\dfrac{\sqrt[3]{8}}{\sqrt{4}}=\dfrac{2}{2}=1$

문제 2.4

다음 극한을 구하여라.

(1) $\lim_{x\to0}(-x^2+2x-5)$

(2) $\lim_{x\to-1}\dfrac{3x^2-2x+2}{1-3x}$

(3) $\lim_{x\to2}\sqrt[5]{3x^2-2x}$

(4) $\lim_{x\to2}\dfrac{\sqrt[3]{4x^2+11}-1}{\sqrt{x+2}}$

정리 2.6

임의의 실수 c가 주어진 지수함수, 로그함수의 정의역에 속하면 다음이 성립한다.

(1) $\lim_{x\to c}a^x=a^c$

(2) $\lim_{x\to c}e^x=e^c$

(3) $\lim_{x\to c}\log_a x=\log_a c$

(4) $\lim_{x\to c}\ln x=\ln c$

예제 2.5

다음 극한을 구하여라.

(1) $\lim_{x\to1}5^{-x}$

(2) $\lim_{x\to4}\log_2 x^2$

(3) $\lim_{x\to-1}x^3e^x$

(4) $\lim_{x\to e}\dfrac{\ln x}{x+1}$

풀이

(1) $\lim_{x\to 1} 5^{-x} = 5^{-1} = \frac{1}{5}$

(2) $\lim_{x\to 4} \log_2 x^2 = \log_2 4^2 = \log_2 2^4 = 4$

(3) $\lim_{x\to -1} x^3 e^x = \left(\lim_{x\to -1} x^3\right)\left(\lim_{x\to -1} e^x\right) = (-1)^3 e^{-1} = -e^{-1}$

(4) $\lim_{x\to e} \frac{\ln x}{x+1} = \frac{\lim_{x\to e}\ln x}{\lim_{x\to e}(x+1)} = \frac{\ln e}{e+1} = \frac{1}{e+1}$

문제 2.5

다음 극한을 구하여라.

(1) $\lim_{x\to 1} \frac{x3^{-2x+1}}{(x^2+2)}$ (2) $\lim_{x\to 0} e^{3x^2+1}$

(3) $\lim_{x\to 1} \log_{10}(9x^2+1)$ (4) $\lim_{x\to e} \frac{\sqrt{2}\,x}{\ln(x^{\sqrt{2}})}$

극한 $\lim_{x\to a}\frac{f(x)}{g(x)}$를 구할 때 $x=a$를 직접 대입하면 분수식이 $\frac{0}{0}$ 형태가 나오는 경우가 있다. 이와 같은 표현은 이 식만으로는 극한을 알 수 없기 때문에 **부정형**이라 한다. 극한을 구할 때 이런 모양이 생기면 분수식을 다시 나타내어 분모의 극한이 0이 되지 않도록 변형해야 한다. 이것을 해결하는 두 가지 방법이 다음 예제 2.6과 2.7에 소개되어 있다. 첫 번째는 분자와 분모의 공통인수를 **약분**하는 방법이고, 두 번째는 함수식에 존재하는 무리식을 **유리화**하는 방법이다.

예제 2.6

$x=1$에서 다음 함수의 극한을 구하여라.

(1) $f(x) = \frac{2x^2+x-3}{x^2-1}$

(2) $g(x) = \sqrt{\frac{x-1}{x^3-1}}$

풀이 (1) $\lim_{x\to1}(2x^2+x-3)=0$이고 $\lim_{x\to1}(x^2-1)=0$이므로 $0/0$형태의 부정형이다.

그런데 $x\neq1$이면 분수식을 약분할 수 있으므로

$$f(x)=\frac{2x^2+x-3}{x^2-1}=\frac{(x-1)(2x+3)}{(x-1)(x+1)}=\frac{2x+3}{x+1}$$

이다. 따라서

$$\lim_{x\to1}f(x)=\lim_{x\to1}\frac{2x+3}{x+1}=\frac{\lim_{x\to1}(2x+3)}{\lim_{x\to1}(x+1)}=\frac{5}{2}$$

(2) $\lim_{x\to1}\sqrt{x^3-1}=0$이고 $\lim_{x\to1}\sqrt{x-1}=0$이므로 $0/0$형태의 부정형이지만 $x\neq1$이면 분수식을 약분 가능하다.

$$g(x)=\sqrt{\frac{x-1}{x^3-1}}=\sqrt{\frac{x-1}{(x-1)(x^2+x+1)}}=\sqrt{\frac{1}{x^2+x+1}}$$

이므로

$$\lim_{x\to1}g(x)=\lim_{x\to1}\sqrt{\frac{1}{x^2+x+1}}=\sqrt{\lim_{x\to1}\frac{1}{x^2+x+1}}=\sqrt{\frac{1}{3}}=\frac{1}{\sqrt{3}}$$

이다.

문제 2.6

다음 극한을 구하여라.

(1) $\lim_{x\to1}\left(\frac{x-3}{x^2-9}\right)^2$ (2) $\lim_{x\to1}\frac{\sqrt[3]{x}-1}{x-1}$

예제 2.7

다음 극한을 계산하여라.

(1) $\lim_{x\to0}\frac{\sqrt{x+5}-\sqrt{5}}{x}$ (2) $\lim_{x\to1}\frac{x-1}{\sqrt{x}-1}$

풀이

(1) $x \to 0$일 때 분자 $\sqrt{x+5}-\sqrt{5}$와 분모 x가 0에 접근하므로 0/0형태의 부정형이다. 위의 예제 2.6과 달리 분자나 분모를 인수분해 할 수 없다. 그러나 다음과 같이 분자를 유리화할 수 있다.

$$\frac{\sqrt{x+5}-\sqrt{5}}{x}=\frac{(\sqrt{x+5}-\sqrt{5})(\sqrt{x+5}+\sqrt{5})}{x(\sqrt{x+5}+\sqrt{5})}=\frac{x+5-5}{x(\sqrt{x+5}+\sqrt{5})}$$

$$=\frac{x}{x(\sqrt{x+5}+\sqrt{5})}=\frac{1}{\sqrt{x+5}+\sqrt{5}}$$

$x \to 0$일 때 $x \neq 0$이므로 위 식에서 x를 약분할 수 있다. 따라서

$$\lim_{x\to 0}\frac{\sqrt{x+5}-\sqrt{5}}{x}=\lim_{x\to 0}\frac{1}{\sqrt{x+5}+\sqrt{5}}$$

$$=\frac{1}{\sqrt{5}+\sqrt{5}}=\frac{1}{2\sqrt{5}}$$

이다.

(2) $x \to 1$일 때 분자와 분모가 0에 접근하므로 0/0형태의 부정형이다. 분모를 유리화하면

$$\frac{x-1}{\sqrt{x}-1}=\frac{(x-1)(\sqrt{x}+1)}{(\sqrt{x}-1)(\sqrt{x}+1)}=\frac{(x-1)(\sqrt{x}+1)}{x-1}=\sqrt{x}+1$$

이다. $x \to 1$일 때 $x \neq 1$이므로 위 식에서 $x-1$을 약분할 수 있다. 따라서

$$\lim_{x\to 1}\frac{x-1}{\sqrt{x}-1}=\lim_{x\to 1}(\sqrt{x}+1)=\sqrt{1}+1=2$$

이다.

문제 2.7

$\lim_{x\to 0}\frac{x}{\sqrt{3x+1}-1}$를 계산하여라.

SECTION 2.1 연 / 습 / 문 / 제

01 $y=f(x)$의 그래프가 다음과 같을 때 극한을 구하여라.

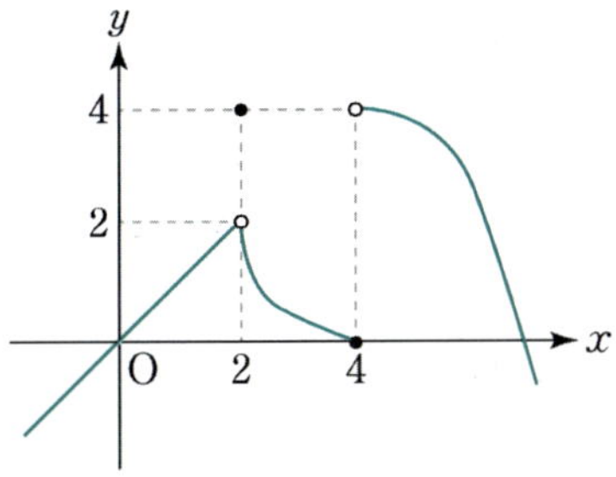

(1) $\lim_{x\to 2^-} f(x)$ (2) $\lim_{x\to 2^+} f(x)$

(3) $\lim_{x\to 4^-} f(x)$ (4) $\lim_{x\to 4^+} f(x)$

02 $\lim_{x\to 2} f(x)=5$ 와 $\lim_{x\to 2} g(x)=-2$일 때 다음 극한을 구하여라.

(1) $\lim_{x\to 2} [f(x)+g(x)]$ (2) $\lim_{x\to 2} [f(x)-3g(x)]$

(3) $\lim_{x\to 2} [f(x)\cdot g(x)]$ (4) $\lim_{x\to 2} \dfrac{f(x)}{g(x)}$

03 다음 극한을 구하여라.

(1) $\lim_{x\to 1} \dfrac{x+2}{3-2x}$ (2) $\lim_{x\to -1} (x^2+2x+4)\sqrt{x^2+5}$

(3) $\lim_{x\to 1} \dfrac{\ln x^3+1}{e^x}$ (4) $\lim_{x\to 3} \dfrac{\log_3(2x+3)}{e^{x-3}}$

04 주어진 함수 $y=f(x)$의 극한 $\lim_{x\to 0^-} f(x)$와 $\lim_{x\to 0^+} f(x)$을 구하여라.

(1) $f(x)=\begin{cases} 3x-1, & x \le 0 \\ 2x+1, & x > 0 \end{cases}$

(2) $f(x)=\begin{cases} x^2-2, & x < 0 \\ x^2+2x+3, & x \ge 0 \end{cases}$

(3) $f(x)=\begin{cases} -1, & x < 0 \\ 0, & x = 0 \\ 3, & x > 0 \end{cases}$

(4) $f(x)=\begin{cases} \sqrt{-x+1}, & x < 0 \\ 3, & x = 0 \\ 2\sqrt{x}+1, & x > 0 \end{cases}$

05 다음 극한을 구하여라.

(1) $\lim_{x\to 3} \frac{x^2-9}{x-3}$

(2) $\lim_{x\to 2} \frac{-x^2+x+2}{x^2-6x+8}$

(3) $\lim_{x\to 2} \frac{\sqrt{x+2}-2}{x-2}$

(4) $\lim_{x\to -8} \frac{\sqrt[3]{x}+2}{x+8}$

SECTION 2.2 함수의 연속성

함수 $f(x)$가 한 점 $x=a$에서 연속이라는 것은 직관적으로 $f(x)$의 그래프가 $x=a$에서 끊김이 없이 연결되어있는 것을 의미하는데 이것의 엄밀한 수학적 정의는 다음과 같다.

정의 2.7

함수 $f: X \to \mathbb{R}$가 다음 세 가지 조건을 만족할 때 즉,

(i) $f(a)$가 존재하고,

(ii) $\lim_{x \to a} f(x)$가 존재하며,

(iii) $\lim_{x \to a} f(x) = f(a)$

를 만족하면 함수 $f(x)$가 $x=a$에서 **연속**이라고 한다. 그렇지 않다면 함수 $f(x)$는 $x=a$에서 **불연속**이라고 한다. f가 X의 모든 점에서 연속이면 f는 X에서 **연속함수**라 한다.

예제 2.8

다음 그림에 있는 함수 $y=f(x)$의 불연속인 점을 찾아라.

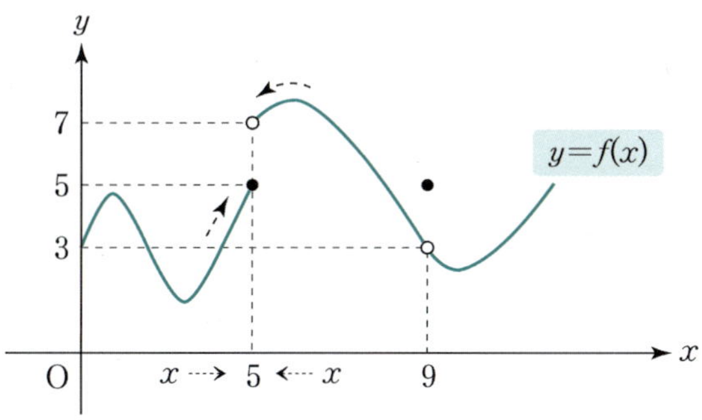

풀이 예제 2.1에서 알아보았듯이 극한 $\lim_{x \to 5} f(x)$가 존재하지 않는다. 따라서 함수 $y=f(x)$는 $x=5$에서 불연속이다. 또한 $\lim_{x \to 9} f(x) \neq f(9)$이므로 $x=9$에서 불연속이다.

문제 2.8

다음 그림에 있는 함수 $y=f(x)$의 불연속인 점들을 찾고 이유를 설명하여라.

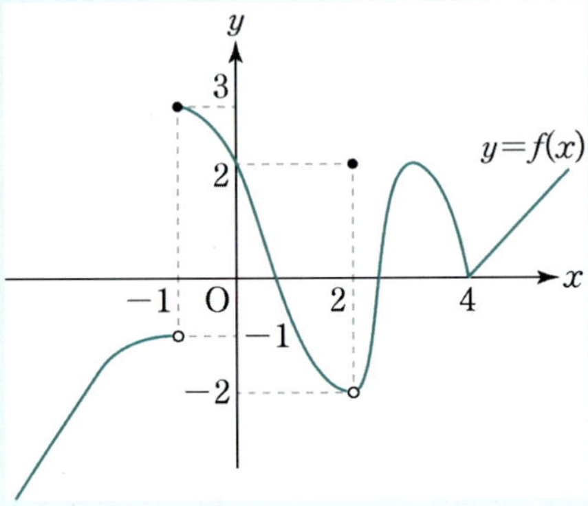

예제 2.9

다음 함수의 불연속인 점을 구하여라.

(1) $f(x)=x+1$

(2) $g(x)=\dfrac{x^2-1}{x-1}$

(3) $h(x)=\begin{cases} \dfrac{x^2-1}{x-1}, & x \neq 1 \\ \dfrac{3}{2}, & x=1 \end{cases}$

(4) $k(x)=\begin{cases} \dfrac{x^2-1}{x-1}, & x \neq 1 \\ 2, & x=1 \end{cases}$

풀이 예제 2.3에서 보았듯이

(1) 일차함수 $f(x)$는 모든 실수에서 연속이다.

(2) 함수 $g(x)$는 함숫값 $g(1)$이 존재하지 않으므로 $x=1$에서 불연속이다.

(3) 함수 $h(x)$는 $\lim_{x\to1} h(x) \neq h(1)$이므로 $x=1$에서 불연속이다.

(4) 함수 $k(x)$는 모든 실수에서 연속이다.

문제 2.9

다음 함수의 불연속인 점을 구하여라.

(1) $f(x) = x + 2$

(2) $g(x) = \dfrac{x^2 - 4}{x - 2}$

(3) $h(x) = \begin{cases} \dfrac{x^2-4}{x-2}, & x \neq 2 \\ 3 \quad , & x = 2 \end{cases}$

(4) $k(x) = \begin{cases} \dfrac{x^2-4}{x-2}, & x \neq 2 \\ 4 \quad , & x = 2 \end{cases}$

연속함수와 관련된 성질과 정리를 몇 가지 알아본다.

정리 2.8 **연속함수의 성질**

함수 $f(x)$, $g(x)$가 $x = a$에서 연속이면 다음 함수들도 $x = a$에서 연속이다.

(1) $f(x) \pm g(x)$

(2) $cf(x)$

(3) $f(x) \cdot g(x)$

(4) $\dfrac{f(x)}{g(x)}$ (단, $g(a) \neq 0$)

정리 2.9 **합성함수의 연속**

함수 f가 $x = a$에서 연속이고 함수 g가 $f(a)$에서 연속이면 합성함수 $(g \circ f)(x) = g(f(x))$는 $x = a$에서 연속이다.

정리 2.10

(1) 다항함수는 모든 실수에서 연속이다.

(2) 유리함수는 분모가 0이 되는 점들을 제외한 나머지 실수 전체에서 연속이다.

(3) 지수함수 a^x, e^x는 모든 실수에서 연속이다.

(4) 로그함수 $\log_a x$, $\ln x$는 양의 실수에서 연속이다.

(5) $\sqrt[n]{x}$는 n이 홀수이면 모든 실수에서 연속이고, n이 짝수이면 양의 실수에서 연속이다.

정리 2.11 중간값정리

함수 $f:[a,b]\to\mathbb{R}$가 유계인 닫힌 구간 $[a,b]$에서 연속이고 $f(a)\neq f(b)$이면 $f(a)$와 $f(b)$ 사이의 임의의 실수 k에 대하여

$$f(c)=k$$

를 만족하는 c가 열린 구간 (a,b)안에 적어도 하나 존재한다.

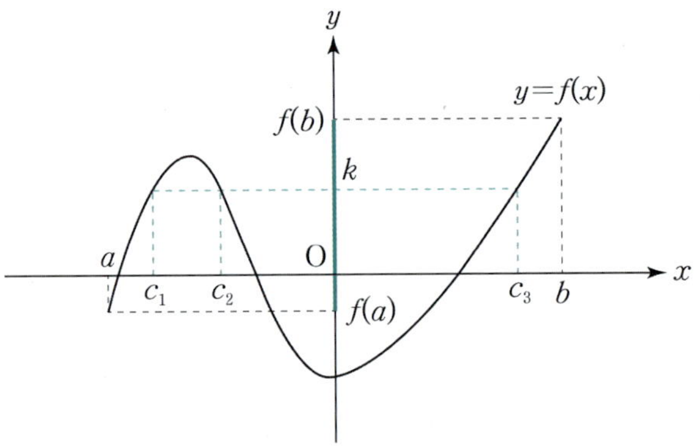

❙ 그림 2.6 ❙

중간값정리의 특별한 경우로 함수 f가 닫힌 구간 $[a,b]$에서 연속이고 $f(a)\cdot f(b)<0$이면 즉, $f(a)$와 $f(b)$가 서로 반대부호를 갖는다면 $k=0$에 대하여

$$f(c)=0$$

을 만족하는 c가 열린 구간 (a,b)안에 적어도 하나 존재한다. 따라서 그림2.7과 같이 중간값정리는 $f(x)$가 연속이고 $f(x)$의 부호가 바뀌는 x의 범위에서 방정식 $f(x)=0$의 실근이 존재함을 보여준다.

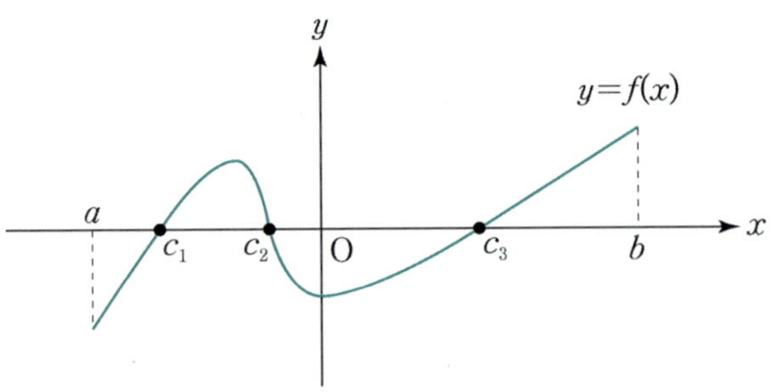

❙ 그림 2.7 ❙

예제 2.10

방정식 $x^3 - 4x^2 + 3x + 1 = 0$의 실근이 $(-1, 1)$에 적어도 하나 존재함을 보여라.

풀이 $f(x) = x^3 - 4x^2 + 3x + 1$이라 두면 $f(x)$는 $[-1, 1]$에서 연속이다. 또한

$$f(-1)f(1) = (-7) \cdot 1 < 0$$

이므로 중간값정리에 의하여 $f(c) = 0$이 되는 $c \in (-1, 1)$가 적어도 하나 존재한다. 따라서 $x^3 - 4x^2 + 3x + 1 = 0$의 근이 $(-1, 1)$에 적어도 하나 있다.

문제 2.10

구간 $(-1, 2)$에서 방정식 $3x^3 - x^2 + 2 = 0$은 적어도 하나의 실근을 가짐을 보여라.

SECTION 2.2 연습문제

01 다음 함수는 $x=2$에서 연속인지 불연속인지 조사하여라.

(1) $f(x)=x^2+4$

(2) $f(x)=\dfrac{x^4-16}{x^2-4}$

(3) $f(x)=\begin{cases} \dfrac{x^4-16}{x^2-4} & x \neq \pm 2 \\ 8 & x=\pm 2 \end{cases}$

(4) $f(x)=\begin{cases} 1 & x \geq 2 \\ -1 & x<2 \end{cases}$

02 다음 함수가 모든 점에서 연속이 되도록 b을 정의하여라.

$$g(x)=\begin{cases} \dfrac{x^2-2x-8}{x-4}, & x \neq 4 \\ b\quad, & x=4 \end{cases}$$

03 다음 방정식이 주어진 구간에서 적어도 하나의 실근을 가짐을 보여라.

(1) $x^4+x-3=0$, $(1,\ 2)$

(2) $e^x=2-x$, $(0,2)$

SECTION 2.3 무한대의 극한

함수의 극한이 존재한다는 것은 극한값이 실수임을 의미한다. 함수에 따라서는 x가 a로 가까이 갈 때 그 극한값이 한없이 커지거나 한없이 작아질 수 있다.

$\lim_{x \to 0} \frac{1}{x}$ 의 값을 살펴보자. 그림 2.6은 양수인 x가 충분히 0에 가까워질 때 함숫값 $f(x) = \frac{1}{x}$ 는 한없이 커지게 된다는 것을 나타내고, 음수인 x가 충분히 0에 가까워질 때 $f(x)$은 한없이 작은 음수가 된다는 것을 나타낸다. 따라서 이들 함수는 어떤 일정한 값에 접근하지 않으므로 극한값은 존재하지 않는다. 이와 같은 움직임을

$$\lim_{x \to 0^+} \frac{1}{x} = \infty, \quad \lim_{x \to 0^-} \frac{1}{x} = -\infty \tag{2.1}$$

라고 나타낸다. 그래프에서 보면 그림 2.8에서와 같이 $x \to 0$ 일 때 $f(x) = \frac{1}{x}$ 의 그래프는 수직선 $x = 0$에 접근함을 뜻한다. 이 경우에 직선 $x = 0$을 **수직점근선**이라고 한다. 이와 같이 우극한이나 좌극한이 존재하지 않으므로 $\lim_{x \to 0} \frac{1}{x}$ 은 존재하지 않는다라고 한다.

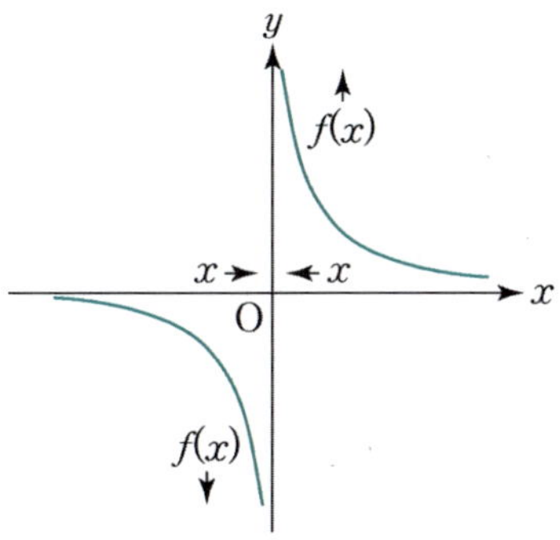

| 그림 2.8 | $\lim_{x \to 0+} \frac{1}{x} = \infty, \ \lim_{x \to 0-} \left(\frac{1}{x}\right) = -\infty$

▼ 표 2.2

$x > 0$	$\frac{1}{x}$	$x < 0$	$\frac{1}{x}$
0.1	10	-0.1	-10
0.01	100	-0.01	-100
0.001	1000	-0.001	-1000
0.0001	10000	-0.0001	-10000
0.00001	100000	-0.00001	-100000
⋮	⋮	⋮	⋮

정의 2.12

f가 a의 근방(a 자신은 제외 가능)에서 정의된 함수라 하자.

(1) $x\ (\neq a)$가 a에 가까워질 때 $f(x)$의 값이 한없이 커지면

$$\lim_{x \to a} f(x) = \infty$$

로 나타내고 "x가 a에 접근할 때 $f(x)$는 무한대로 발산한다."라고 한다.

(2) $x\ (\neq a)$가 a에 가까워질 때 $f(x)$의 값이 음수이면서 절댓값이 한없이 커지면

$$\lim_{x \to a} f(x) = -\infty$$

로 나타내고 "x가 a에 접근할 때 $f(x)$는 음의 무한대로 발산한다."라고 한다.

한쪽 무한극한에 대해서도 $x \to a^-$가 $x < a$에 대해서만 생각하는 의미이고, $x \to a^+$가 $x > a$인 경우만 생각한다는 의미임을 상기하여 비슷하게

$$\lim_{x \to a^-} f(x) = \infty \qquad \lim_{x \to a^+} f(x) = \infty$$

$$\lim_{x \to a^-} f(x) = -\infty \qquad \lim_{x \to a^+} f(x) = -\infty$$

을 정의 할 수 있다. 그림 2.9는 이들 네 가지 경우를 설명하고 있다.

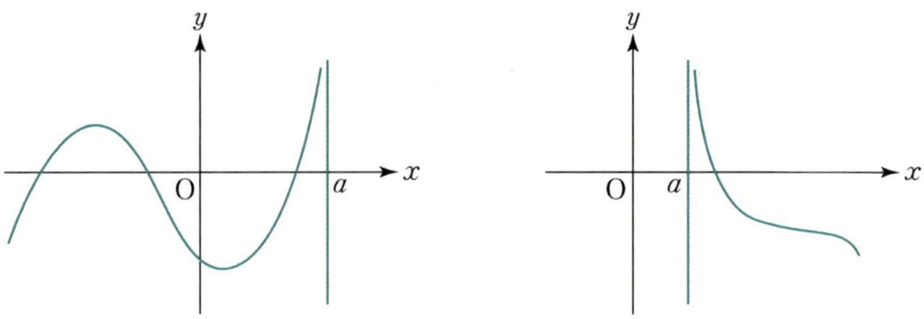

(a) $\lim_{x \to a^-} f(x) = \infty$ (b) $\lim_{x \to a^+} f(x) = \infty$

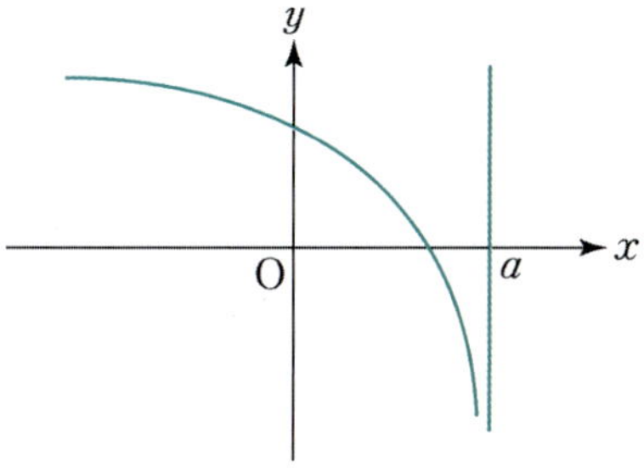

(c) $\lim_{x \to a^-} f(x) = -\infty$

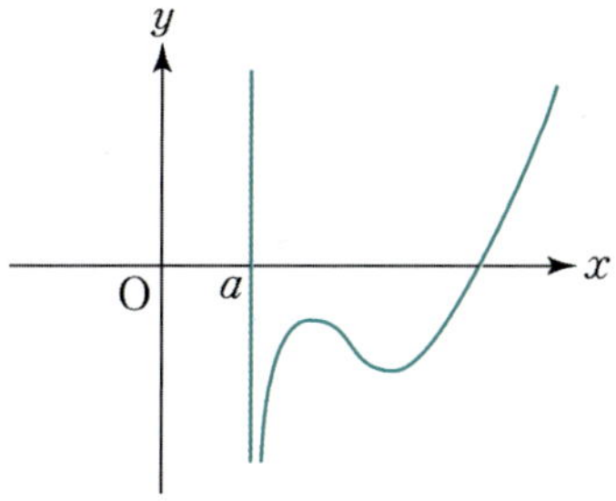

(d) $\lim_{x \to a^+} f(x) = -\infty$

| 그림 2.9 | 무한극한의 여러 가지 경우

정의 2.13

다음 명제 중 적어도 하나가 참이면 직선 $x = a$를 곡선 $y = f(x)$의 **수직점근선**이라 한다.

(1) $\lim_{x \to a} f(x) = \infty$ (2) $\lim_{x \to a^-} f(x) = \infty$ (3) $\lim_{x \to a^+} f(x) = \infty$

(4) $\lim_{x \to a} f(x) = -\infty$ (5) $\lim_{x \to a^-} f(x) = -\infty$ (6) $\lim_{x \to a^+} f(x) = -\infty$

예제 2.11

다음 극한을 구하여라.

(1) $\lim_{x \to 0} \frac{1}{x^2}$ (2) $\lim_{x \to 1} \left(\frac{2}{1-x} \right)$

풀이 (1) 그림 2.10과 같이 그래프에서 $x = 0$이 수직점근선이고,

$$\lim_{x \to 0^+} \frac{1}{x^2} = \infty, \quad \lim_{x \to 0^-} \frac{1}{x^2} = \infty$$

임을 알 수 있다. 또한 좌극한과 우극한이 모두 ∞로 접근하므로

$$\lim_{x \to 0} \frac{1}{x^2} = \infty$$

라고 한다. 이것을 더욱 정확하게 말하면 극한은 존재하지 않으나 $f(x)$는

$x=0$ 에서 수직점근선을 가지며 $x \to 0$ 일 때 $f(x)$ 는 무한대로 발산한다.

(2) 함수 $f(x) = -\dfrac{2}{x-1}$ 는 $y = \dfrac{-2}{x}$ 을 x 축으로 1만큼 평행이동한 그래프인 그림 2.11와 같다. $x=1$ 이 수직점근선이고,

$$\lim_{x\to 1^+}\left(\frac{2}{1-x}\right) = -\infty, \quad \lim_{x\to 1^-}\left(\frac{2}{1-x}\right) = \infty$$

이다. 따라서 $\lim_{x\to 1}\left(\dfrac{2}{1-x}\right)$ 은 존재하지 않는다.

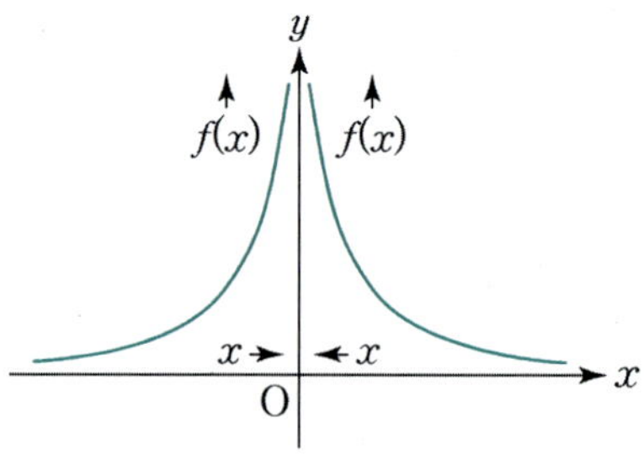

【그림 2.10】 $f(x) = \dfrac{1}{x^2}$

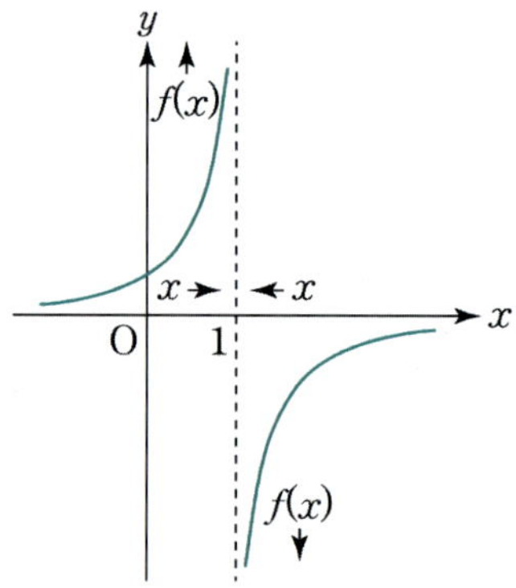

【그림 2.11】 $f(x) = -\dfrac{2}{x-1}$

문제 2.11

다음 극한을 구하여라.

(1) $\lim_{x\to 0}\left(-\dfrac{1}{x^2}\right)$　　(2) $\lim_{x\to 5}\dfrac{1}{(x-5)^3}$

앞에서 살펴본 바와 같이 그림 1.35에 의해 로그함수에 대한 극한은 다음과 같다.

$a > 1$ 인 경우　$\lim_{x\to 0^+}\log_a x = -\infty$

$0 < a < 1$ 인 경우　$\lim_{x\to 0^+}\log_a x = \infty$

특히 자연로그함수에 대해서 다음이 성립한다.

$$\lim_{x \to 0^+} \ln x = -\infty$$

예제 2.12

극한 $\lim_{x \to -1^+} \ln(x+1)$을 구하여라.

풀이 $y=\ln(x+1)$의 그래프는 $y=\ln x$의 그래프를 왼쪽으로 1만큼 수평 이동한 그래프이다. 그림 2.12에 의해

$$\lim_{x \to -1^+} \ln(x+1) = -\infty$$

이다.

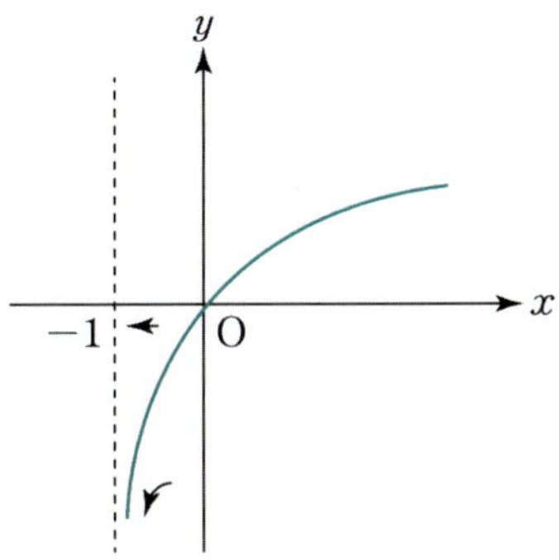

그림 2.12 $y=\ln(x+1)$

문제 2.12

극한 $\lim_{x \to 2^+} \log_{\frac{1}{2}}(x-2)$을 구하여라.

2.3.1 무한대에서의 극한

함수 $f(x) = \frac{1}{x}$ 을 살펴보면 $x \to \infty$ 일 때 $\frac{1}{x} \to 0$ 이므로

$$\lim_{x \to \infty} \frac{1}{x} = 0$$

이라고 한다. 같은 방법으로

$$\lim_{x \to -\infty} \frac{1}{x} = 0$$

이다. 그림 2.8에서 $x \to \infty$ 이고 $x \to -\infty$ 일 때 그래프가 수평선 $y = 0$ 으로 접근한다. 이 경우 $y = 0$ 을 **수평점근선**이라고 한다.

유리함수의 극한을 구할 때 $\frac{\infty}{\infty}$ 형태의 부정형을 계산하려면 분모의 최고차항으로 분모, 분자를 나눈다. 다음 예제에서 극한을 계산해 보자.

예제 2.13

함수 $f(x) = \frac{2x-1}{x}$ 의 수평점근선을 구하여라.

풀이 분자와 분모를 x 로 나누면

$$f(x) = \frac{2x-1}{x} = 2 - \frac{1}{x}$$

이고, $y = \frac{-1}{x}$ 를 y 축 방향으로 2만큼 평행이동한 그림 2.13과 같다. $x \to \pm\infty$ 일 때 $\frac{1}{x} \to 0$ 이므로

$$\lim_{x \to \infty} \frac{2x-1}{x} = \lim_{x \to \infty} \left(2 - \frac{1}{x}\right) = 2$$

이고

$$\lim_{x \to -\infty} \frac{2x-1}{x} = \lim_{x \to -\infty} \left(2 - \frac{1}{x}\right) = 2$$

이다. 따라서 직선 $y=2$는 수평점근선이다.

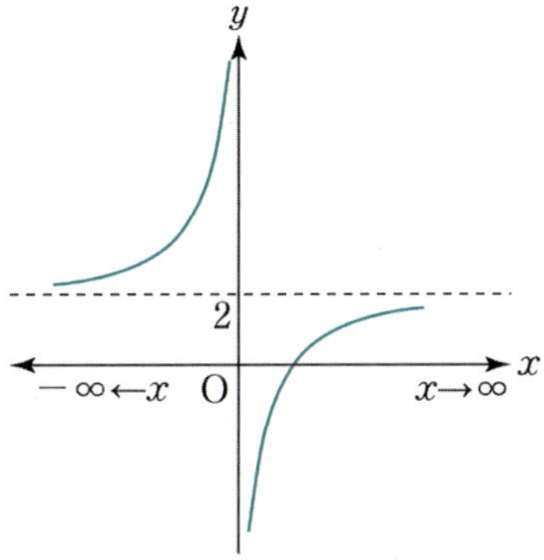

그림 2.13 $f(x)=\dfrac{2x-1}{x}$

문제 2.13

$\lim\limits_{x\to\infty}\dfrac{5x-7}{4x+3}$을 계산하고 수평점근선을 구하여라.

예제 2.14

$\lim\limits_{x\to\infty}\dfrac{4x^3-7}{-2x^2+3x}$을 계산하여라.

풀이 $x\to\infty$일 때 $\dfrac{\infty}{\infty}$형태의 부정형이므로 분모의 최고차항인 x^2로 분자, 분모를 나누면

$$\lim_{x\to\infty}\frac{4x^3-7}{-2x^2+3x}=\lim_{x\to\infty}\left[\frac{4x^3-7}{-2x^2+3x}\cdot\frac{(1/x^2)}{(1/x^2)}\right]$$
$$=\lim_{x\to\infty}\frac{4x-\dfrac{7}{x^2}}{-2+\dfrac{3}{x}}=-\infty$$

가 성립한다.

예제 2.14에 있는 함수의 움직임을 자세히 살펴보기 위해 함수식을

$$f(x) = \frac{4x^3 - 7}{-2x^2 + 3x} = -2x - 3 + \frac{9x - 7}{-2x^2 + 3x} \tag{2.3}$$

로 나타내 보자. (2.3)의 우변의 세 번째 항은

$$\lim_{x \to \infty} \frac{9x - 7}{-2x^2 + 3x} = \lim_{x \to \infty} \frac{\frac{9}{x} - \frac{7}{x^2}}{-2 + \frac{3}{x}} = 0$$

와 같이 계산된다. 그러므로 위 분수함수 $f(x)$는 $x \to \infty$ 일 때

$$-2x - 3$$

으로 접근한다. 이 경우 함수 $f(x)$는 **사점근선**을 갖는다고 한다. 즉 수평점근선 대신에 이 함수의 그래프는 그림 2.14와 같이 사점근선 $y = -2x - 3$로 접근한다.

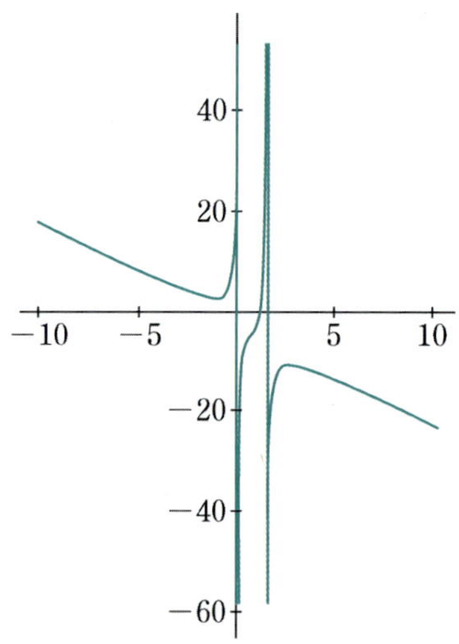

그림 2.14 $f(x) = \dfrac{4x^3 - 7}{-2x^2 + 3x}$

문제 2.14

$f(x)=\dfrac{x^3}{x^2+x+1}$ 의 사점근선을 구하여라.

앞에서 살펴본 바와 같이 그림 1.30과 1.35에 의해 지수함수와 로그함수에 대한 극한은 다음과 같다. 특히 자연지수함수와 자연로그함수에 대해서도 다음이 성립한다.

	지수함수		로그함수
$a>1$	$\lim_{x\to\infty} a^x=\infty$	$\lim_{x\to-\infty} a^x=0$	$\lim_{x\to\infty}\log_a x=\infty$
$0<a<1$	$\lim_{x\to\infty} a^x=0$	$\lim_{x\to-\infty} a^x=\infty$	$\lim_{x\to\infty}\log_a x=-\infty$
$a=e$	$\lim_{x\to\infty} e^x=\infty$	$\lim_{x\to-\infty} e^x=0$	$\lim_{x\to\infty}\ln x=\infty$

예제 2.15

다음 극한을 구하여라.

(1) $\lim_{x\to0^-} e^{\frac{1}{x}}$

(2) $\lim_{x\to0^+} e^{\frac{1}{x}}$

풀이

(1) $\lim_{x\to0^-}\dfrac{1}{x}=-\infty$ 이고 $\lim_{x\to-\infty} e^x=0$ 이므로 $\lim_{x\to0^-} e^{\frac{1}{x}}=0$ 이다.

(2) $\lim_{x\to0^+}\dfrac{1}{x}=\infty$ 이고 $\lim_{x\to\infty} e^x=\infty$ 이므로 $\lim_{x\to0^+} e^{\frac{1}{x}}=\infty$ 이다.

문제 2.15

$\lim_{x\to\infty}\ln\left(\dfrac{3}{x-2}\right)$ 을 구하여라.

SECTION 2.3 연/습/문/제

01 주어진 극한을 상수, ∞, $-\infty$ 또는 존재하지 않는다로 결정하여라.

(1) $\displaystyle\lim_{x\to1^-}\frac{1-3x}{x^2-1}$

(2) $\displaystyle\lim_{x\to-1^+}\frac{1-3x}{x^2-1}$

(3) $\displaystyle\lim_{x\to-1^-}\frac{2-x}{(x+1)^2}$

(4) $\displaystyle\lim_{x\to-2^-}\frac{-x}{\sqrt{4-x^2}}$

(5) $\displaystyle\lim_{x\to-1^-}(x^2-2x-3)^{-\frac{2}{3}}$

(6) $\displaystyle\lim_{x\to-\infty}\frac{-x}{\sqrt{4+x^2}}$

(7) $\displaystyle\lim_{x\to-\infty}\frac{x^3-3}{3x^2+x-1}$

(8) $\displaystyle\lim_{x\to\infty}e^{-\frac{2}{x}}$

02 다음 주어진 함수의 수직, 수평, 사점근선을 구하여라.

(1) $f(x)=\dfrac{x}{\sqrt{4+x^2}}$

(2) $f(x)=\dfrac{x}{4-x^2}$

(3) $f(x)=\dfrac{x^3}{4-x^2}$

(4) $f(x)=\dfrac{x^3}{x^2+x-6}$

CHAPTER 03

미분

SECTION 3.1 순간변화율과 미분

x가 x_1에서 x_2로 변할 때, $x_2 - x_1$을 x의 **증분**이라 하고, Δx로 표시한다. 즉 $\Delta x = x_2 - x_1$이다. 함수 $y = f(x)$에서 x가 Δx만큼 변할 때, y의 증분 $f(x+\Delta x) - f(x)$를 Δy 또는 $\Delta f(x)$로 표시한다. 이때, $\dfrac{\Delta y}{\Delta x}$를 구간 $[x, x+\Delta x]$에서 $y = f(x)$의 **평균변화율**이라 한다.

함수 $y = f(x)$에서 x가 x_1에서 x_2까지 변할 때의 평균변화율은 다음과 같다.

$$\frac{\Delta y}{\Delta x} = \frac{f(x_2) - f(x_1)}{x_2 - x_1}$$

곡선 $y = 2x^2$은 x가 1에서 1.5까지 0.5만큼 변할 때, y는 2에서 4.5까지 2.5만큼 변한다. 즉,

$$\Delta x = 1.5 - 1 = 0.5,\ \Delta y = 4.5 - 2 = 2.5$$

이다. 따라서 구간 $[1, 1.5]$에서 $y = 2x^2$의 평균변화율은

$$\frac{\Delta y}{\Delta x} = \frac{4.5 - 2}{1.5 - 1} = 5$$

이다.

예제 3.1

다음 함수의 주어진 구간에서 평균변화율을 구하여라.

(1) $f(x) = 2x^2 - x$, $[1, 3]$

(2) $f(x) = x^2 - x$, $[1, 1+\Delta x]$

(3) $f(x) = \dfrac{1}{x}$, $[2, 4]$

(4) $f(x) = \dfrac{1}{\sqrt{x-2}}$, $[3, 3+h]$

풀이

(1) $\dfrac{\Delta f(x)}{\Delta x}=\dfrac{f(3)-f(1)}{3-1}=\dfrac{15-1}{2}=7$

(2) $\dfrac{\Delta f(x)}{\Delta x}=\dfrac{f(1+\Delta x)-f(1)}{1+\Delta x-1}=\dfrac{\Delta x+(\Delta x)^2}{\Delta x}=1+\Delta x$

(3) $\dfrac{\Delta f(x)}{\Delta x}=\dfrac{f(4)-f(2)}{4-2}=\dfrac{1/4-1/2}{4-2}=-\dfrac{1}{8}$

(4) $\dfrac{\Delta f(x)}{\Delta x}=\dfrac{f(3+h)-f(3)}{3+h-3}=\dfrac{1/\sqrt{3+h-2}-1/\sqrt{3-2}}{h}$

$$=\frac{1}{h}\left(\frac{1}{\sqrt{1+h}}-1\right)$$

문제 3.1

다음 함수의 주어진 구간에서 평균변화율을 구하여라.

(1) $f(x)=x^2+x$, $[1, 2]$

(2) $f(x)=2x^2+1$, $[1, 1+\Delta x]$

정의 3.1

함수 $y=f(x)$가 a 근방에서 정의될 때 극한값

$$\lim_{h\to 0}\frac{f(a+h)-f(a)}{h}$$

가 존재하면 $x=a$에서 **미분가능하다고** 한다. 그리고 이 극한값을 $x=a$에서 함수 $y=f(x)$의 **순간변화율** 또는 **미분계수**(differential coefficient)라 부르고 $f'(a)$로 표시한다. 즉,

$$f'(a)=\lim_{h\to 0}\frac{f(a+h)-f(a)}{h}$$

그리고 극한값이 존재하지 않을 때 $x=a$에서 미분불가능하다고 한다.

함수 f가 (a, b)에서 미분가능할 때 임의의 $x\in(a, b)$에 대하여 미분계수 $f'(x)$를 대응시키는 함수를 **도함수**(derivative)라 하고

$$y',\ f'(x),\ \frac{dy}{dx},\ \frac{d}{dx}f(x)$$

등으로 나타낸다. 도함수 $f'(x)$를 구하는 것을 $f(x)$를 미분한다고 한다.

3.1.1 미분계수

정의 3.1의 극한값

$$\lim_{h\to 0}\frac{f(a+h)-f(a)}{h}$$

에서 $a+h=x$라 두면 미분계수는 다음과 같이 쓸 수 있다.

$$f'(a)=\lim_{x\to a}\frac{f(x)-f(a)}{x-a}$$

예제 3.2

다음 함수 $f(x)$의 도함수를 구하여라.

(1) $f(x)=x$ (2) $f(x)=x^2$

(3) $f(x)=\dfrac{1}{2x-3}$ (4) $f(x)=\sqrt{x+4}$

풀이 (1) 정의 3.1의 도함수의 정의를 이용하면

$$f'(x)=\lim_{h\to 0}\frac{f(x+h)-f(x)}{h}=\lim_{h\to 0}\frac{(x+h)-x}{h}=1$$

(2) 정의 3.1의 도함수의 정의를 이용하면

$$f'(x)=\lim_{h\to 0}\frac{(x+h)^2-x^2}{h}=\lim_{h\to 0}(2x+h)=2x$$

(3) 정의 3.1의 도함수의 정의를 이용하면

$$f'(x)=\lim_{h\to 0}\frac{f(x+h)-f(x)}{h}=\lim_{h\to 0}\frac{1/(2(x+h)-3)-1/(2x-3)}{h}$$

$$=\lim_{h\to 0}\frac{-2h}{h(2x+2h-3)(2x-3)}=\frac{-2}{(2x-3)^2}$$

(4) 정의 3.1의 도함수의 정의를 이용하면

$$f'(x)=\lim_{h\to0}\frac{f(x+h)-f(x)}{h}=\lim_{h\to0}\frac{\sqrt{x+h+4}-\sqrt{x+4}}{h}$$
$$=\lim_{h\to0}\frac{h}{h(\sqrt{x+h+4}+\sqrt{x+4})}=\frac{1}{2\sqrt{x+4}}$$

문제 3.2

다음 함수 $f(x)$의 도함수를 구하여라.

(1) $f(x)=x^2+1$ (2) $f(x)=x^3$

예제 3.3

다음 함수 $f(x)$에 대하여 주어진 점에서 $f(x)$의 미분계수를 구하여라.

(1) $f(x)=2x^2-x+2,\quad x=0$

(2) $f(x)=x^3+2x,\quad x=1$

(3) $f(x)=\dfrac{2}{3x-1},\quad x=2$

(4) $f(x)=\sqrt{2x+5},\quad x=1$

풀이

(1) 함수 f의 $x=0$에서 미분계수를 구하면

$$f'(0)=\lim_{x\to0}\frac{f(x)-f(0)}{x}=\lim_{x\to0}\frac{2x^2-x}{x}=-1$$

(2) 함수 f의 $x=1$에서 미분계수를 구하면

$$f'(1)=\lim_{x\to1}\frac{f(x)-f(1)}{x-1}=\lim_{x\to1}\frac{(x^3+2x)-3}{x-1}$$
$$=\lim_{x\to1}\frac{(x-1)(x^2+x+3)}{x-1}=5$$

(3) 함수 f의 $x=2$에서 미분계수를 구하면

$$f'(2)=\lim_{h\to0}\frac{f(2+h)-f(2)}{h}=\lim_{h\to0}\frac{2/(6+3h-1)-2/5}{h}$$
$$=\lim_{h\to0}\frac{1}{h}\left(\frac{2}{5+3h}-\frac{2}{5}\right)=\lim_{h\to0}\frac{1}{h}\left(\frac{-6h}{5(5+3h)}\right)=-\frac{6}{25}$$

(4) 함수 f의 $x=1$에서 미분계수를 구하면

$$f'(1) = \lim_{h \to 0} \frac{f(1+h) - f(1)}{h} = \lim_{h \to 0} \frac{\sqrt{2+2h+5} - \sqrt{7}}{h}$$

$$= \lim_{h \to 0} \frac{2h}{h(\sqrt{2h+7} + \sqrt{7})} = \frac{1}{\sqrt{7}}$$

문제 3.3

다음 함수 $f(x)$에 대하여 주어진 점에서의 미분계수를 구하여라.

(1) $f(x) = x^4 - 2x^2 + 2 \quad x = 2$

(2) $f(x) = (x+1)(x-2) \quad x = 0$

(3) $f(x) = \dfrac{1}{x+1} \quad x = 1$

(4) $f(x) = \sqrt{x^2+1} + x \quad x = 1$

예제 3.4

함수 $f(x) = |x|$는 $x = 0$에서 미분가능한가?

풀이 함수 f의 $x = 0$에서의 미분가능 여부는 정의에 의하여 다음의 극한값이 존재하는지 알아보면 된다.

$$\lim_{h \to 0} \frac{f(0+h) - f(0)}{h}$$

먼저 $x = 0$에서의 우극한은

$$\lim_{h \to 0^+} \frac{|h|}{h} = \lim_{h \to 0^+} \frac{h}{h} = 1$$

이고 $x = 0$에서의 좌극한은

$$\lim_{h \to 0^-} \frac{|h|}{h} = \lim_{h \to 0^-} \frac{-h}{h} = -1$$

이므로 $\lim_{h \to 0} \frac{f(h) - f(0)}{h}$의 값이 존재하지 않는다. 따라서 함수 $f(x) = |x|$는 $x = 0$에서 미분가능하지 않다.

문제 3.4

함수 $f(x)=|x^2-2x-3|$가 미분 가능하지 않은 점을 모두 구하여라.

3.1.2 미분계수의 기하학적 의미

함수 $y=f(x)$가 나타내는 곡선 위에 $x=a$ 및 $x=a+\Delta x$에 대응되는 점을 $P(a,\ f(a))$, $Q(a+\Delta x,\ f(a+\Delta x))$라 하면 $\dfrac{\Delta y}{\Delta x}$는 선분 PQ의 기울기이므로, $f'(a)$는 점 $P(a,\ f(a))$에서 곡선에 대한 접선의 기울기를 나타낸다. 따라서 함수 $f(x)$가 $x=a$에서 미분가능할 때, 곡선 $y=f(x)$ 위의 점 $(a,\ f(a))$에서의 접선의 방정식은

$$y-f(a)=f'(a)(x-a)$$

이다.

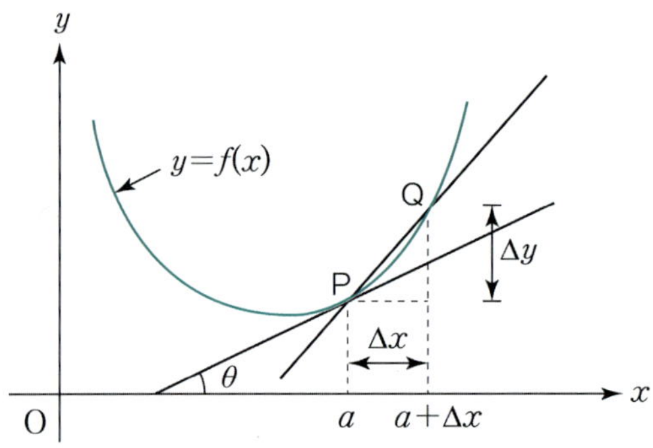

| 그림 3.1 |

예제 3.5

다음 함수 위의 주어진 점에서 접선의 방정식을 구하여라.

(1) $f(x) = x^3 + 5x$, $(1,6)$

(2) $f(x) = \sqrt{4x-8}$, $(3,2)$

풀이 (1) $f(x) = x^3 + 5x$에서 접선의 방정식을 구하기 위해서는 먼저 $x = 1$에서 미분계수를 구해야 한다. 미분계수의 정의에 의하여

$$f'(1) = \lim_{x\to 1}\frac{f(x)-f(1)}{x-1} = \lim_{x\to 1}\frac{x^3+5x-6}{x-1}$$

$$= \lim_{x\to 1}\frac{(x-1)(x^2+x+6)}{x-1} = 8$$

이므로 $f(x)$ 위의 점 $(1,6)$에서 접선의 방정식은 $y-6 = 8(x-1)$이고 이 식을 정리하면 $y = 8x-2$이다.

(2) $x = 3$에서의 미분계수를 구하면

$$f'(3) = \lim_{h\to 0}\frac{f(3+h)-f(3)}{h} = \lim_{h\to 0}\frac{\sqrt{12+4h-8}-\sqrt{4}}{h}$$

$$= \lim_{h\to 0}\frac{4h}{h(\sqrt{4h+4}+\sqrt{4})} = 1$$

이므로 $f(x)$ 위의 점 $(3,2)$에서 접선의 방정식은 $y-3 = 1(x-2)$이고 이 식을 정리하면 $y = x+1$이다.

문제 3.5

함수 $f(x) = -x^3 + 2x$ 위의 점 $(1,1)$에서 접선의 방정식을 구하여라.

정리 3.2 함수 $y = f(x)$가 $x = a$에서 미분가능하면 f는 $x = a$에서 연속이다.

증명 가정에 의하여

$$f'(a) = \lim_{x\to a}\frac{f(x)-f(a)}{x-a}$$

가 존재하므로

$$\begin{aligned}\lim_{x\to a}(f(x)-f(a)) &= \lim_{x\to a}\frac{f(x)-f(a)}{x-a}\cdot(x-a)\\ &= \lim_{x\to a}\frac{f(x)-f(a)}{x-a}\cdot\lim_{x\to a}(x-a)\\ &= f'(a)\cdot 0 = 0\end{aligned}$$

이다. 따라서 f는 $x=a$에서 연속이다.

주의 정리 3.2의 역은 성립하지 않는다. 예를 들어, 함수 $f(x)=|x|$에 대하여 $f'(0)$은 존재하지 않지만 함수 f는 $x=0$에서 연속이다.

SECTION 3.1 연 / 습 / 문 / 제

01 다음 함수의 주어진 구간에서 평균변화율을 구하여라.

(1) $f(x)=x^2-2x$, $[1,2]$

(2) $f(x)=2x^2-3x$, $[2,4]$

(3) $f(x)=-x^3-2$, $[-1,1]$

(4) $f(x)=2x^2-3x$, $[2,2+\triangle x]$

(5) $f(x)=\dfrac{1}{(x-1)^2}$, $[2,3]$

(6) $f(x)=\sqrt{x^2+x}$, $[1,2]$

02 다음 함수 $f(x)$의 도함수를 구하여라.

(1) $f(x)=4x+2$

(2) $f(x)=x^2+x$

(3) $f(x)=-x^2+1$

(4) $f(x)=x^3-2$

(5) $f(x)=\dfrac{3}{4x-2}$

(6) $f(x)=\sqrt{2x^2-3}$

03 함수 $f(x)=|x^2+2x|$에서 미분가능한 구간을 모두 구하여라.

04 $y=x^2$ 위의 점 $(1,1)$에서 접선의 방정식을 구하여라.

05 함수 $f(x)=\dfrac{1}{x}$ 위의 점 $(1,1)$에서 접선의 방정식을 구하여라.

06 기울기가 5이고 곡선 $y=x^2-x$에 접하는 접선의 방정식을 구하여라.

07 함수 $f(x)=\dfrac{x}{x+2}$의 $x=1$에서 미분계수를 구하여라.

08 함수 $f(x)=x^2+ax+1$의 $x=3$에서 접선이 x축에 평행할 때 a의 값을 구하여라.

09 함수 $f(x) = x\sqrt{x}$ 의 $x = 4$에서 미분계수를 구하여라.

10 함수 $f(x) = \sqrt{2x-3}$ 에 대하여 접선의 기울기가 1이 되는 함수 $f(x)$ 위의 점의 좌표를 구하여라.

SECTION 3.2 여러 가지 함수의 미분

정의 3.1에서 함수 f의 $x=a$에서의 미분계수를

$$f'(a)=\lim_{h\to 0}\frac{f(a+h)-f(a)}{h}$$

로 정의하였다. 이 식에서 a를 x로 바꾸면

$$f'(x)=\lim_{h\to 0}\frac{f(x+h)-f(x)}{h}$$

이다. 이 x에 관한 함수 f'을 f의 **도함수**라 부른다.

임의의 함수의 도함수는 정의를 이용하여 구할 수 있으나 무척 번거로운 일이므로 몇 개의 기본 공식을 살펴보기로 한다.

정리 3.3

c는 상수이고 함수 f와 g가 미분가능하면, 다음이 성립한다.

(1) $(f+g)'(x)=f'(x)+g'(x)$

(2) $(cf)'(x)=cf'(x)$

(3) $(f\cdot g)'(x)=f'(x)g(x)+f(x)g'(x)$

(4) $\left(\dfrac{f}{g}\right)'(x)=\dfrac{f'(x)g(x)-f(x)g'(x)}{[g(x)]^2}$ (단, $g(x)\neq 0$)

여러 가지 함수의 미분법에 대하여 살펴보자.

정리 3.4

상수함수 $f(x)=c$의 도함수는 $f'(x)=0$이다.

증명 도함수의 정의에 의하여

$$f'(x)=\lim_{h\to 0}\frac{f(x+h)-f(x)}{h}=\lim_{h\to 0}\frac{c-c}{h}=0$$

이다. 따라서 상수함수의 도함수는 $f'(x)=0$이다.

정리 3.5 함수 $f(x)=x^n$(n은 자연수)의 도함수는 $f'(x)=nx^{n-1}$이다.

증명 수학적 귀납법을 이용하여 증명하자. 먼저 $n=1$일 때

$$f'(x)=\lim_{h\to 0}\frac{f(x+h)-f(x)}{h}=\lim_{h\to 0}\frac{h}{h}=1$$

이므로 참이다. $n=k$일 때 정리가 성립한다고 가정하자. 즉 $f(x)=x^k$일 때

$$f'(x)=kx^{k-1}$$

이다. $f(x)=x^{k+1}$일 때 도함수 $f'(x)$는 정리 3.3에 의하여

$$f'(x)=(x\cdot x^k)'=x^k+x\cdot kx^{k-1}=(k+1)x^k$$

이다. 따라서 $n=k+1$일 때에도 정리가 성립한다.
그러므로 수학적 귀납법에 의하여 정리 3.5를 증명할 수 있다.

예제 3.6

다음 함수의 도함수를 구하여라.

(1) $f(x)=1$ (2) $f(x)=x$

(3) $f(x)=5x+3$ (4) $f(x)=2x^2-3x+4$

풀이

(1) 정리 3.4에 의하여 $f'(x)=0$이다.
(2) 정리 3.5에 의하여 $f'(x)=1$이다.
(3) 정리 3.3의 (1) 공식과 정리 3.4, 3.5에 의하여 $f'(x)=5$이다.
(4) 정리 3.3의 (1) 공식과 정리 3,4, 3.5에 의하여 $f'(x)=4x-3$이다.

문제 3.6

다음 함수의 도함수를 구하여라.

(1) $f(x)=3x^2-2x+2$ (2) $f(x)=2x^2-4x$

(3) $f(x)=x^3-3x+2x+5$ (4) $f(x)=x^5-4x^4-x+3$

예제 3.7

함수 $f(x) = xg(x)$이고 $g(2) = 3, g'(2) = 5$일 때 $f'(2)$를 구하여라.

풀이 정리 3.3의 (3) 공식에 의하여

$$f'(x) = [x(g(x)]' = x'g(x) + xg'(x)$$

이고 예제 3.6에 의해 $x' = 1$이므로

$$f'(2) = 1 \cdot g(2) + 2 \cdot g'(2) = 3 + 10 = 13$$

이다.

문제 3.7

$f(x) = \dfrac{x^2+3}{g(x)}$이고 $g(1) = 3$, $g'(1) = 5$일 때, $f'(1)$을 구하여라.

예제 3.8

다음 함수의 도함수를 구하여라.

(1) $f(x) = (x+4)(2x+1)$

(2) $f(x) = (2x+1)(3x-2)(x^2+1)$

풀이 (1) 정리 3.3의 (3) 공식에 의하여

$$f'(x) = (x+4)'(2x+1) + (x+4)(2x+1)'$$
$$= 1 \cdot (2x+1) + (x+4) \cdot 2 = 4x+9$$

(2) $f(x) = [(2x+1)(3x-2)](x^2+1)$ 이므로 정리 3.3의 (3) 공식에 의하여

$$f'(x) = [(2x+1)(3x-2)]'(x^2+1) + [(2x+1)(3x-2)](x^2+1)'$$
$$= [2 \cdot (3x-2) + (2x+1) \cdot 3](x^2+1) + [(2x+1)(3x-2)] \cdot x^2$$
$$= 24x^3 - 3x^2 + 8x - 1$$

문제 3.8

함수 $f(x) = (x^2+3)(3x+4)$의 도함수를 구하여라.

정리 3.5의 증명과 같은 방법으로 다음 정리를 증명할 수 있다.

정리 3.6

함수 $y = (f(x))^n$에서 f가 미분가능하면

$$y' = n(f(x))^{n-1} f'(x)$$

이다.

예제 3.9

함수 $f(x) = (x^2+2x-1)^3$의 도함수를 구하여라.

풀이 정리 3.6을 이용하면

$$f'(x) = 3(x^2+2x-1)^2 \cdot (2x+2)$$

이다.

문제 3.9

함수 $f(x)=(2x^3+3x^2-5x+1)^4$의 도함수를 구하여라.

정리 3.3에서 n이 음의 정수인 경우도 같은 결과가 성립하는 것을 도함수의 정의를 이용하여 증명할 수 있다.

정리 3.7

함수 $f(x)=x^{-n}$(n은 자연수)의 도함수는 $f'(x)=-nx^{-n-1}$이다.

예제 3.10

다음 함수의 도함수를 구하여라.

(1) $f(x)=x^2-\dfrac{1}{x^2}$ (2) $f(x)=\dfrac{2x^3+x-3}{x}$

풀이

(1) $f(x)=x^2-x^{-2}$로 나타낼 수 있으므로 정리 3.7을 이용하면

$$f'(x)=2x+2x^{-3}$$

이다.

(2) $f(x)=2x^2+1-3x^{-1}$ 이므로 정리 3.7을 이용하면

$$f'(x)=4x-3(-1)x^{-2}=4x+\frac{3}{x^2}$$

이다.

문제 3.10

함수 $f(x)=x^3+\dfrac{1}{x^3}$의 도함수를 구하여라.

다음은 유리함수의 미분에 대하여 살펴보자. 유리함수 $y = \frac{f(x)}{g(x)}$ 의 도함수는 정리 3.3의 (4) 공식을 이용하면

$$\frac{dy}{dx} = \frac{f'(x)g(x) - f(x)g'(x)}{[g(x)]^2}$$

임을 알 수 있다.

예제 3.11

함수 $f(x) = \frac{x}{x^2+1}$ 의 도함수를 구하여라.

풀이 정리 3.3(4)를 적용하면

$$f'(x) = \frac{x'(x^2+1) - x(x^2+1)'}{(x^2+1)^2} = \frac{(x^2+1) - x(2x)}{(x^2+1)^2}$$

문제 3.11

다음 함수들의 도함수를 구하여라.

(1) $f(x) = \frac{2x-1}{x^2-x+2}$

(2) $f(x) = \frac{x^2+2x-1}{x^2+3}$

(3) $f(x) = \frac{x^2+1}{-2x+3}$

예제 3.12

함수 $f(x) = \frac{x^2+3}{x+1}$ 위의 점 $(0, 3)$에서 접선의 방정식을 구하여라.

풀이 정리 3.3(4)를 이용하여 함수 f의 도함수를 구하면

$$f'(x)=\frac{(x^2+3)'(x+1)-(x^2+3)(x+1)'}{(x+1)^2}=\frac{2x(x+1)-(x^2+3)}{(x+1)^2}=\frac{x^2+2x-3}{(x+1)^2}$$

이다. 따라서 $x=0$에서 미분계수를 구하면 $f'(0)=-3$이다. 그러므로 점 (0, 3)에서 접선의 방정식은

$$y-3=-3(x-0)$$

이므로 $y=-3x+3$이다.

문제 3.12

함수 $f(x)=3x+\dfrac{6}{x^2-1}$ 위의 점 (2,8)에서 접선의 방정식을 구하여라.

다음은 무리함수의 미분에 대하여 살펴보자. 함수 $f(x)=x^{\frac{1}{2}}=\sqrt{x}$의 도함수를 구해보면

$$\begin{aligned} f'(x)&=\lim_{h\to 0}\frac{\sqrt{x+h}-\sqrt{x}}{h}\\ &=\lim_{h\to 0}\frac{(\sqrt{x+h}-\sqrt{x})(\sqrt{x+h}+\sqrt{x})}{h(\sqrt{x+h}+\sqrt{x})}\\ &=\lim_{h\to 0}\frac{h}{h(\sqrt{x+h}+\sqrt{x})}\\ &=\frac{1}{2\sqrt{x}} \end{aligned}$$

이다. $a^n-b^n=(a-b)(a^{n-1}+a^{n-2}b+\cdots+ab^{n-2}+b^{n-1})$을 이용하면 이 방법을 일반화하여 무리함수의 도함수를 다음과 같이 구할 수 있다.

정리 3.8

함수 $f(x)=x^{\frac{1}{n}}$ (n은 정수)의 도함수는 $f'(x)=\dfrac{1}{n}x^{\frac{1}{n}-1}$이다.

예제 3.13

다음 함수 $f(x)$의 도함수를 구하여라.

(1) $f(x)=\sqrt[5]{x}$　　　　(2) $f(x)=\dfrac{1}{\sqrt[3]{x}}$

풀이

(1) $f(x)=x^{\frac{1}{5}}$ 이므로 정리 3.8에 의하여 $f'(x)=\dfrac{1}{5}x^{-\frac{4}{5}}$ 이다.

(2) $f(x)=x^{-\frac{1}{3}}$ 이므로 정리 3.8에 의하여 $f'(x)=-\dfrac{1}{3}x^{-\frac{4}{3}}$ 이다.

문제 3.13

다음 함수 $f(x)$의 도함수를 구하여라.

(1) $f(x)=\sqrt[3]{x^2}$ (2)　　　　$f(x)=x\sqrt{x}$

예제 3.14

함수 $f(x)=\dfrac{\sqrt{x}}{\sqrt{x}+1}$ 의 도함수를 구하여라.

풀이

정리 3.3과 3.8을 적용하면

$$f'(x)=\frac{(\sqrt{x})'(\sqrt{x}+1)-\sqrt{x}(\sqrt{x}+1)'}{(\sqrt{x}+1)^2}$$

$$=\frac{\frac{1}{2}x^{-\frac{1}{2}}(x^{\frac{1}{2}}+1)-x^{\frac{1}{2}}\cdot\frac{1}{2}x^{-\frac{1}{2}}}{(\sqrt{x}+1)^2}$$

$$=\frac{\frac{1}{2}+\frac{1}{2}x^{-\frac{1}{2}}-\frac{1}{2}}{(\sqrt{x}+1)^2}$$

$$=\frac{x^{-\frac{1}{2}}}{2(\sqrt{x}+1)^2}$$

문제 3.14

다음 함수들의 도함수를 구하여라.

(1) $f(x)=\dfrac{\sqrt{x}}{\sqrt[3]{x}+2}$ (2) $f(x)=\dfrac{\sqrt{x}+1}{\sqrt{x}+2}$

정리 3.6과 정리 3.8을 이용하면 다음 결과를 얻을 수 있다.

정리 3.9

함수 $f(x)=x^a$ (a는 유리수)의 도함수는 $f'(x)=ax^{a-1}$ 이다.

예제 3.15

다음 함수들의 도함수를 구하여라.

(1) $f(x)=\sqrt[4]{x^5}-\sqrt{x^3}$ (2) $f(x)=x^2(\sqrt[5]{x^2}+\sqrt{x})$

풀이

(1) $f(x)=\sqrt[4]{x^5}-\sqrt{x^3}=x^{\frac{5}{4}}-x^{\frac{3}{2}}$ 이므로 정리 3.9를 적용하면

$$f'(x)=\frac{5}{4}x^{\frac{5}{4}-1}-\frac{3}{2}x^{\frac{3}{2}-1}=\frac{5}{4}\sqrt[4]{x}-\frac{3}{2}\sqrt{x}$$

이다.

(2) $f(x)=x^2(\sqrt[5]{x^2}+\sqrt{x})=x^{\frac{12}{5}}+x^{\frac{5}{2}}$ 이므로 정리 4.9를 적용하면

$$f'(x)=\frac{12}{5}x^{\frac{12}{5}-1}+\frac{5}{2}x^{\frac{5}{2}-1}=\frac{12}{5}x^{\frac{7}{5}}+\frac{5}{2}x^{\frac{3}{2}}=\frac{12}{2}x\sqrt[5]{x^2}+\frac{5}{2}x\sqrt{x}$$

이다.

문제 3.15

다음 함수들의 도함수를 구하여라.

(1) $f(x) = (\sqrt{x} + x)(\sqrt[3]{x} + x)$ (2) $f(x) = \dfrac{x}{\sqrt[3]{x^2} - x}$

예제 3.16

함수 $f(x) = \sqrt[5]{x^3}$ 의 $x = 1$에서 접선의 방정식을 구하여라.

풀이

$f(x) = x^{\frac{3}{5}}$ 이므로 정리 3.9를 적용하면

$$f'(x) = \frac{3}{5}x^{\frac{3}{5}-1} = \frac{3}{5}x^{-\frac{2}{5}}$$

이다. 따라서 $x = 1$에서 미분계수는 $f'(1) = \dfrac{3}{5}$ 이다. 그러므로 $(1, f(1))$에서 접선의 방정식은

$$y - 1 = \frac{3}{5}(x - 1)$$

이므로 이 식을 정리하면 $y = \dfrac{3}{5}x + \dfrac{2}{5}$ 이다.

문제 3.16

함수 $f(x) = \dfrac{1}{\sqrt{x}} + x + x\sqrt{x}$ 의 $x = 4$에서 접선의 방정식을 구하여라.

로그함수와 지수함수의 도함수에 대하여 알아보자.

정리 3.10

임의의 양수 a에 대하여

(1) $(\log_a x)' = \dfrac{1}{x\ln a}$　　　　(2) $(\ln x)' = \dfrac{1}{x}$

증명 자연로그함수 $f(x) = \ln x$의 도함수에 대하여 살펴보자.

$$f'(x) = \lim_{h\to 0}\frac{\ln(x+h)-\ln x}{h}$$
$$= \lim_{h\to 0}\ln\left(1+\frac{h}{x}\right)^{\frac{1}{h}}$$
$$= \ln e^{\frac{1}{x}} = \frac{1}{x}$$

밑이 $a(a>0, a\neq 1)$인 로그함수 $\log_a x$는 $\log_a x = \dfrac{\ln x}{\ln a}$이므로

$$(\log_a x)' = \left(\frac{\ln x}{\ln a}\right)' = \frac{1}{x\ln a}$$

이다.

정리 3.11

(1) $(a^x)' = a^x \ln a$　　　　(2) $(e^x)' = e^x$

증명 도함수의 정의를 이용하여 지수함수 $f(x) = a^x$의 도함수를 계산해 보자.

$$f'(x) = \lim_{h\to 0}\frac{f(x+h)-f(x)}{h} = \lim_{h\to 0}\frac{a^{x+h}-a^x}{h} = \lim_{h\to 0}\frac{a^x(a^h-1)}{h}$$

여기서 $a^h - 1 = t$로 치환하면

$$\lim_{h\to 0}\frac{a^h-1}{h}=\lim_{t\to 0}\frac{t}{\frac{\ln(t+1)}{\ln a}}$$
$$=\lim_{t\to 0}\frac{\ln a}{\ln(t+1)^{\frac{1}{t}}}$$
$$=\ln a$$

이다. 따라서 $f'(x)=a^x\ln a$이다. 또한 $a=e$이면 $(e^x)'=e^x\ln e=e^x$이다.

예제 3.17

함수 $f(x)=\dfrac{\ln x}{e^x+1}$의 도함수를 구하여라.

풀이 정리 3.3과 3.7을 적용하면

$$f'(x)=\frac{(\ln x)'(e^x+1)-(\ln x)(e^x+1)'}{(e^x+1)^2}$$
$$=\frac{\frac{1}{x}(e^x+1)-\ln x\cdot e^x}{(e^x+1)^2}$$
$$=\frac{e^x+1-xe^x\ln x}{x(e^x+1)^2}$$

문제 3.17

다음 함수의 도함수를 구하여라.

(1) $f(x)=\dfrac{e^x-1}{\ln x+1}$

(2) $f(x)=\dfrac{e^x+\ln x-1}{x^2+3}$

예제 3.18

함수 $f(x)=e^x+\ln x$ 위의 점 $(1, e)$에서 접선의 방정식을 구하여라.

풀이 함수 f의 도함수를 구하면

$$f'(x)=e^x+\frac{1}{x}$$

이다. 따라서 $x=1$에서 미분계수를 구하면 $f'(1)=e+1$이다. 그러므로 접선의 방정식은

$$y-e=(e+1)(x-1)$$

이므로 $y=(e+1)x-1$이다.

문제 3.18

함수 $f(x)=\dfrac{\ln x+e}{e^x}$ 위의 점 $(1, 1)$에서 접선의 방정식을 구하여라.

SECTION 3.2 연습문제

01 다음 함수를 미분하여라.

(1) $f(x)=x^2+2x$

(2) $f(x)=2x^2+3x-2$

(3) $f(x)=-x^3-2x^2+x+2$

(4) $f(x)=x^{3/5}-3x^{1/2}$

(5) $f(x)=\sqrt{x}-x$

(6) $f(x)=(1+x^{-1})^3$

(7) $f(x)=x^3e^x$

(8) $f(x)=\log_4 x+\log_2 3x$

02 다음 함수를 미분하여라.

(1) $f(x)=(2x+2)(x^2+1)$

(2) $f(x)=(x^2+x+1)(x^2+2)$

(3) $f(x)=(-x^2+1)\left(\dfrac{1}{x^2}-\dfrac{1}{x}\right)$

(4) $f(x)=\dfrac{x^3-2}{2x+1}$

(5) $f(x)=\dfrac{\sqrt{x}+1}{x^2+2x}$

(6) $f(x)=\dfrac{\sqrt{2-x}}{\sqrt{x}+1}$

(7) $f(x)=\dfrac{e^{3x}}{x+2}$

(8) $f(x)=\dfrac{2^x}{2^x-1}$

(9) $f(x)=\dfrac{\ln 3x}{x+2}$

(10) $f(x)=\dfrac{\log_2 x}{\log_2 x-1}$

03 함수 $f(x)=x^4\ln(3x)$에서 $f'(x)=0$이 되는 점을 모두 구하여라.

04 $f(x)=x^2\ln x+3e^x$의 $x=1$에서 접선의 방정식을 구하여라.

05 $f(x)=x(\ln x)^2$의 $x=2$에서 접선의 방정식을 구하여라.

06 다음 극한값을 구하여라.

$$\lim_{x\to e}\frac{x\ln x+x-2e}{x-e}$$

SECTION 3.3 연쇄법칙

x에서의 함수 f의 미분계수 $f'(x)$는 x의 근방에서 $\dfrac{\Delta y}{\Delta x}$의 극한값임을 알 수 있다. 따라서 미분계수 $f'(x)$를 $\dfrac{\Delta y}{\Delta x}$의 극한의 의미로 $\dfrac{dy}{dx}$ 또는 $\dfrac{d}{dx}f(x)$로 표기하기도 한다.

$$f'(x)=\frac{dy}{dx}=\frac{d}{dx}f(x)$$

이러한 표기 방법으로 $y=f(x), z=g(x)$라 두면 y, z는 모두 x에 관한 함수이므로 미분법에 관한 정리를 다음과 같이 표기할 수 있다.

$$\frac{d(y\pm z)}{dx}=\frac{dy}{dx}\pm\frac{dz}{dx}$$

$$\frac{d(yz)}{dx}=\frac{dy}{dx}z+y\frac{dz}{dx}$$

$$\frac{d}{dx}\left(\frac{y}{z}\right)=\frac{\dfrac{dy}{dx}z-y\dfrac{dz}{dx}}{z^2}$$

예제 3.19

$y=3x$이고 $z=5y$일 때 $\dfrac{dy}{dx}, \dfrac{dz}{dy}, \dfrac{dz}{dx}$를 구하여라.

풀이 도함수의 정의에 의하여

$$\frac{dy}{dx}=\lim_{\Delta x\to 0}\frac{\Delta y}{\Delta x}=\lim_{\Delta x\to 0}\frac{3(x+\Delta x)-3x}{\Delta x}=3$$

$$\frac{dz}{dy}=\lim_{\Delta y\to 0}\frac{\Delta z}{\Delta y}=\lim_{\Delta y\to 0}\frac{5(y+\Delta y)-5y}{\Delta y}=5$$

이다. 또한

$$z=5y=5(3x)=15x$$

이므로

$$\frac{dz}{dx}=\lim_{\Delta x\to 0}\frac{\Delta z}{\Delta x}=\lim_{\Delta x\to 0}\frac{15(x+\Delta x)-15x}{\Delta x}=15$$

이다.

문제 3.19

$y=2x+1$ 이고 $z=y^2+y$일 때 $\frac{dy}{dx}$, $\frac{dz}{dy}$, $\frac{dz}{dx}$를 구하여라.

위 예제에서

$$\frac{dz}{dx}=\frac{dz}{dy}\frac{dy}{dx}$$

가 성립함을 알 수 있다. 일반적으로 다음과 같은 연쇄법칙이 성립한다.

정리 3.12 연쇄법칙(chain rule)

함수 $y=f(u)$가 u에서 미분가능하고 함수 $u=g(x)$가 x에서 미분가능하면, 합성함수 $y=(f\circ g)(x)=f(g(x))$는 x에서 미분가능하고 다음이 성립한다.

$$\frac{dy}{dx}=\frac{dy}{du}\cdot\frac{du}{dx}=f'(g(x))g'(x)$$

증명 x의 변화량 Δx에 대응하는 u의 변화량을

$$\Delta u=g(x+\Delta x)-g(x)$$

라 하자. 그러면 이에 대응하는 y의 변화량은

$$\Delta y=f(u+\Delta u)-f(u)$$

이다. 그리고 $u=g(x)$가 연속이므로 $\Delta x\to 0$이면 $\Delta u\to 0$이다. 따라서

$$\begin{aligned}\frac{dy}{dx} &= \lim_{\Delta x\to 0}\frac{\Delta y}{\Delta x}\\ &= \lim_{\Delta x\to 0}\frac{\Delta y}{\Delta u}\cdot\frac{\Delta u}{\Delta x}\\ &= \lim_{\Delta x\to 0}\frac{\Delta y}{\Delta u}\cdot\lim_{\Delta x\to 0}\frac{\Delta u}{\Delta x}\\ &= \lim_{\Delta u\to 0}\frac{\Delta y}{\Delta u}\cdot\lim_{\Delta x\to 0}\frac{\Delta u}{\Delta x}\\ &= \frac{dy}{du}\cdot\frac{du}{dx}\end{aligned}$$

이다.

예제 3.20

연쇄법칙을 이용하여 다음 함수의 $\frac{dy}{dx}$를 구하여라.

(1) $u=x+3,\ y=u^2$

(2) $u=2x^2+1,\ y=e^u$

(3) $u=\ln x,\ y=\frac{1}{u}$

(4) $u=\sqrt{x},\ y=u^2+2u$

풀이

(1) $\frac{du}{dx}=1,\ \frac{dy}{du}=2u$이고 $u=x+3$이므로 연쇄법칙에 의해

$$\frac{dy}{dx}=\frac{du}{dx}\frac{dy}{du}=1\cdot 2u=2(x+3)$$

(2) $\frac{du}{dx}=4x,\ \frac{dy}{du}=e^u$이고 $u=2x^2+1$이므로 연쇄법칙에 의해

$$\frac{dy}{dx}=\frac{du}{dx}\frac{dy}{du}=4x\cdot e^u=4xe^{2x^2+1}$$

(3) $\frac{du}{dx}=\frac{1}{x},\ \frac{dy}{du}=-\frac{1}{u^2}$이고 $u=\ln x$이므로 연쇄법칙에 의해

$$\frac{dy}{dx}=\frac{du}{dx}\frac{dy}{du}=-\frac{1}{x}\cdot\frac{1}{u^2}=-\frac{1}{x(\ln x)^2}$$

(4) $\dfrac{du}{dx}=\dfrac{1}{2\sqrt{x}}$, $\dfrac{dy}{du}=2u+2$이고 $u=\sqrt{x}$이므로 연쇄법칙에 의해

$$\frac{dy}{dx}=\frac{du}{dx}\frac{dy}{du}=\frac{1}{2\sqrt{x}}(2u+2)=\frac{\sqrt{x}+1}{\sqrt{x}}$$

문제 3.20

연쇄법칙을 이용하여 다음 함수의 $\dfrac{dy}{dx}$를 구하여라.

(1) $u=2x+1,\ y=u^3$

(2) $u=x^2-2x,\ y=e^u$

(3) $u=2\ln x+3,\ y=\dfrac{1}{2u}$

(4) $u=2\sqrt{x}+x,\ y=u^2-3u$

정리 3.13

(1) $\dfrac{d}{dx}([f(x)]^n)=n[f(x)]^{n-1}f'(x)$

(2) $\dfrac{d}{dx}(\log_a f(x))=\dfrac{f'(x)}{f(x)\ln a}$

(3) $\dfrac{d}{dx}(\ln f(x))=\dfrac{f'(x)}{f(x)}$

(4) $\dfrac{d}{dx}(a^{f(x)})=f'(x)a^{f(x)}\ln a$

(5) $\dfrac{d}{dx}(e^{f(x)})=f'(x)e^{f(x)}$

예제 3.21

다음 함수의 도함수를 구하여라.

(1) $y=(x^3+1)^{50}$

(2) $y=(x^2+2)^{10}(2x-3)^{15}$

풀이

(1) $y=f(u)=u^{50}$, $u=g(x)=x^3+1$이라 두면, $y=f(g(x))$이므로 연쇄법칙에 의하여

$$\frac{dy}{dx}=f'(g(x))g'(x)=50(x^3+1)^{49}\cdot 3x^2=150x^2(x^3+1)^{49}$$

이다.

(2) 정리3.3 (3)과 연쇄법칙에 의하여

$$\frac{dy}{dx}=\left[(x^2+2)^{10}\right]'(2x-3)^{15}+(x^2+2)^{10}\left[(2x-3)\right]'$$

$$= [10(x^2+2)^9(2x)](2x-3)^{15} + (x^2+2)^{10}[15(2x-3)^{14} \cdot 2]$$
$$= 10(7x^2-6x+6)(x^2+2)^9(2x-3)^{14}$$

이다.

문제 3.21

함수 $y=(x^2+3x+1)^{100}$의 도함수를 구하여라.

예제 3.22

다음 함수를 미분하여라.

(1) $y=(x^2+5)^5$

(2) $y=(2x+3)^{\frac{3}{4}}$

(3) $y=\sqrt{x^2-x+1}$

(4) $y=\sqrt{2x+1}$

(5) $y=\dfrac{2}{\sqrt{x^2+1}}$

(6) $y=\left(\dfrac{2x-1}{3x+2}\right)^3$

풀이 (1) $u=x^2+5$라 두면 $y=u^5$이므로 연쇄법칙을 적용하면

$$\frac{dy}{dx}=\frac{du}{dx}\frac{dy}{du}=2x \cdot 5u^4 = 10x(x^2+5)^4$$

(2) $u=2x+3$이라 두면 $y=u^{\frac{3}{4}}$이므로 연쇄법칙을 적용하면

$$\frac{dy}{dx}=\frac{du}{dx}\frac{dy}{du}=2 \cdot \frac{3}{4}u^{-\frac{1}{4}}=\frac{3}{2}(2x+3)^{-\frac{1}{4}}$$

(3) $u=x^2-x+1$이라 두면 $y=\sqrt{u}$이므로 연쇄법칙을 적용하면

$$\frac{dy}{dx}=\frac{du}{dx}\frac{dy}{du}=(2x-1)\cdot\frac{1}{2\sqrt{u}}=\frac{2x-1}{2\sqrt{x^2-x+1}}$$

(4) $u=2x+1$이라 두면 $y=\sqrt{u}$이므로 연쇄법칙을 적용하면

$$\frac{dy}{dx}=\frac{du}{dx}\frac{dy}{du}=2\cdot\frac{1}{2\sqrt{u}}=\frac{1}{\sqrt{2x+1}}$$

(5) $u=x^2+1$이라 두면 $y=2u^{-\frac{1}{2}}$이므로 연쇄법칙을 적용하면

$$\frac{dy}{dx}=\frac{du}{dx}\frac{dy}{du}=(2x)\cdot 2\cdot\left(-\frac{1}{2}\right)u^{-\frac{3}{2}}$$
$$=-2x\cdot(x^2+1)^{-\frac{3}{2}}$$

(6) $u=\dfrac{2x-1}{3x+2}$이라 두면 $y=u^3$이므로 연쇄법칙을 적용하면

$$\frac{dy}{dx}=\frac{du}{dx}\frac{dy}{du}=\frac{2(3x+2)-3(2x-1)}{(3x+2)^2}\cdot 3u^2$$
$$=\frac{7}{(3x+2)^2}\cdot 3\left(\frac{2x-1}{3x+2}\right)^2$$
$$=\frac{21(2x-1)^2}{(3x+2)^4}$$

문제 3.22

다음 함수를 미분하여라.

(1) $y=(2x^2-1)^4$

(2) $y=(3x+1)^{\frac{2}{5}}$

(3) $y=\sqrt[3]{x^3-2x+4}$

(4) $y=\sqrt{x^3+3x^2+1}$

(5) $y=\dfrac{3}{\sqrt{2x^2-1}}$

(6) $y=\left(\dfrac{3x-1}{x+4}\right)^4$

예제 3.23

다음 함수를 미분하여라.

(1) $y=(2x+1)^5(x^2-x+3)^2$

(2) $y=\dfrac{(2x+1)^3}{(x^2+1)^4}$

풀이 (1) 정리 3.3(3)과 연쇄법칙을 적용하면

$$\frac{dy}{dx}=(x^2-x+3)^2\frac{d}{dx}(2x+1)^5+(2x+1)^5\frac{d}{dx}(x^2-x+3)^2$$
$$=(x^2-x+3)^2\cdot 10(2x+1)^4+(2x+1)^5\cdot 2(x^2-x+3)(2x-1)$$
$$=2(2x+1)^4(x^2-x+3)(9x^2-5x+14)$$

(2) 정리 3.3(4)와 연쇄법칙을 적용하면

$$\frac{dy}{dx}=\frac{\frac{d}{dx}(2x+1)^3\cdot(x^2+1)^4-(2x+1)^3\cdot\frac{d}{dx}(x^2+1)^4}{(x^2+1)^8}$$

$$=\frac{6(2x+1)^2\cdot(x^2+1)^4-(2x+1)^3\cdot 4(x^2+1)^3(2x)}{(x^2+1)^8}$$

$$=\frac{2(2x+1)^2(x^2+1)^3\{3(x^2+1)-4x(2x+1)\}}{(x^2+1)^8}$$

$$=\frac{2(2x+1)^2(x^2+1)^3(-5x^2-4x+3)}{(x^2+1)^8}$$

$$=\frac{2(2x+1)^2(-5x^2-4x+3)}{(x^2+1)^5}$$

문제 3.23

다음 함수를 미분하여라.

(1) $y=(x+2)^3(2x^2+x+1)^2$

(2) $y=(3x+1)^3(x^2-3x+2)^4$

(3) $y=\dfrac{(3x+1)^2}{(x^2-x+1)^3}$

(4) $y=\dfrac{(x^2-2x+4)^3}{(-x+1)^4}$

예제 3.24

다음 함수를 미분하여라.

(1) $y=e^{x^2+x+1}$

(2) $y=3^{x^2+3x}$

(3) $y=\left(\dfrac{e^x}{e^x-1}\right)^3$

풀이

(1) 연쇄법칙을 이용하기 위해 $u=x^2+x+1$로 두면 $y=e^u$이다. 따라서

$$\frac{dy}{dx}=\frac{dy}{du}\cdot\frac{du}{dx}=e^u\cdot(2x+1)=e^{x^2+x+1}(2x+1)$$

(2) $u=x^2+3x$라 두면 $y=3^u$이다. 연쇄법칙을 이용하면

$$\frac{dy}{dx}=\frac{dy}{du}\cdot\frac{du}{dx}=3^{x^2+3x}\ln 3\cdot(x^2+3x)'=\ln 3(2x+3)3^{x^2+3x}$$

(3) 연쇄법칙을 이용하기 위해 $u=\dfrac{e^x}{e^x-1}$로 두면 $y=u^3$이다. 따라서

$$\frac{dy}{dx}=\frac{dy}{du}\cdot\frac{du}{dx}=3u^2\cdot\frac{\frac{d}{dx}e^x(e^x-1)-e^x\frac{d}{dx}(e^x-1)}{(e^x-1)^2}$$

$$=3u^2\cdot\frac{e^x(e^x-1)-e^x\cdot e^x}{(e^x-1)^2}=\frac{-3e^{3x}}{(e^x-1)^4}$$

문제 3.24

다음 함수를 미분하여라.

(1) $y=e^{2x^2-x-3}$

(2) $y=5^{x^2-3x+1}$

(3) $y=\dfrac{e^x}{e^x-1}$

(4) $y=\left(\dfrac{e^x-1}{e^x+1}\right)^2$

예제 3.25

다음 함수를 미분하여라.

(1) $y=\log_2(3x+1)$

(2) $y=\log_3(x^2-3x+1)$

(3) $y=\ln(e^x+1)$

(4) $y=\log_{x+1}(3x+1)$

풀이

(1) $u=3x+1$라 두면 $y=\log_2 u$이다. 따라서 연쇄법칙을 이용하면

$$\frac{dy}{dx}=\frac{dy}{du}\cdot\frac{du}{dx}=\frac{1}{(3x+1)\ln 2}\cdot(3x+1)'=\frac{3}{(3x+1)\ln 2}$$

(2) $u=x^2-3x+1$라 두면 $y=\log_3 u$이다. 따라서 연쇄법칙을 이용하면

$$\frac{dy}{dx}=\frac{dy}{du}\cdot\frac{du}{dx}=\frac{1}{(x^2-3x+1)\ln 3}\cdot(x^2-3x+1)'=\frac{2x-3}{(x^2-3x+1)\ln 3}$$

(3) $u=e^x+1$라 두면 $y=\ln u$이다. 따라서 연쇄법칙을 이용하면

$$\frac{dy}{dx}=\frac{dy}{du}\cdot\frac{du}{dx}=\frac{1}{e^x+1}\cdot(e^x+1)'=\frac{e^x}{e^x+1}$$

(4) 로그의 성질에 의하여

$$y = \log_{x+1}(3x+1) = \frac{\ln(3x+1)}{\ln(x+1)}$$

이고 연쇄법칙을 이용하면

$$\frac{dy}{dx} = \frac{\frac{3}{3x+1}\ln(x+1) - \frac{1}{x+1}\ln(3x+1)}{(\ln(x+1))^2}$$

문제 3.25

다음 함수를 미분하여라.

(1) $y = \log_3(2x-5)$

(2) $y = \log_3(2x^2+5x-3)$

(3) $y = \ln\left(\frac{e^x-1}{e^x+1}\right)$

(4) $y = \log_{2x}(4x+3)$

예제 3.26

$x=1$인 점에서 곡선 $y = e^{x^2-x}$의 접선의 방정식을 구하여라.

풀이 주어진 식을 미분하면

$$\frac{dy}{dx} = (2x-1)e^{x^2-x}$$

이므로 $x=1$인 점에서 접선의 기울기는 1이다. 이 접선은 점 $(1,1)$을 지나므로 구하고자 하는 접선의 방정식은

$$y-1 = 1(x-1)$$

이므로 $y=x$이다.

문제 3.26

$x=1$인 점에서 곡선 $y=e^{2x^2+x-2}$의 접선의 방정식을 구하여라.

예제 3.27

$x=0$인 점에서 곡선 $y=\ln(e^{2x}-e^x+1)$의 접선의 방정식을 구하여라.

풀이 주어진 식을 미분하면

$$\frac{dy}{dx}=\frac{2e^{2x}-e^x}{e^{2x}-e^x+1}$$

이므로 $x=0$인 점에서 접선의 기울기는 1이다. 이 접선은 점 $(0,0)$을 지나므로 구하고자 하는 접선의 방정식은 $y=x$이다.

문제 3.27

$x=1$인 점에서 곡선 $y=\ln(e^{3x}+e^{2x}-2e^x+2)$의 접선의 방정식을 구하여라.

정리 3.14

함수 $y=f(u)$가 u에서 미분가능하고 함수 $u=g(w)$가 w에서 미분가능하고, 함수 $w=h(x)$가 x에서 미분가능하면, 합성함수 $y=(f\circ g\circ h)(x)=f(g(h(x)))$는 x에서 미분가능하고 다음이 성립한다.

$$\frac{dy}{dx}=\frac{dy}{du}\cdot\frac{du}{dw}\cdot\frac{dw}{dx}=f'(g(h(x))g'(h(x))h'(x)$$

예제 3.28

$y = e^{\frac{1}{1+e^{2x+1}}}$ 의 도함수를 구하여라.

풀이

$w = 2x+1$, $u = \dfrac{1}{1+e^w}$ 라 두면 $y = e^u$ 이다.

$\dfrac{dw}{dx} = 2$, $\dfrac{du}{dw} = \dfrac{-e^w}{(1+e^w)^2}$, $\dfrac{dy}{du} = e^u$ 이므로 연쇄법칙에 의해

$$\begin{aligned}\frac{dy}{dx} &= \frac{dy}{du} \cdot \frac{du}{dw} \cdot \frac{dw}{dx} = e^u \cdot \frac{-e^w}{(1+e^w)^2} \cdot 2 \\ &= e^{\frac{1}{1+e^{2x+1}}} \cdot \frac{-e^{2x+1}}{(1+e^{2x+1})^2} \cdot 2\end{aligned}$$

문제 3.28

$y = \log_2\left(\dfrac{1}{1+e^{3x-1}}\right)$ 의 도함수를 구하여라.

로그함수의 미분과 연쇄법칙을 이용하면 다음 결과를 얻을 수 있다.

정리 3.15

함수 $f(x) = x^a$ (a는 실수)의 도함수는 $f'(x) = ax^{a-1}$ 이다.

증명 $f(x) = x^a$의 양변에 로그를 취하면

$$\ln f(x) = \ln x^a = a \ln x$$

이다. 따라서

$$\frac{f'(x)}{f(x)} = \frac{a}{x}$$

이므로

$$f'(x) = \frac{a}{x} f(x) = \frac{a}{x} x^a = ax^{a-1}$$

이다.

예제 3.29

함수 $f(x)=\dfrac{x^{\pi}-1}{x+1}$ 위의 점 $(1,\ 0)$에서의 접선의 방정식을 구하여라.

풀이 정리 3.9를 적용하면

$$\begin{aligned} f'(x) &= \frac{\pi x^{\pi-1}(x+1)-(x^{\pi}-1)}{(x+1)^2} \\ &= \frac{(\pi-1)x^{\pi}+\pi x^{\pi-1}+1}{(x+1)^2} \end{aligned}$$

이다. 따라서 $x=1$에서의 미분계수는 $f'(1)=\dfrac{\pi}{2}$이다. 그러므로 접선의 방정식은

$$y-0=\frac{\pi}{2}(x-1)$$

이므로 이 식을 정리하면 $y=\dfrac{\pi}{2}x-\dfrac{\pi}{2}$이다.

문제 3.29

함수 $f(x)=\dfrac{x+2}{x^{\pi}-1}$의 도함수를 구하여라.

SECTION 3.3 연/습/문/제

01 다음 함수의 도함수를 구하여라.

(1) $f(x)=(4x^6+2x^3)^3$

(2) $f(x)=\sqrt{3x^2+2x+1}$

(3) $f(x)=(x+1)^{2/3}(2x^2-1)^2$

(4) $f(x)=(2x-3)^2(x^3+4x^2-1)^4$

(5) $f(x)=x\sqrt[3]{x^2+1}$

(6) $f(x)=\left(\dfrac{x^3+1}{x^3-1}\right)^3$

(7) $f(x)=\ln(x+\ln x)$

(8) $f(x)=\dfrac{x(\ln x)^2}{e^x}$

(9) $f(x)=xe^{-x^2}$

02 주어진 점에서 곡선에 대한 접선의 방정식을 구하여라.

(1) $f(x)=(2x-1)^{-4}$, $(0,1)$

(2) $f(x)=e^{e^x}$, $(0,e)$

(3) $f(x)=e^{x^2+2x-2}$, $(1,e)$

03 $f(x)=\dfrac{x^2+x+2}{\sqrt{x^2-3}}$ 의 $x=2$에서 접선의 방정식을 구하여라.

04 함수 $f(x)=\ln(\ln(\ln(x)))$의 도함수를 구하여라.

05 $g(x)=e^{f(x)}$ 이고 $f(1)=1$, $f'(1)=2$ 일 때, 함수 $g(x)$의 $x=1$에서 접선의 방정식을 구하여라.

06 다음 극한값을 구하여라.

$$\lim_{x\to 1}\frac{x^{\sqrt{2}}+2^{\sqrt{x}}-3}{x-1}$$

SECTION 3.4 음함수의 미분법

지금까지 다룬 함수들은 일반적으로 $y=f(x)$의 형태로 한 변수를 다른 변수로 나타낼 수 있었다. 그러나 다음과 같은 함수

$$x^2+y^2=1,\ x^3+e^y=2$$

는 x와 y를 한 변수의 형태로 나타낼 수 없다. 이러한 경우 방정식 $g(x,y)=0$을 **음함수(implicit function)**로 정의한다. 예를 들어 음함수

$$x^2+y^2=1$$

을 y에 관하여 풀면 $y=\pm\sqrt{1-x^2}$ 이므로 $x^2+y^2=1$은 두 함수 $f(x)=\sqrt{1-x^2}$ 과 $g(x)=-\sqrt{1-x^2}$ 으로 정의된다. 이 함수를 그래프로 그리면 다음과 같다.

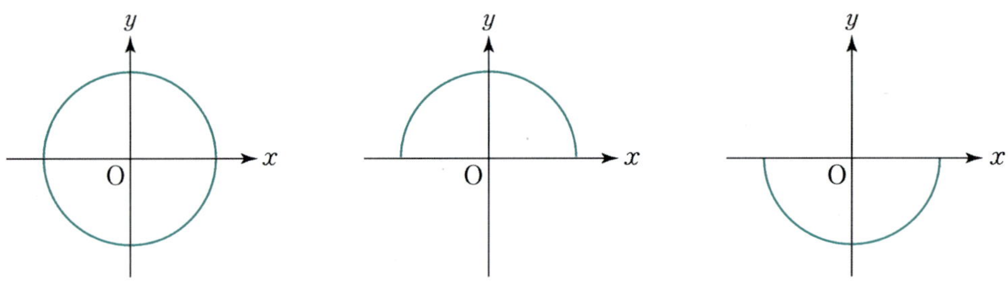

(1) $x^2+y^2=1$　　(2) $f(x)=\sqrt{1-x^2}$　　(3) $g(x)=-\sqrt{1-x^2}$

| 그림 3.2 |

음함수의 도함수를 구할 때는 y를 x의 함수로 생각하고, 주어진 방정식 $g(x,y)=0$의 양변을 x에 관하여 미분한 다음, y'에 대하여 정리한다. 이러한 미분법을 '음함수의 미분법(implicit differentiation)'이라 한다. 아래의 예제들을 통하여 음함수의 미분법에 대하여 살펴보자.

예제 3.30

$x^2+y^2=9$일 때 $\dfrac{dy}{dx}$를 구하여라.

풀이 방정식 $x^2+y^2=9$의 양변을 x에 대하여 미분하면

$$\frac{d}{dx}(x^2+y^2)=\frac{d}{dx}(9)$$

$$\frac{d}{dx}(x^2)+\frac{d}{dx}(y^2)=0$$

$$2x+\frac{dy}{dx}\cdot\frac{d}{dy}(y^2)=0$$

$$2x+2yy'=0$$

따라서

$$\frac{dy}{dx}=-\frac{x}{y}$$

이다.

문제 3.30

$x^4-y^2=10$일 때 $\dfrac{dy}{dx}$를 구하여라.

예제 3.31

$x^3+xy+y^3=3$일 때 $\dfrac{dy}{dx}$를 구하여라.

풀이 방정식 $x^3+xy+y^3=3$의 양변을 x에 대하여 미분하면

$$\frac{d}{dx}(x^3+xy+y^3)=0$$

$$\frac{d}{dx}x^3+\frac{d}{dx}(xy)+\frac{d}{dx}(y^3)=0$$

$$\frac{d}{dx}x^3+\frac{d}{dx}(x)\cdot y+\frac{d}{dx}(y)\cdot x+\frac{d}{dx}(y^3)=0$$

$$3x^2+1\cdot y+\frac{dy}{dx}\cdot\frac{d}{dy}(y)\cdot x+\frac{dy}{dx}\cdot\frac{d}{dy}(y^3)=0$$

$$3x^2+y+xy'+3y^2y'=0$$

이다. 따라서

$$\frac{dy}{dx}=-\frac{3x^2+y}{x+3y^2}$$

이다.

문제 3.31

$x^3+2xy+y^2=3$일 때 $\frac{dy}{dx}$를 구하여라.

예제 3.32

$x^3+y^3=16$일 때 점 $(2,2)$에서의 접선의 방정식을 구하여라.

풀이 방정식 $x^3+y^3=16$의 양변을 x에 대하여 미분하면

$$\frac{d}{dx}(x^3+y^3)=0$$

$$3x^2+3y^2y'=0$$

따라서

$$\frac{dy}{dx}=-\frac{x^2}{y^2}$$

이다. 점 $(2,2)$에서의 접선의 기울기는 $\frac{dy}{dx}=-1$이므로 접선의 방정식은 다음과 같다.

$$y-2=-1(x-2),\ \text{즉}\ y=-x+4$$

이다.

문제 3.32

$x^3 - y^3 = 7$일 때 점 $(2, 1)$에서의 접선의 방정식을 구하여라.

예제 3.33

음함수 $\dfrac{x+y}{x^2+y^2} = 2x^2 + x$에 대하여 $\dfrac{dy}{dx}$를 구하여라.

풀이 음함수의 미분법과 연쇄법칙에 의하여 양변을 x에 대해 미분하면

$$\frac{(1+y')(x^2+y^2)-(x+y)(2x+2yy')}{(x^2+y^2)^2} = 4x+1$$

을 얻을 수 있다. 이 식을 정리하면

$$y'(x^2-y^2-2xy) - x^2 + y^2 - 2xy = (4x+1)(x^2+y^2)^2$$

이다. 따라서 이 식을 y'에 대하여 풀면

$$\frac{dy}{dx} = y' = \frac{(4x+1)(x^2+y^2)^2 + x^2 - y^2 + 2xy}{x^2 - y^2 - 2xy}$$

이다.

문제 3.33

음함수 $\dfrac{x-y}{x+y} = x^2 + y^2$에 대하여 $\dfrac{dy}{dx}$를 구하여라.

예제 3.34

다음 음함수에 대하여 $\dfrac{dy}{dx}$를 구하여라.

(1) $e^{x+y} = x$

(2) $\ln(x+y) = e^{x-y}$

풀이 (1) 음함수의 미분법과 연쇄법칙에 의하여 양변을 미분하면

$$e^{x+y}\left(1+\frac{dy}{dx}\right)=1$$

을 얻을 수 있다. 따라서 이 식을 $\frac{dy}{dx}$에 대하여 풀면

$$\frac{dy}{dx}=e^{-x-y}-1$$

이다.

(2) 음함수의 미분법과 연쇄법칙에 의하여 양변을 미분하면

$$\frac{1+\frac{dy}{dx}}{x+y}=\left(1-\frac{dy}{dx}\right)e^{x-y}$$

을 얻을 수 있다. 따라서 이 식을 $\frac{dy}{dx}$에 대하여 풀면

$$\frac{dy}{dx}=\frac{(x+y)e^{x-y}-1}{(x+y)e^{x-y}+1}$$

이다.

문제 3.34

다음 음함수에 대하여 $\frac{dy}{dx}$를 구하여라.

(1) $e^{2x-y}=x^2+y$ (2) $\ln(2x+y)=2e^{x-2y}$

예제 3.35

관찰자로부터 $300\,km$ 떨어진 곳에서 로켓이 수직으로 $200\,km/h$의 속도로 상승하고 있다. 로켓이 지상으로부터 $400km$ 지점을 지날 때 로켓과 관찰자의 거리의 변화율을 구하여라. (단, 관찰자의 키는 무시한다.)

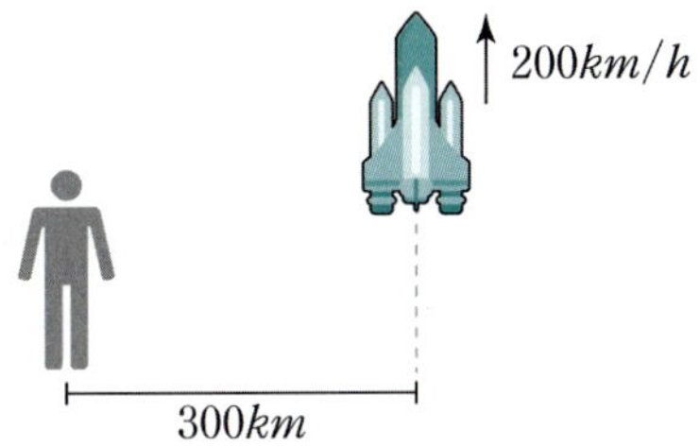

풀이 x를 로켓의 높이라 두자. 관찰자와 로켓 사이의 거리를 y라 두면, $x^2+300^2=y^2$이다. $x=400$이므로 위 식에 대입하면 $y=500$을 얻을 수 있다. 따라서 시간에 대하여 미분하면

$$2x\frac{dx}{dt}=2y\frac{dy}{dt}$$

이다. 이때 $x=400$, $y=500$, $\frac{dx}{dt}=200$을 대입하면 $\frac{dy}{dt}=160$이므로 로켓과 관찰자의 거리의 변화율은 $160km/h$이다.

문제 3.35

관찰자로부터 $30\,m$떨어진 곳에서 무인 시추 로봇이 수직으로 $5m/h$의 속도로 땅에 구멍을 뚫고 있다. 무인 시추 로봇이 지상으로부터 지하 $40\,m$지점을 지날 때 무인 시추 로봇과 관찰자의 거리의 변화율을 구하여라. (단, 관찰자의 키는 무시한다.)

주어진 함수의 양변에 자연로그를 취하고, 여기에 음함수의 미분법을 적용하여 주어진 함수의 도함수를 구하는 미분법을 '로그미분법(logarithmic differentiation)'이라고 부른다.

로그미분법은 도함수를 구하려는 함수가 여러 개의 인수들의 곱으로 되어 있거나, 함수가

$$y = f(x)^{g(x)}$$

과 같은 형태의 함수일 때 적용하면 효과적이다.

예제 3.36

$y = x^x$의 $\dfrac{dy}{dx}$를 로그미분법을 이용해 구하여라. (단, $x > 0$)

풀이 $y = x^x$의 양변에 자연로그 ln을 취하면

$$\ln y = \ln x^x = x \ln x$$

이다. 이 식의 양변을 x에 대하여 미분하면 $\dfrac{d}{dx}(\ln y) = \dfrac{d}{dx}(x \ln x)$이다. 따라서

$$\frac{1}{y}\frac{dy}{dx} = \ln x + x \cdot \frac{1}{x}$$

을 얻을 수 있다. 이 식을 정리하면

$$\frac{dy}{dx} = y(\ln x + 1) = x^x(\ln x + 1)$$

이다.

문제 3.36

$y = x^{\ln x}$에 대하여 $\dfrac{dy}{dx}$를 로그미분법을 이용해 구하여라. (단, $x > 0$)

예제 3.37

음함수 $y^x = x^y$에 대하여 $\dfrac{dy}{dx}$를 로그미분법을 이용해 구하여라. (단, $x > 0$, $y > 0$)

풀이 $y^x = x^y$의 양변을 ln을 취하면

$$x \ln y = y \ln x$$

이다. 이 식의 양변을 x에 대하여 미분하면

$$\ln y + x \cdot \frac{1}{y}\frac{dy}{dx} = \frac{dy}{dx} \cdot \ln x + \frac{y}{x}$$

를 얻을 수 있다. 이 식을 정리하면

$$\frac{dy}{dx} = \frac{y^2 - xy\ln y}{x^2 - xy\ln x}$$

이다.

문제 3.37

음함수 $y^{2x} = x^{\ln y}$에 대하여 $\dfrac{dy}{dx}$를 로그미분법을 이용해 구하여라.

(단, $x > 0$, $y > 0$)

SECTION 3.4 연습문제

01 다음 음함수의 도함수를 구하여라.

(1) $x^3+y^3=3xy^2$

(2) $\ln(x+y)=x^3+2xy$

(3) $x^4+x^2y^2+y^4=3$

(4) $\dfrac{x^2+y^2}{x+y}=5$

(5) $x^{\frac{1}{3}}+y^{\frac{1}{3}}=2$

(6) $\ln(x^2+y^2)=e^{x+y}$

(7) $x^2y^2+x\sqrt{y}=4$

(8) $\sqrt{x+y}=x^3+y^3$

02 음함수의 미분법을 이용하여 주어진 점에서 곡선에 대한 접선의 방정식을 구하여라.

(1) $ye^{3x}=xe^{3y}$, $(2, 2)$

(2) $x^2-2xy-y^2=2$, $(3, 1)$

(3) $x^2+y^2=(2x^2+2y^2-y)^2$, $\left(\dfrac{1}{2}, 0\right)$

(4) $x^3+y^3=6xy$, $(3, 3)$

03 음함수 $e^{x^2+y^2}=\ln(x+y+e)$ 위의 점 $(0, 0)$에서의 접선의 방정식을 구하여라.

04 길이 $5m$인 사다리가 수직인 벽면에 기대어 있다. 사다리의 밑은 벽면으로부터 $0.3m/s$의 비율로 미끄러져 간다고 할 때 사다리의 밑이 벽에서 $3m$ 떨어질 때, 사다리의 위쪽 끝은 얼마나 빨리 벽면 아래로 미끄러지겠는가?

05 로그미분법을 이용하여 도함수를 구하여라.

(1) $y=x^{x^2}$, $x>0$

(2) $y=x^{\frac{2}{x}}$, $x>0$

(3) $y=\dfrac{\sqrt{x^2+1}}{x^4+1}$

(4) $y^{\ln x}=x^{2y}$, $x>0, y>0$

SECTION 3.5 고계도함수

$y = f(x)$의 도함수 $f'(x)$가 존재하고, $f'(x)$의 도함수가 존재하면 이것을 처음 함수 $f(x)$의 **이계도함수**라 부르고

$$f''(x),\ y'',\ \frac{d^2y}{dx^2},\ \frac{d^2}{dx^2}f(x),\ D^2f(x)$$

등으로 표시한다. 이계도함수의 도함수를 삼계도함수라고 하고 일반적으로 $n-1$계도함수의 도함수를 n계도함수라고 하고 기호로

$$f^{(n)}(x),\ y^{(n)},\ \frac{d^ny}{dx^n},\ \frac{d^n}{dx^n}f(x),\ D^nf(x)$$

등으로 표시한다.

예제 3.38

다음 함수들의 이계도함수를 구하여라.

(1) $y = x^3 + x^2 + 1$　　(2) $y = \dfrac{x-1}{x+1}$　　(3) $y = \sqrt{x^2+1}$

풀이

(1) $y = x^3 + x^2 + 1$에 대하여, $\dfrac{dy}{dx} = 3x^2 + 2x$이고, 이를 한 번 더 미분하면

$$\frac{d^2y}{dx^2} = 6x + 2$$

임을 알 수 있다.

(2) $y = \dfrac{x-1}{x+1}$에 대하여, $\dfrac{dy}{dx} = \dfrac{2}{(x+1)^2}$이고, 이를 한 번 더 미분하면

$$\frac{d^2y}{dx^2} = -\frac{4}{(x+1)^3}$$

임을 알 수 있다.

(3) $y = \sqrt{x^2+1}$에 대하여, $\dfrac{dy}{dx} = \dfrac{x}{\sqrt{x^2+1}}$이고, 이를 한 번 더 미분하면

$$\frac{d^2y}{dx^2} = \frac{x^2}{(x^2+1)^{3/2}} + \frac{\sqrt{x^2+1}}{x^2+1}$$

임을 알 수 있다.

문제 3.38

다음 함수들의 이계도함수를 구하여라.

(1) $y = x^4 - 5x^2 + 1$ (2) $y = \dfrac{x+1}{x-1}$ (3) $y = \sqrt{x^2 + x + 1}$

예제 3.39

다음 함수들의 이계도함수를 구하여라.

(1) $y = e^{2x+1}$ (2) $y = \ln(x^2 + 1)$

풀이

(1) $y = e^{2x+1}$에 대하여, $\dfrac{dy}{dx} = 2e^{2x+1}$이고, 이를 한 번 더 미분하면

$$\frac{d^2y}{dx^2} = 4e^{2x+1}$$

임을 알 수 있다.

(2) $y = \ln(x^2 + 1)$에 대하여, $\dfrac{dy}{dx} = \dfrac{2x}{x^2+1}$이고, 이를 한 번 더 미분하면

$$\frac{d^2y}{dx^2} = -\frac{4x^2}{(x^2+1)^2} + \frac{2}{x^2+1}$$

임을 알 수 있다.

문제 3.39

다음 함수들의 이계도함수를 구하여라.

(1) $y = e^{x^2 - x}$ (2) $y = \ln(x^2 + 3x + 2)$

예제 3.40

함수 $y=e^{3x}$의 n계도함수를 구하여라.

풀이 $y=e^{3x}$에 대하여

$$\frac{dy}{dx}=3e^{3x},\quad \frac{d^2y}{dx^2}=3^2e^{3x}$$

임을 알 수 있다. 따라서 n계도함수를 구하면 $\frac{d^ny}{dx^n}=3^ne^{3x}$이다.

문제 3.40

함수 $y=x^2e^x$의 n계도함수를 구하여라.

예제 3.41

음함수 $x^2+y^2=1$의 이계도함수를 구하여라.

풀이 방정식 $x^2+y^2=1$의 양변을 x에 대하여 미분하면

$$2x+2y\frac{dy}{dx}=0$$

이므로 $\frac{dy}{dx}=-\frac{x}{y}$이다. 이를 이용하여 이계도함수를 구하면 다음과 같다.

$$\begin{aligned}\frac{d^2y}{dx^2}&=\frac{d}{dx}\left(\frac{dy}{dx}\right)=\frac{d}{dx}\left(-\frac{x}{y}\right)\\&=-\frac{1\cdot y-x\cdot\frac{dy}{dx}}{y^2}\\&=-\frac{1\cdot y+x\cdot\frac{x}{y}}{y^2}\\&=-\frac{y^2+x^2}{y^3}=-\frac{1}{y^3}\end{aligned}$$

문제 3.41

음함수 $x^3 + x^2y^2 = 2$의 이계도함수를 구하여라.

SECTION 3.5 연 / 습 / 문 / 제

01 $f(x)=\dfrac{x}{1-x}$에 대하여 $f^{(4)}(x)$를 구하여라.

02 곡선 $y^2-3y=x^2+3x$ 위의 점 $(-3,3)$에서 $\dfrac{dy}{dx}$, $\dfrac{d^2y}{dx^2}$을 구하여라.

03 음함수의 미분법을 이용하여 음함수 $x^2+2y^2=2$의 이계도함수를 구하여라.

SECTION 3.6 최댓값과 최솟값

도함수의 응용에는 어떤 일을 하는데 있어서 최적의 방법을 찾는 **최적화 문제**가 있다. 이런 문제들은 함수의 최댓값, 최솟값을 찾는 문제와 밀접한 관련이 있다. 이 장에서는 도함수를 이용하여 함수의 최적화 문제를 알아보도록 하자. 먼저 함수의 최댓값과 최솟값, 극댓값과 극솟값의 정의에 대하여 살펴보자.

정의 3.16

c가 함수 f의 정의역 D의 원소라 하자.

(1) D의 모든 원소 x에 대하여 $f(c) \geq f(x)$가 성립할 때 $f(c)$를 D에서 f의 **최댓값**(maximum value)이라 한다.

(2) D의 모든 원소 x에 대하여 $f(c) \leq f(x)$가 성립할 때 $f(c)$를 D에서 f의 **최솟값**(minimum value)이라 한다.

최대, 최소는 종종 대역적(global) 최대, 최소로 부르기도 한다.

정의 3.17

c가 함수 f의 정의역 D의 원소라 하자.

(1) c 근방의 모든 x에 대하여 $f(c) \geq f(x)$가 성립할 때 $f(c)$를 **극댓값**(local maximum value)이라 한다

(2) c 근방의 모든 x에 대하여 $f(c) \leq f(x)$가 성립할 때 $f(c)$를 **극솟값**(local minimum value)이라 한다.

이때 극댓값과 극솟값을 극값이라 한다.

[그림 3.3]을 살펴보면 $x = d$에서 함수 f는 최댓값 $f(d)$를 가지고 $x = a$에서 최솟값 $f(a)$를 가진다. 또한 $x = b$의 근방에서 $f(b) \geq f(x)$가 성립하므로 $x = b$에서 극댓값을 가진다. 그리고 $x = c$의 근방에서 $f(c) \leq f(x)$가 성립하므로 $x = c$에서 극솟값을 가진다. 같은 방법으로 $x = d$에서 극댓값을 가지고 $x = e$에서 극솟값을 가진다.

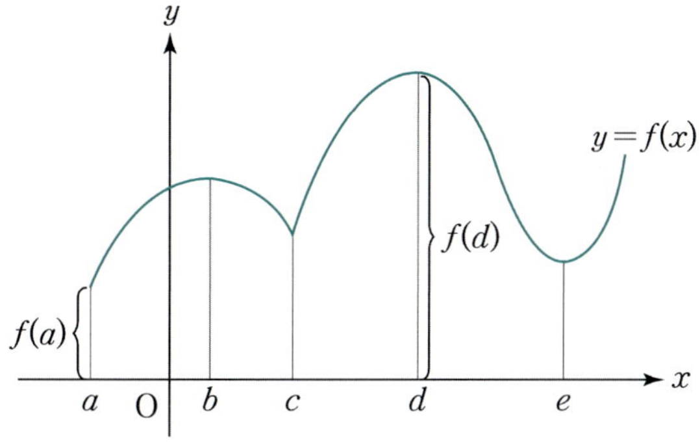

| 그림 3.3 |

예제 3.42

다음 함수의 극댓값과 극솟값을 구하여라.

(1) $f(x)=x^2+3$ (2) $f(x)=-x(x-2)$ (3) $f(x)=|x|$

풀이

(1) $f(x)=x^2+3$은 $x=0$에서 극솟값 3을 가지고, 극댓값은 갖지 않는다.
(2) $f(x)=-x(x-2)$는 $x=1$에서 극댓값을 갖고, 극솟값은 갖지 않는다.
(3) $f(x)=|x|$는 $x=0$에서 극솟값을 갖는다.

문제 3.42

다음 함수의 극댓값과 극솟값을 구하여라.

(1) $f(x)=-x^2-4$ (2) $f(x)=x(x-4)$ (3) $f(x)=|x-1|+|x+1|$

정의 3.18

함수 f에 대하여 $f'(c)=0$이거나 $f'(c)$가 존재하지 않는 f의 정의역에 속한 수 c를 함수 f의 임계점(critical point)이라 정의한다.

예제 3.43

$f(x)=x^{\frac{1}{3}}$의 임계점을 구하여라.

풀이 $f(x) = x^{\frac{1}{3}}$ 에 대하여

$$f'(x) = \frac{1}{3}x^{-2/3} = \frac{1}{3x^{2/3}}$$

이므로 $f'(0)$ 이 존재하지 않는다. 따라서 임계점은 $x = 0$ 이다.

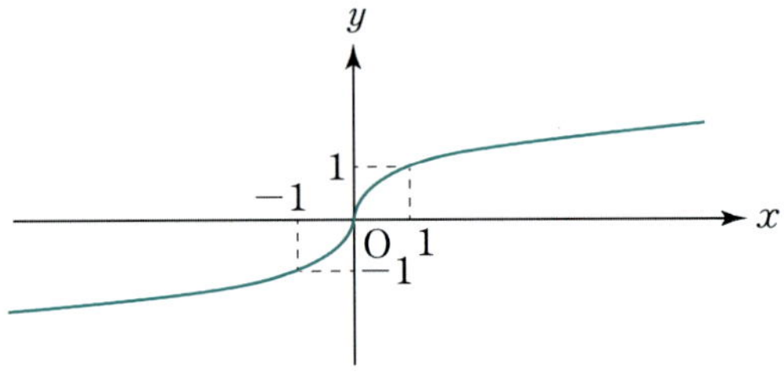

| 그림 3.4 | 함수 $f(x) = x^{\frac{1}{3}}$ 의 그래프

문제 3.43

$f(x) = x^{\frac{2}{5}}$ 의 임계점을 구하여라.

예제 3.44

$f(x) = x^{1/2}(2 - x)$의 임계점을 구하여라.

풀이 $f(x) = x^{1/2}(2 - x)$에 대하여

$$f'(x) = \frac{1}{2}x^{-1/2}(2 - x) + x^{1/2}(-1)$$
$$= \frac{2 - x - 2x}{2x^{1/2}} = \frac{2 - 3x}{2x^{1/2}}$$

이므로 $x = \frac{2}{3}$에서 $f'(x) = 0$이고 $x = 0$에서 $f'(x)$의 값이 존재하지 않는다.

따라서 $f(x) = x^{1/2}(2 - x)$의 임계점은 $x = \frac{2}{3}$와 $x = 0$이다.

문제 3.44

$f(x)=x^{\frac{3}{4}}(4-x)$의 임계점을 구하여라.

정리 3.19 **1계도함수 극값 판정법**

연속함수 $f(x)$에 대하여 $x=c$를 임계점이라 하자.

(1) $f'(x)$의 부호가 $x=c$를 중심으로 양에서 음으로 바뀌면 f는 $x=c$에서 극댓값을 갖는다.

(2) $f'(x)$의 부호가 $x=c$를 중심으로 음에서 양으로 바뀌면 f는 $x=c$에서 극솟값을 갖는다.

(3) $f'(x)$의 부호가 $x=c$를 중심으로 바뀌지 않으면 f는 $x=c$에서 극대도 극소도 아니다.

예제 3.45

구간 $[-2,\ 3]$에서 함수 $f(x)=2x^3-3x^2+6$의 극댓값과 극솟값, 최댓값과 최솟값을 구하여라.

풀이 $f(x)=2x^3-3x^2+6$에 대하여

$$f'(x)=6x^2-6x=6(x^2-x)=6x(x-1)$$

이므로 $x=0, 1$에서 $f'(x)=0$이다. x의 범위에 따른 f'의 부호를 살펴보면 아래의 표와 같다.

x	-2	$\cdots$	0	$\cdots$	1	$\cdots$	3
$f'(x)$		$+$	0	$-$	0	$+$	
$f(x)$	-22		극대		극소		33

따라서 f의 극댓값은 $f(0)=6$, 극솟값은 $f(1)=5$이므로 구간 $[-2,\ 3]$에서 f의 최댓값은 $f(3)=33$이고 최솟값은 $f(-2)=-22$이다.

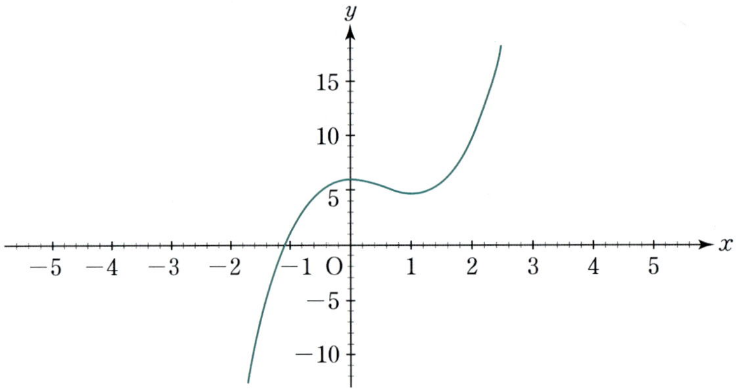

그림 3.5 함수 $f(x)=2x^3-3x^2+6$의 그래프

문제 3.45

구간 $[0,\ 3]$에서 함수 $f(x)=3x^2-12x+4$의 극댓값과 극솟값, 최댓값과 최솟값을 구하여라.

예제 3.46

구간 $[-1,\ 1]$에서 함수 $f(x)=x\sqrt{1-x}$ 의 극댓값과 극솟값, 최댓값과 최솟값을 구하여라.

풀이 $f(x)=x\sqrt{1-x}$ 에 대하여

$$f'(x)=\sqrt{1-x}+x\frac{-1}{2\sqrt{1-x}}=\frac{2-3x}{2\sqrt{1-x}}$$

이므로 $x=\frac{2}{3}$에서 $f'(x)=0$이다. 따라서 x의 값에 따른 f'의 부호를 판단하면 아래의 표와 같다.

x	-1	$\cdots$	$\frac{2}{3}$	$\cdots$	1
$f'(x)$		$+$	0	$-$	
$f(x)$	$-\sqrt{2}$		$\frac{2}{3\sqrt{3}}$		0

따라서 f의 극댓값은 $f\left(\frac{2}{3}\right)=\frac{2}{3\sqrt{3}}$이고 극솟값은 존재하지 않는다. 또한 구간 $[-1,\ 1]$에서 f의 최댓값은 $f\left(\frac{2}{3}\right)=\frac{2}{3\sqrt{3}}$이고 최솟값은 $f(-1)=-\sqrt{2}$이다.

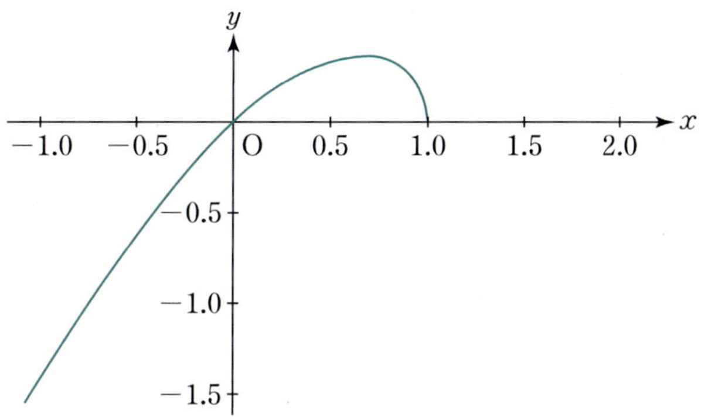

| 그림 3.6 | 함수 $f(x)=x\sqrt{1-x}$의 그래프

문제 3.46

구간 $[-1,\ 4]$에서 함수 $f(x)=x-\sqrt[3]{x}$의 극댓값과 극솟값, 최댓값과 최솟값을 구하여라.

예제 3.47

구간 $\left[\frac{1}{2},\ 2\right]$에서 함수 $f(x)=\ln\frac{x}{x^2+1}$의 극댓값과 극솟값, 최댓값과 최솟값을 구하여라.

풀이 $f(x)=\ln\frac{x}{x^2+1}$에 대하여

$$\ln\frac{x}{x^2+1}=\ln x-\ln(x^2+1)$$

이다. 따라서 로그함수의 미분에 의하여

$$f'(x)=\frac{1}{x}-\frac{2x}{x^2+1}$$

이므로 $x=-1, 1$에서 $f'(x)=0$이다. 따라서 x의 범위에 따른 f'의 부호를 판단하

면 아래의 표와 같다.

x	$\frac{1}{2}$	$\cdots$	1	$\cdots$	2
$f'(x)$		$+$	0	$-$	
$f(x)$	$\ln\frac{2}{5}$		$\ln\frac{1}{2}$		$\ln\frac{2}{5}$

따라서 f의 극댓값은 $f(1)=\ln\frac{1}{2}$이고 극솟값은 존재하지 않는다. 따라서 구간 $\left[\frac{1}{2}, 2\right]$에서 f의 최댓값은 $f(1)=\ln\frac{1}{2}$이고 최솟값은 $f\left(\frac{1}{2}\right)=\ln\frac{2}{5}=f(2)$이다.

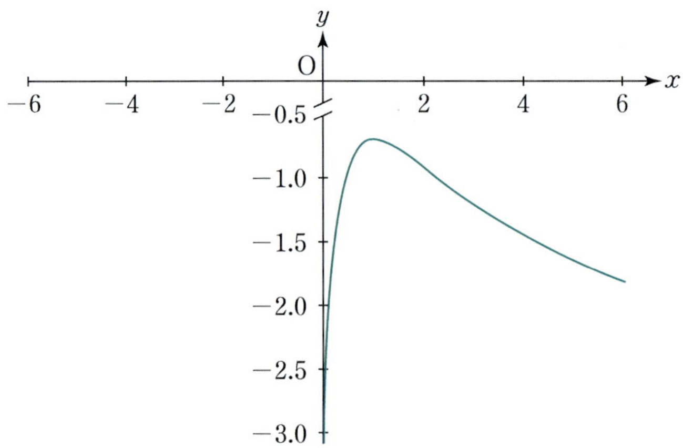

그림 3.7 함수 $f(x)=\ln\frac{x}{x^2+1}$의 그래프

문제 3.47

구간 $\left[\frac{1}{2}, 4\right]$에서 함수 $f(x)=\ln\left(x+\frac{1}{x}\right)$의 극댓값과 극솟값, 최댓값과 최솟값을 구하여라.

정리 3.20 극값 정리

함수 f가 폐구간 $[a, b]$에서 연속이면 f는 $[a, b]$에서 최댓값과 최솟값을 갖는다.

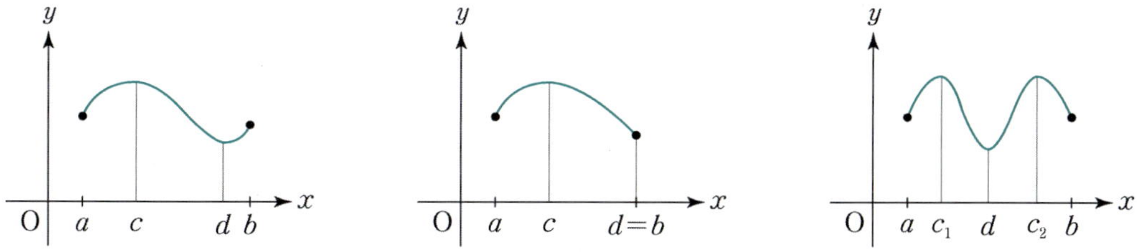

❙ 그림 3.8 ❙

[그림 3.8]을 살펴보면 폐구간 $[a, b]$에서 함수가 연속이므로 극값 정리에 의하여 최댓값과 최솟값을 갖는다. 극값 정리의 증명은 수학적으로 복잡하므로 이 책에서는 생략하도록 한다.

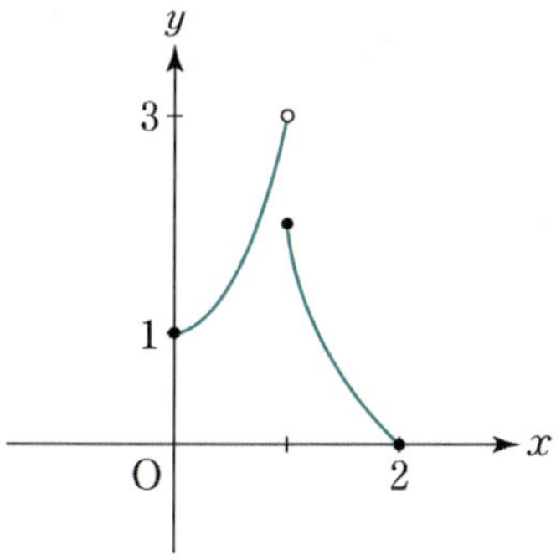

❙ 그림 3.9 ❙

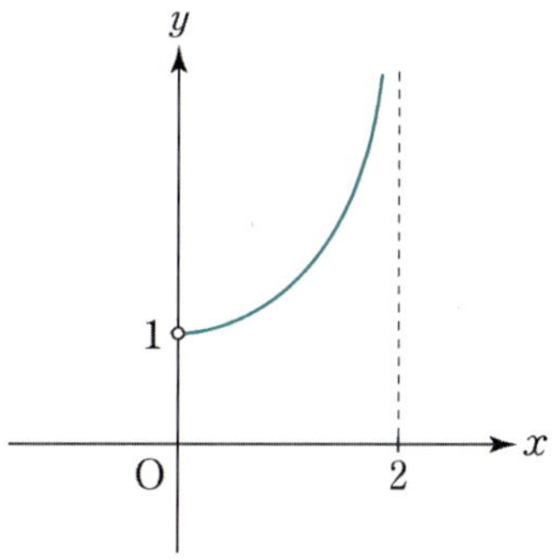

❙ 그림 3.10 ❙

[그림 3.9]를 살펴보면 이 함수는 최솟값 $f(2)=0$을 갖지만, 최댓값은 갖지 않는다. 그 이유는 극값 정리의 가정 중 폐구간에서 연속이지 않기 때문에 극값 정리를 만족하지 않는다. [그림 3.10]에서는 폐구간 $[0, 2]$에서 최댓값과 최솟값을 둘 다 갖지 않는다. 이 함수는 개구간 $(0, 2)$에서는 연속이지만 $x=0$과 $x=2$에서 연속이 아니므로 폐구간에서 연속이지 않다. 따라서 극값 정리를 만족하지 않는다.

극값 정리는 폐구간에서 연속함수의 최댓값과 최솟값의 존재성에 대하여 설명해 주고 있다. 그러나 이 극값을 찾는 방법에 대해서는 말해주고 있지 않다. [그림 3.8]에서 보면 a와 b 사이의 최댓값과 최솟값은 극댓값이거나 극솟값이다. 따라서 최댓값과 최솟값을 찾기 위해서는 극값을 먼저 찾아보아야 한다.

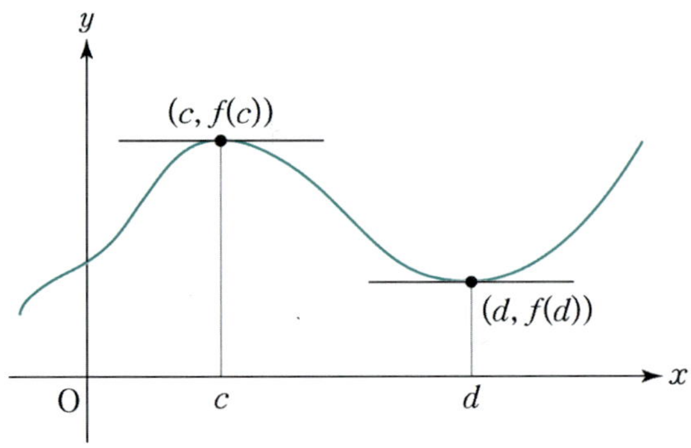

❙ 그림 3.11 ❙

[그림 3.11]은 $x=c$에서 극댓값을 갖고 $x=d$에서 극솟값을 갖는 함수 f의 그래프이다. $x=c$와 $x=d$에서 함수의 접선의 기울기는 x축에 수평이므로 0임을 알 수 있다. 따라서 극댓값과 극솟값에서의 접선의 기울기는 0이 된다는 것이다. 다음 정리를 살펴보자.

정리 3.21 **페르마 정리**

함수 f가 c에서 극대 또는 극소이고 $f'(c)$가 존재하면 $f'(c)=0$이다.

증명 함수 f가 c에서 극대인 경우만 증명하기로 하자. 충분히 작은 값 h를 택하면 $c+h$는 주어진 구간 내에 있고

$$f(c) \geq f(c+h)$$

이다. 따라서

$$f(c+h)-f(c) \leq 0$$

이다.

이때 $h>0$이면

$$\frac{f(c+h)-f(c)}{h} \leq 0$$

이므로

$$\lim_{h\to 0^+}\frac{f(c+h)-f(c)}{h} \leq 0$$

만약 $h<0$이면

$$\frac{f(c+h)-f(c)}{h} \geq 0$$

이므로

$$\lim_{h\to 0^-}\frac{f(c+h)-f(c)}{h} \geq 0$$

이다. 미분계수 $f'(c)$의 정의에 의하여 위의 두 극한이 같아야 하므로 $f'(c)=0$이다.

페르마 정리의 역은 성립하지 않는다. 실제로, 함수 $f(x)=x^3$를 생각해 보면, $f'(x)=3x^2$이므로 $f'(0)=0$이 성립한다. 하지만, [그림 3.12]에서 알 수 있듯이 $f(x)=x^3$의 그래프는 항상 증가하는 함수이므로 극댓값과 극솟값이 존재하지 않는다. 따라서 페르마 정리의 역이 성립하지 않음을 알 수 있다.

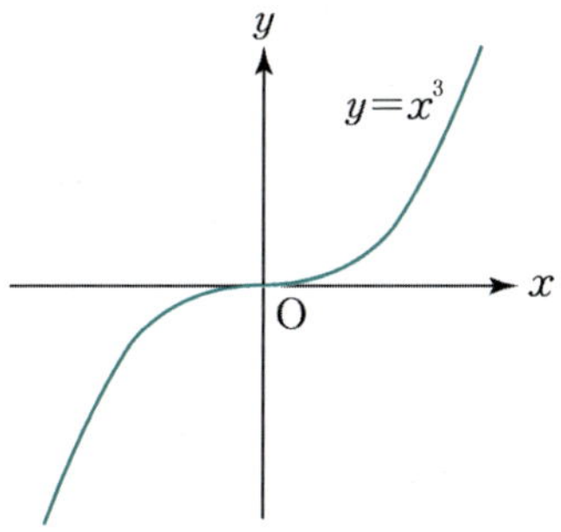

그림 3.12 함수 $f(x)=x^3$의 그래프

또한, 함수 $f(x)=|x|$는 $x=0$에서 연속이지만, $x=0$에서 미분 불가능한 함수이다. 따라서 페르마의 정리를 적용할 수 없다. 하지만, [그림 3.13]에서 보듯이 $f(x)=|x|$는 $x=0$에서 극솟값 $f(0)=0$을 갖는다는 것을 알 수 있다.

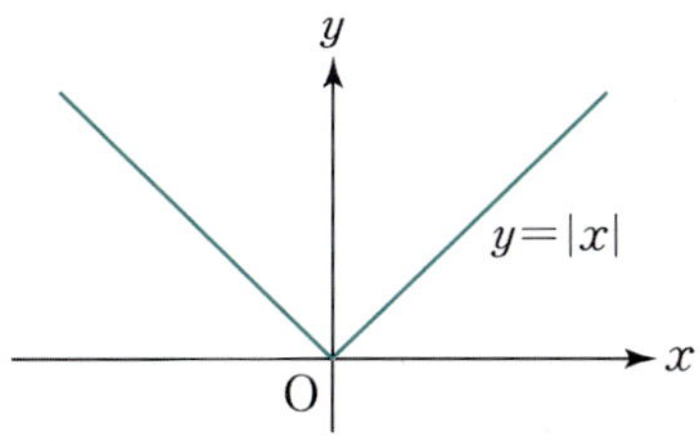

그림 3.13 함수 $f(x)=|x|$의 그래프

참고 함수 f에 대하여, $f(c)$가 극값(또는 최댓값, 최솟값)이면 c가 f의 임계점이라는 것이 잘 알려져 있다. 따라서 주어진 구간 $[a, b]$에서 함수의 최댓값과 최솟값을 구하려면, 임계점에서의 함숫값과 양 끝점$(x=a, x=b)$에서의 함숫값을 비교하면 된다.

예제 3.48

함수 $f(x)=x^3-3x+3$의 임계점, 극댓값과 극솟값을 구하여라.

풀이 $f(x)=x^3-3x+3$에 대하여

$$f'(x)=3x^2-3=3(x+1)(x-1)$$

이므로 $f'(x)=0$이 되는 임계점은 $x=1$과 $x=-1$이다. x의 값에 따라 f'의 부호를 판단하면 아래의 표와 같다.

x	$\cdots$	-1	$\cdots$	1	$\cdots$
$f'(x)$	$+$	0	$-$	0	$+$
$f(x)$		5		1	

따라서 $x=1$에서 극솟값 $f(1)=1$, $x=-1$에서 극댓값 $f(-1)=5$를 가진다.

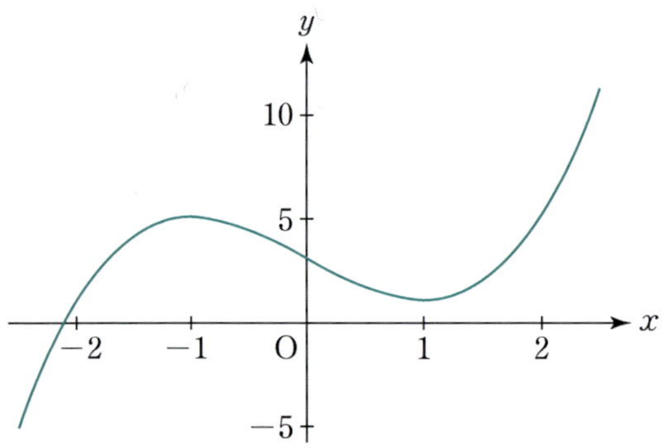

그림 3.14 함수 $f(x)=x^3-3x+3$의 그래프

문제 3.48

함수 $f(x)=2x^3-3x^2-36x$의 임계점, 극댓값과 극솟값을 구하여라.

예제 3.49

함수 $f(x)=\sqrt{x^2+2x+2}$의 임계점, 극댓값과 극솟값을 구하여라.

풀이 $f(x)=\sqrt{x^2+2x+2}$에 대하여

$$f'(x)=\frac{x+1}{\sqrt{x^2+2x+2}}$$

이므로 $f'(x)=0$이 되는 임계점은 $x=-1$이다. x의 범위에 따라 f'의 부호를 판단하면 아래의 표와 같다.

x	$\cdots$	-1	$\cdots$
$f'(x)$	$-$	0	$+$
$f(x)$		1	

따라서 $x=-1$에서 극솟값 $f(-1)=1$을 가지고 극댓값은 가지지 않는다.

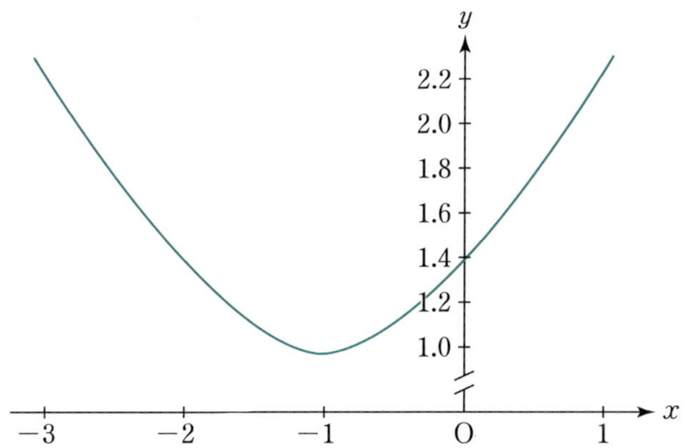

그림 3.15 함수 $f(x)=\sqrt{x^2+2x+2}$의 그래프

문제 3.49

함수 $f(x)=\sqrt{x^2-4x+5}$ 의 임계점, 극댓값과 극솟값을 구하여라.

SECTION 3.6 연습문제

01 다음 각 함수의 임계점을 구하여라.

(1) $f(x) = 5x^2 + 4x$

(2) $f(x) = 2x^3 - 3x - 1$

(3) $f(x) = x^{1/3}(1-x)$

(4) $f(x) = x^{3/4} - 4x^{1/4}$

02 다음 각 함수의 주어진 구간에서의 최댓값과 최솟값을 구하여라.

(1) $f(x) = \sqrt{x-2}$, $[2, 6]$

(2) $f(x) = 2x^3 + 3x^2 - 5$, $[-2, 2]$

(3) $f(x) = 2x^3 - 3x^2 - 12x + 4$, $[-3, 3]$

(4) $f(x) = \sqrt[3]{x+3}$, $[-11, 5]$

(5) $f(x) = x + \dfrac{1}{x}$, $[1/2, 3]$

03 양수 a, b에 대하여 함수 $f(x) = x^a(1-x)^b$, $0 \le x \le 1$에서 최댓값과 최솟값을 구하여라.

SECTION 3.7 평균값 정리

이 장에서는 평균변화율과 순간변화율 사이의 관계를 설명할 수 있는 평균값 정리에 대하여 알아보고자 한다. 자동차가 1시간에 $50km$를 달렸다고 하면 평균속력은 $50km/h$이다. 또한 이 자동차는 1시간 동안 적어도 한 번은 순간속력인 $50km/h$가 되는 시점이 존재한다. 왜냐하면 한 번도 순간속력이 $50km/h$가 되는 시점이 존재하지 않는다고 하면 항상 $50km/h$ 초과이거나 미만이기 때문에 평균속력이 $50km/h$가 될 수 없다. 이 내용은 아래에서 설명할 평균값 정리를 통해서도 알 수 있다. 먼저 평균값 정리를 증명하기 위해 다음의 정리를 살펴보자.

정리 3.22 **롤(Rolle)의 정리**

함수 f가 $[a,b]$에서 연속이고 (a,b)에서 미분가능하다고 하자.
만약 $f(a)=f(b)$이면 $f'(c)=0$을 만족하는 점 $c\in(a,b)$가 존재한다.

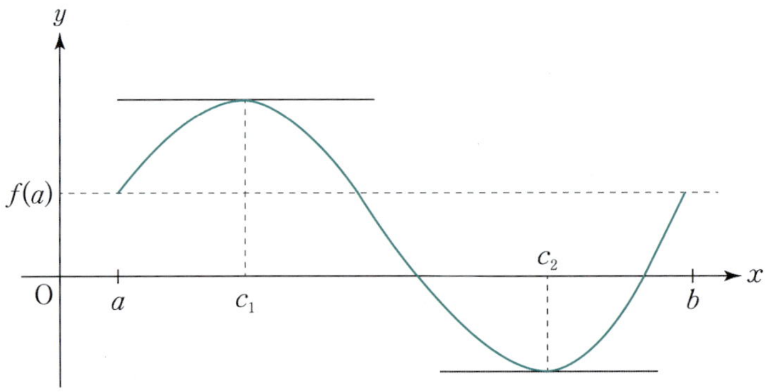

그림 3.16 롤의 정리

예제 3.50

방정식 $x^3+2x-2=0$이 단 한 개의 실근을 가짐을 보여라.

풀이 $f(x)=x^3+2x-2$라 두자. $f(0)=-2<0$이고 $f(1)=1>0$이므로 중간값 정리에 의하여 f는 구간 $[0,1]$ 사이에 적어도 하나의 실근을 갖는다. 만약 f가 두 개의 실근 a,b를 갖는다고 가정하자. $f(a)=0=f(b)$이므로 롤의 정리에 $f'(c)=0$을 만족하는 점 $c \in (a,b)$가 존재한다. 그러나 모든 x에 대하여 $f'(x)=3x^2+2>0$이므로 $f'(c)=0$이 되는 c가 존재하지 않는다. 따라서 방정식은 두 개의 실근을 갖지 않는다.

문제 3.50

방정식 $x^3+3x^2+3x-9=0$이 단 한 개의 실근을 가짐을 보여라.

정리 3.23 **평균값 정리**

함수 f가 $[a,b]$에서 연속이고, (a,b)에서 미분가능하면

$$f'(c)=\frac{f(b)-f(a)}{b-a}$$

를 만족하는 점 c가 (a,b)상에 존재한다.

증명 $[a,b]$에서 연속이고, (a,b)에서 미분가능한 함수 $f(x)$에 대하여

$$F(x)=f(x)-f(a)-\frac{f(b)-f(a)}{b-a}(x-a)$$

로 두면 $F(x)$는 $[a,b]$에서 연속이고 (a,b)에서 미분가능하다. 또한 $F(a)=0=F(b)$이다. 롤의 정리를 적용하면 $F'(c)=0$을 만족하는 점 c가 (a,b)상에 존재한다. 따라서

$$f'(c)-\frac{f(b)-f(a)}{b-a}=F'(c)=0$$

이므로

$$f'(c)=\frac{f(b)-f(a)}{b-a}$$

를 만족하는 점 c가 (a,b)상에 존재한다.

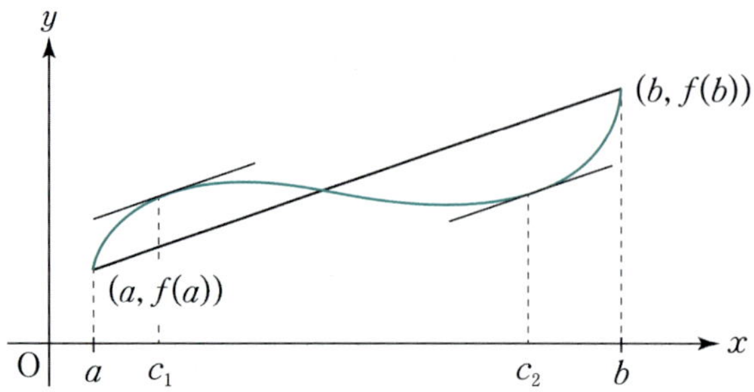

그림 3.17 평균값 정리의 기하학적 의미

예제 3.51

함수 $f(x)=x^2-1$에 대하여 다음을 구하여라

(1) 구간 $[-1,1]$에서 롤의 정리를 만족하는 c를 구하여라.

(2) 구간 $[-1,2]$에서 평균값 정리를 만족하는 c를 구하여라.

풀이

(1) $f(x)=x^2-1$은 구간 $[-1,1]$에서 연속이고, 구간 $(-1,1)$에서 미분가능하다. 또한

$$f(-1)=0=f(1)$$

이므로 롤의 정리를 만족한다. $f'(c)=2c$이므로 $f'(c)=0$을 만족하는 점 $c=0$이 $(-1,1)$안에 존재한다.

(2) $f(x)=x^2-1$은 구간 $[-1,2]$에서 연속이고, 구간 $(-1,2)$에서 미분가능하다. 또한

$$f(-1)=0,\ \ f(2)=3$$

이므로 곡선 위의 양 끝점을 지나는 직선의 기울기는

$$\frac{f(2)-f(-1)}{2-(-1)}=1$$

이고 $f'(c)=2c$이므로 $f'(c)=1$을 만족하는 점 $c=\frac{1}{2}$이 $(-1,2)$안에 존재한다.

문제 3.51

함수 $f(x)=x^3-x$에 대하여 다음을 구하여라

(1) 구간 $[-1,1]$에서 롤의 정리를 만족하는 c를 구하여라.

(2) 구간 $[-1,2]$에서 평균값 정리를 만족하는 c를 구하여라.

예제 3.52

$f(0)=-2$이고 모든 x에 대하여 $f'(x)\le 3$이라 가정하자. 이 때 가능한 가장 큰 $f(2)$의 값은 얼마인가?

풀이

f는 모든 값에서 미분가능하므로 구간 $[0,2]$에서 평균값 정리를 적용할 수 있다. 따라서 다음을 만족하는 상수 c가 존재한다.

$$f(2)-f(0)=f'(c)(2-0)$$

그러므로

$$f(2)=f(0)+2f'(c)=-2+2f'(c)$$

이고 모든 x에 대하여 $f'(x)\le 3$이므로 $f'(c)\le 3$이다. 따라서

$$f(2)=-2+2f'(c)\le 4$$

이다. 그러므로 $f(2)$의 값으로 가능한 가장 큰 값은 4이다.

문제 3.52

$f(0)=1$이고 모든 x에 대하여 $f'(x)\le 5$라 가정하자. 이 때 가능한 가장 큰 $f(3)$의 값은 얼마인가?

다음은 로피탈 정리에 대하여 살펴보자. 함수 f와 g가 $x=c$에서 미분가능하고 $f(c)=g(c)=0$이고, 도함수가 연속이면 다음 식이 성립한다.

$$\lim_{x\to c}\frac{f(x)}{g(x)}=\lim_{x\to c}\frac{f(x)-f(c)}{g(x)-g(c)}$$

$$=\lim_{x\to c}\frac{\dfrac{f(x)-f(c)}{x-c}}{\dfrac{g(x)-g(c)}{x-c}}$$

$$=\frac{f'(c)}{g'(c)}=\lim_{x\to c}\frac{f'(x)}{g'(x)}$$

일반적으로 $\dfrac{0}{0}$꼴이나 $\dfrac{\infty}{\infty}$꼴의 극한값을 구할 때 로피탈 정리가 사용된다.

정리 3.24 **로피탈 정리**

c를 포함한 열린구간에서 c를 제외하고 함수 f와 g가 미분가능하고 $g'(x)\neq 0$이라 하자. 만약

$$\lim_{x\to c}f(x)=0,\ \lim_{x\to c}g(x)=0$$

또는

$$\lim_{x\to c}f(x)=\pm\infty,\ \lim_{x\to c}g(x)=\pm\infty$$

일 때 다음 극한의 우변의 값이 존재하면(또는 $\pm\infty$) 다음이 성립한다.

$$\lim_{x\to c}\frac{f(x)}{g(x)}=\lim_{x\to c}\frac{f'(x)}{g'(x)}$$

예제 3.53

$\displaystyle\lim_{x\to 1}\frac{\ln x}{x-1}$ 의 값을 구하여라.

풀이 $\displaystyle\lim_{x\to 1}\ln x=0$, $\displaystyle\lim_{x\to 1}(x-1)=0$ 이므로 로피탈 정리를 적용하면

$$\lim_{x\to1}\frac{\ln x}{x-1}=\lim_{x\to1}\frac{\frac{d}{dx}(\ln x)}{\frac{d}{dx}(x-1)}=\lim_{x\to1}\frac{\frac{1}{x}}{1}=1$$

문제 3.53

로피탈 정리를 이용하여 다음 극한값을 구하여라.

(1) $\lim_{x\to1}\frac{e^x-e}{x^2-1}$ (2) $\lim_{x\to1}\frac{x^3-2x^2+1}{x^3-1}$ (3) $\lim_{x\to\infty}\frac{\ln x}{\sqrt{x}}$

부정형의 극한 계산에서 로피탈 정리를 여러 번 적용해야 하는 경우도 있다. 다음 예제를 통해 단계마다 가정을 확인하고 로피탈 정리를 사용하도록 한다.

예제 3.54

$\lim_{x\to\infty}\frac{x^2}{e^x}$의 값을 구하여라.

풀이

$\lim_{x\to\infty}x^2=\infty$ 이고 $\lim_{x\to\infty}e^x=\infty$ 이므로 로피탈 정리를 적용하면

$$\lim_{x\to\infty}\frac{x^2}{e^x}=\lim_{x\to\infty}\frac{\frac{d}{dx}(x^2)}{\frac{d}{dx}(e^x)}=\lim_{x\to\infty}\frac{2x}{e^x}$$

이다. 또한 $\lim_{x\to\infty}2x=\infty$, $\lim_{x\to\infty}e^x=\infty$ 이므로 로피탈 정리를 한번 더 적용하면

$$\lim_{x\to\infty}\frac{2x}{e^x}=\lim_{x\to\infty}\frac{\frac{d}{dx}(2x)}{\frac{d}{dx}(e^x)}=\lim_{x\to\infty}\frac{2}{e^x}=0$$

을 얻는다. 따라서 $\lim_{x\to\infty}\frac{x^2}{e^x}=0$ 이다.

문제 3.54

$\lim_{x\to\infty}\frac{x^3}{e^{x+1}}$의 값을 구하여라.

앞에서 다룬 부정형 외에 살펴보아야 할 부정형에 $\infty-\infty$, $0\cdot\infty$, 1^∞, ∞^0, 0^0 꼴이 있다. 이러한 형태의 극한을 계산하려면 로피탈 정리를 사용할 수 있도록 $\frac{0}{0}$이나 $\frac{\infty}{\infty}$ 형태의 부정형으로 바꾸어야 한다.

예제 3.55

$\lim_{x\to0}\left[\frac{1}{\ln(x+1)}-\frac{1}{x}\right]$을 구하여라.

풀이 이 경우에 극한은 $\infty-\infty$ 꼴이다. 주어진 유리식을 통분하고 로피탈 정리를 사용하면

$$\lim_{x\to0}\left[\frac{1}{\ln(x+1)}-\frac{1}{x}\right]=\lim_{x\to0}\frac{x-\ln(x+1)}{x\ln(x+1)}=\lim_{x\to0}\frac{\frac{d}{dx}[x-\ln(x+1)]}{\frac{d}{dx}[x\ln(x+1)]}$$

$$=\lim_{x\to0}\frac{1-\frac{1}{x+1}}{\ln(x+1)+\frac{x}{x+1}}=\lim_{x\to0}\frac{x}{(x+1)\ln(x+1)+x}$$

이다. 마지막 항이 $\frac{0}{0}$꼴이므로 로피탈 정리를 한번 더 적용하면

$$\lim_{x\to0}\left[\frac{1}{\ln(x+1)}-\frac{1}{x}\right]=\lim_{x\to0}\frac{\frac{d}{dx}(x)}{\frac{d}{dx}[(x+1)\ln(x+1)+x]}$$

$$=\lim_{x\to0}\frac{1}{\ln(x+1)+\frac{x+1}{x+1}+1}$$

$$=\frac{1}{2}$$

이다.

문제 3.55

로피탈 정리를 이용하여 $\lim_{x\to 0^+}\left(\frac{1}{x}-\frac{1}{e^x-1}\right)$을 구하여라.

예제 3.56

$\lim_{x\to 0^+} x\ln x$ 의 값을 구하여라.

풀이 $\lim_{x\to 0^+} x=0$ 이지만 $\lim_{x\to 0^+}\ln x=-\infty$ 이므로 이 극한은 $0\cdot\infty$꼴이다. 따라서 $x\ln x$를 $\dfrac{\ln x}{\frac{1}{x}}$로 변형하면 $x\to 0^+$일 때 $\dfrac{\infty}{\infty}$꼴이 된다. 이때 로피탈 정리를 적용하면

$$\lim_{x\to 0^+} x\ln x=\lim_{x\to 0^+}\frac{\frac{d}{dx}(\ln x)}{\frac{d}{dx}\left(\frac{1}{x}\right)}=\lim_{x\to 0^+}\frac{\frac{1}{x}}{-\frac{1}{x^2}}=\lim_{x\to 0^+}(-x)=0$$

을 얻는다.

문제 3.56

로피탈 정리를 이용하여 $\lim_{x\to\infty} e^{-x}\ln x$ 을 구하여라.

$\lim_{x\to a}[f(x)]^{h(x)}$가 부정형 1^∞, ∞^0, 0^0 형태일 경우 $y=[f(x)]^{h(x)}$로 놓는다. 만일 $f(x)>0$이면 양변에 자연로그를 취하여

$$\ln y=\ln[f(x)]^{h(x)}=h(x)\ln[f(x)]$$

을 얻는다. $\lim_{x\to a}\ln y=\lim_{x\to a}h(x)\ln[f(x)]$는 부정형 $\dfrac{0}{0}$이나 $\dfrac{\infty}{\infty}$ 형태로 바꾸어 로피탈 정리를 사용해 극한값을 계산할 수 있다.

예제 3.57

$\lim_{x\to1^+} x^{\frac{1}{x-1}}$을 구하여라.

풀이

이 극한은 부정형 1^∞ 꼴이다. $y = x^{\frac{1}{x-1}}$로 두고 양변에 자연로그를 취해 정리하면

$$\ln y = \ln x^{\frac{1}{x-1}} = \frac{\ln x}{x-1}$$

이다. 이것은 $x\to1^+$일 때 $\frac{0}{0}$꼴이므로 로피탈 정리를 사용하면

$$\lim_{x\to1^+}\ln y = \lim_{x\to1^+}\frac{\frac{d}{dx}(\ln x)}{\frac{d}{dx}(x-1)} = \lim_{x\to1^+}\frac{1/x}{1} = 1$$

이다. $\lim_{x\to1^+}\ln y = 1$이므로 구하는 극한값은

$$\lim_{x\to1^+} y = \lim_{x\to1^+} e^{\ln y} = e^1$$

이다.

문제 3.57

$\lim_{x\to\infty}(x+1)^{\frac{1}{x}}$을 구하여라.

SECTION 3.7 연/습/문/제

01 구간 $[-1, 3]$에서 함수 $f(x) = x^2 - 2x + 4$가 롤의 정리를 만족하는 수 c의 값을 구하여라.

02 방정식 $e^x + 2x = 0$이 단 한 개의 실근을 가짐을 보여라.

03 구간 $[-2, 2]$상에서 함수 $f(x) = x^3 - 2x^2 + x + 2$가 평균값 정리를 만족하는 수 c의 값을 구하여라.

04 평균값 정리를 이용하여 다음 부등식이 성립함을 보여라.

(1) $e^x > x, \ (x > 0)$

(2) $\ln x < x, \ (x > 1)$

05 다음 극한값을 구하여라.

(1) $\lim\limits_{x \to 1} \dfrac{x^3 - 1}{4x^3 - x - 3}$

(2) $\lim\limits_{x \to 2} \dfrac{x - 2}{x^2 - 4}$

(3) $\lim\limits_{x \to 0} \dfrac{2x}{x + \sqrt{x}}$

(4) $\lim\limits_{x \to 0} \dfrac{e^{2x} - 1}{x}$

06 다음 극한값을 구하여라.

(1) $\lim\limits_{x \to \infty} \dfrac{6x + 5}{3x - 2}$

(2) $\lim\limits_{x \to \infty} \dfrac{5x^2 - 3x + 1}{x^2 - 2x + 3}$

(3) $\lim\limits_{x \to \infty} (x - \sqrt{x^2 + x})$

(4) $\lim_{x \to \infty} \frac{-x^3 + 2x}{e^x}$

07 로피탈 정리를 이용하여 다음 극한을 구하여라.

(1) $\lim_{x \to \infty} (x - \ln x)$

(2) $\lim_{x \to \infty} x^3 e^{-x^2}$

(3) $\lim_{x \to \infty} \left(1 + \frac{1}{x}\right)^x$

(4) $\lim_{x \to 0^+} \left(\frac{1}{x}\right)^x$

SECTION 3.8 그래프 그리기

이 장에서는 주어진 함수에 대하여 각각의 구간에서 함수의 그래프 모양이 어떻게 달라지는 지에 대하여 미분을 통하여 알아볼 것이다. 먼저 함수의 증감과 오목성에 대하여 알아보자.

정의 3.25

함수 f는 정의역 X에서 실수로 가는 함수일 때, X상의 임의의 두 점 x_1, x_2에 대하여

(1) $x_1 < x_2$일 때 $f(x_1) \leq f(x_2)$를 만족하면 f는 X에서 **증가한다**(increasing)라고 한다.

(2) $x_1 < x_2$일 때 $f(x_1) \geq f(x_2)$를 만족하면 f는 X에서 **감소한다**(decreasing)라고 한다.

정리 3.26

구간 (a, b)에서 정의된 함수 f가 미분가능하고 모든 $x \in (a, b)$에 대하여

(1) $f'(x) \geq 0$이면 f는 (a, b)에서 증가한다.

(2) $f'(x) \leq 0$이면 f는 (a, b)에서 감소한다.

(3) $f'(x) \neq 0$이면 f는 (a, b)에서 단사함수이다.

(4) $f'(x) = 0$이면 f는 (a, b)에서 상수이다.

증명 (1) 임의의 $x_1, x_2 \in (a, b)$에 대하여 $x_1 < x_2$라고 가정하면 f는 $[x_1, x_2]$에서 연속이고 (x_1, x_2)에서 미분가능하다. 평균값 정리를 적용하면

$$f'(c) = \frac{f(x_2) - f(x_1)}{x_2 - x_1} \geq 0$$

을 만족하는 점 $c \in (x_1, x_2)$가 존재한다. 따라서 $x_1 < x_2$이면 $f(x_1) \leq f(x_2)$가 된다.
(2), (3), (4)도 위와 같은 방법으로 증명할 수 있다.

예제 3.58

함수 $f(x)=x^3+2x^2-3$의 증가 및 감소범위를 정하고, 극댓값 또는 극솟값이 있으면 구하여라.

풀이 $f(x)=x^3+2x^2-3$에 대하여

$$f'(x)=3x^2+4x=x(3x+4)$$

이므로 $f'(x)=0$인 점은 $x=0$과 $x=-\frac{4}{3}$이다. x의 범위에 따른 f'의 부호를 살펴보면 아래의 표와 같다.

x	$\cdots$	$-\frac{4}{3}$	$\cdots$	0	$\cdots$
$f'(x)$	$+$	0	$-$	0	$+$
증감	증가	극대	감소	극소	증가
$f(x)$	↗	$-\frac{49}{27}$	↘	-3	↗

따라서 $x=-\frac{4}{3}$에서 극댓값 $f\left(-\frac{4}{3}\right)=-\frac{49}{27}$를 가지고, $x=0$에서 극솟값 $f(0)=-3$을 가진다.

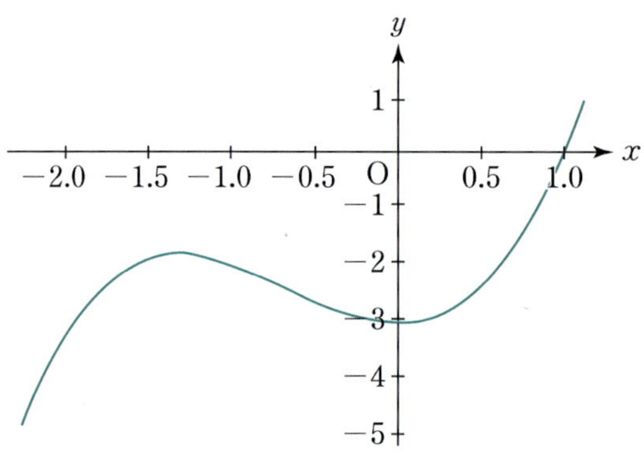

그림 3.18 함수 $f(x)=x^3+2x^2-3$의 그래프

문제 3.58

함수 $f(x)=3x^4-4x^3-12x^2+2$의 증가 및 감소범위를 정하고, 극댓값 또는 극솟값이 있으면 구하여라.

예제 3.59

음료 회사에서 $200ml$을 담을 원기둥 모양의 캔을 만들려고 한다. 캔의 재료의 비용을 최소화하는 원기둥의 밑면의 반지름 r과 높이 h를 구하여라.

풀이

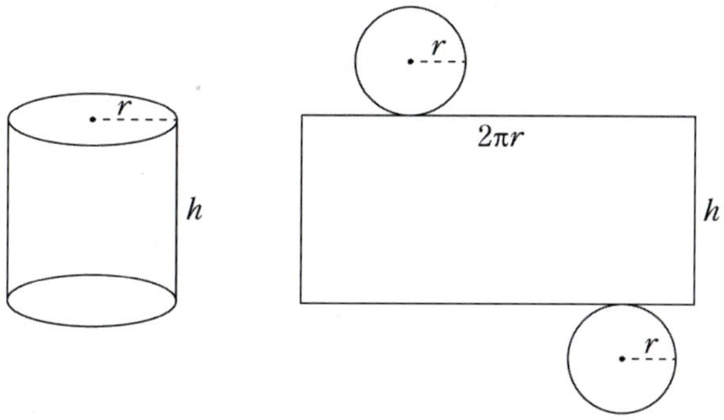

재료의 비용을 최소화하기 위해서는 겉넓이를 최소화해야 한다. 원기둥의 겉넓이를 A라 할 때

$$A=2\pi r^2+2\pi rh$$

이고, 부피는 $\pi r^2 h=200$이다. 이 식을 h에 관하여 정리하면 $h=\dfrac{200}{\pi r^2}$이므로 위 식에 대입하면

$$A=2\pi r^2+2\pi r\frac{200}{\pi r^2}=2\pi r^2+\frac{400}{r}$$

이다. 겉넓이 A는 r에 관한 함수이므로 양수 r에 대하여

$$A(r)=2\pi r^2+\frac{400}{r}$$

이라 놓자.

$$A'(r)=4\pi r-\frac{400}{r^2}=\frac{4(\pi r^3-100)}{r^2}$$

이므로 임계점은 $r=\sqrt[3]{\frac{100}{\pi}}$ 이다.

$0<r<\sqrt[3]{\frac{100}{\pi}}$ 에 대해 $A'(r)<0$ 이고, $r>\sqrt[3]{\frac{100}{\pi}}$ 에 대해 $A'(r)>0$ 이므로 $r=\sqrt[3]{\frac{100}{\pi}}$ 에서 겉넓이는 최솟값을 갖는다. $r=\sqrt[3]{\frac{100}{\pi}}$ 일 때

$$h=\frac{200}{\pi r^2}=\frac{200}{\pi\left(\frac{100}{\pi}\right)^{2/3}}=2\sqrt[3]{\frac{100}{\pi}}$$

이다. $r=\sqrt[3]{\frac{100}{\pi}}$ 이므로 $h=2r$ 이라는 관계식을 얻을 수 있다. 즉 비용을 최소화하기 위해서는 반지름은 $\sqrt[3]{\frac{100}{\pi}}$, 높이는 $2\sqrt[3]{\frac{100}{\pi}}$ 으로 해야 한다.

문제 3.59

농부가 1200m의 끈을 가지고 곧게 뻗은 강을 경계로 삼아 직사각형 모양의 밭에 울타리를 치려고 한다. 강쪽에는 울타리가 필요 없다. 울타리의 넓이가 최대가 되는 직사각형의 수치를 구하여라.

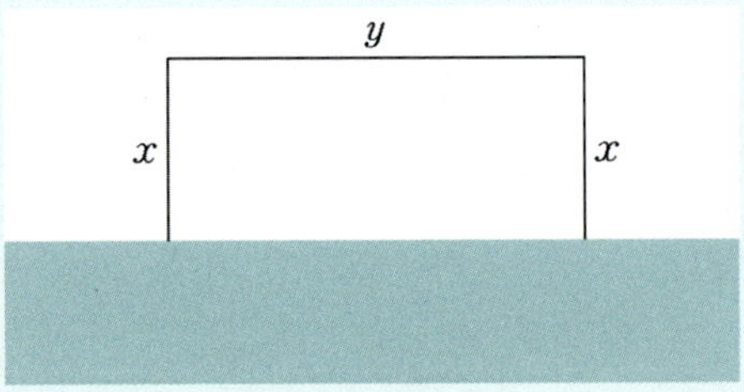

예제 3.60

함수 $f(x)=\sqrt{x-1}-\sqrt{2x+1}$ 의 증가 및 감소범위를 정하고, 극댓값 또는 극솟값이 있으면 구하여라.

풀이 $f(x)=\sqrt{x-1}-\sqrt{2x+1}$ 에 대하여

$$f'(x)=\frac{1}{2\sqrt{x-1}}-\frac{1}{\sqrt{2x+1}}$$

이므로 $f'(x)=0$ 인 점은 $x=\frac{5}{2}$ 이다. x의 범위에 따른 f'의 부호를 살펴보면 아래의 표와 같다.

x	1	$\cdots$	$\frac{5}{2}$	$\cdots$
$f'(x)$		$+$	0	$-$
증감		증가	극대	감소
$f(x)$	$-\sqrt{3}$	↗	$-\frac{\sqrt{6}}{2}$	↘

따라서 극댓값 $f\left(\frac{5}{2}\right)=-\frac{\sqrt{6}}{2}$ 을 가지고, 극솟값은 존재하지 않는다.

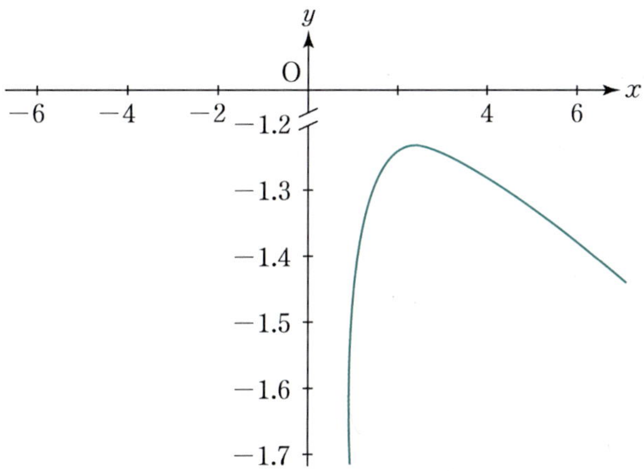

그림 3.19 함수 $f(x)=\sqrt{x-1}-\sqrt{2x+1}$ 의 그래프

문제 3.60

함수 $f(x) = \sqrt{3x+1} - \sqrt{x-1}$ 의 증가 및 감소범위를 정하고, 극댓값 또는 극솟값이 있으면 구하여라.

예제 3.61

함수 $f(x) = e^{2x} - 4e^{x} + 2x$ 의 증가 및 감소범위를 정하고, 극댓값 또는 극솟값이 있으면 구하여라.

풀이 $f(x) = e^{2x} - 4e^{x} + 2x$ 에 대하여

$$f'(x) = 2e^{2x} - 4e^{x} + 2 = 2(e^{x} - 1)^2$$

이므로 $f'(x) = 0$ 인 점은 $e^{x} = 1$, 즉 $x = 0$ 이다. x 의 범위에 따른 f' 의 부호를 살펴보면 아래의 표와 같다.

x	$\cdots$	0	$\cdots$
$f'(x)$	$+$	0	$+$
증감	증가		증가
$f(x)$	↗	-3	↗

따라서 극댓값과 극솟값은 존재하지 않고 함수 f 는 모든 실수에서 증가한다.

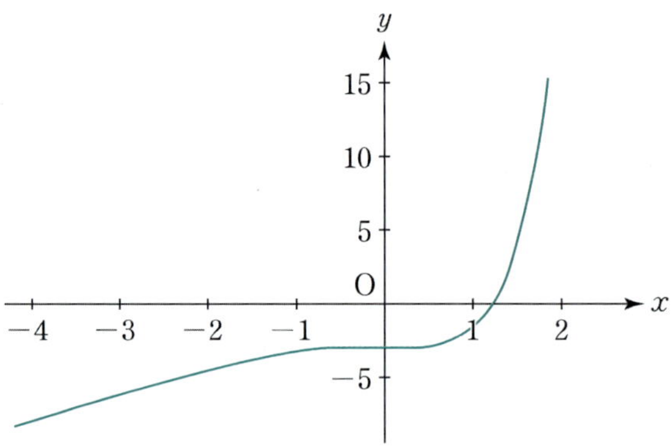

그림 3.20 함수 $f(x) = e^{2x} - 4e^{x} + 2x$ 의 그래프

문제 3.61

함수 $f(x)=e^{2x}-2e^{x}+4$의 증가 및 감소범위를 정하고, 극댓값 또는 극솟값이 있으면 구하여라.

다음은 곡선의 휘어져 있는 모양에 대하여 생각해 보자. 함수 f를 구간 $[a,b]$에서 정의된 연속함수라 하고, (a,b)에서 f'과 f''이 존재한다고 하자. $f''(x)$는 곡선 $y=f(x)$의 기울기 $f'(x)$의 변화율로 생각할 수 있다. 만약 이계도함수 f''이 구간 (a,b)에서 양이면 곡선의 기울기는 증가하고, f''이 구간 (a,b)에서 음이면 곡선의 기울기는 감소하게 된다.

정의 3.27

함수 f의 그래프가 구간 I에서 모든 접선보다 위에 놓여 있을 때 함수 f는 I에서 **위로 오목** 또는 **아래로 볼록**이라 하고, f의 그래프가 I에서 모든 접선보다 아래에 놓일 때 f는 I에서 **아래로 오목** 또는 **위로 볼록**이라 한다.

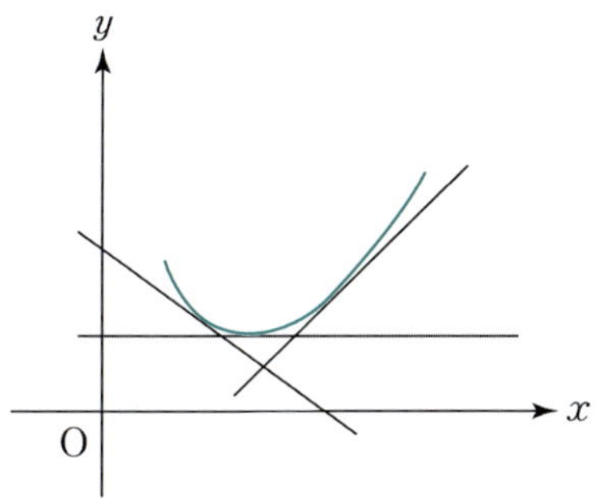

그림 3.21 위로 오목

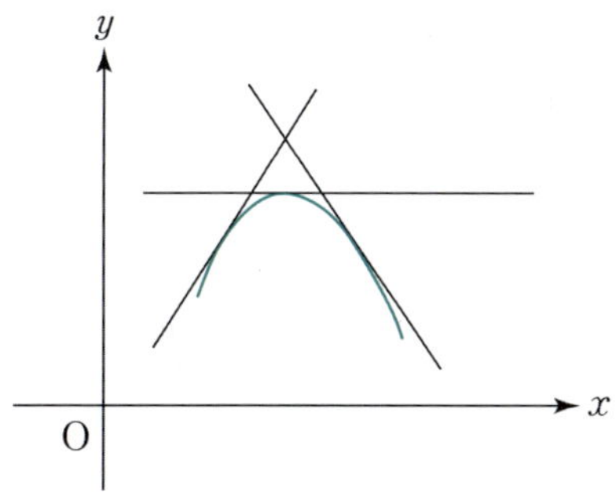

그림 3.22 아래로 오목

위 정의를 이용하여 곡선의 오목, 볼록 형태를 식으로 알아보자. 곡선 $y=f(x)$가 구간 I에서 임의의 두 점 $a, b(a<b)$에 대하여 $a<x<b$일 때,

$$f(a)+\frac{f(b)-f(a)}{b-a}(x-a)\geq f(x)$$

를 만족하면 그 I에서 위로 오목 또는 아래로 볼록이라고 한다. 또한 $a<x<b$일 때,

$$f(a)+\frac{f(b)-f(a)}{b-a}(x-a)\le f(x)$$

가 성립하면 곡선 $y=f(x)$는 아래로 오목 또는 위로 볼록이라고 말한다.

이계도함수를 이용하여 곡선의 오목성을 판단할 수 있다. 아래 정리는 평균값 정리를 이용하여 얻을 수 있으며, 증명은 생략한다.

정리 3.28

함수 f가 구간 $[a,b]$에서 연속이고 (a,b)에서 f'과 f''이 존재한다고 하자. 모든 $x\in[a,b]$에 대하여

(1) $f''(x)>0$이면 곡선 $y=f(x)$는 $[a,b]$에서 위로 오목이다.

(2) $f''(x)<0$이면 곡선 $y=f(x)$는 $[a,b]$에서 아래로 오목이다.

정의 3.29

곡선 $y=f(x)$ 상의 한 점 P에서 f가 연속이고, 그 점에서 곡선이 위로 오목에서 아래로 오목으로 또는 그 아래로 오목에서 위로 오목으로 바뀌는 경우 점 P를 **변곡점**이라 한다.

곡선 $y=f(x)$에 대하여 f''이 구간 $[a,b]$에서 연속이고, $c\in(a,b)$에서 변곡점을 가지면 $f''(c)=0$이 된다. 그러나 $f''(x)=0$인 점이 반드시 변곡점이 되는 것은 아니다. 예를 들어 $f(x)=x^4$에 대하여 $f''(x)=12x^2$이므로 $x=0$에서 $f''(0)=0$이지만 $x=0$은 변곡점은 아니다.

이계도함수의 부호가 바뀌는 모든 점에서 변곡점이 존재하므로 함수의 극댓값과 극솟값을 판정하는 데에도 활용할 수 있다.

정리 3.30 **이계도함수 판정법**

f''이 c의 근방에서 연속이라 가정하자.

(1) $f'(c)=0$이고 $f''(c)>0$이면 f는 c에서 극솟값을 갖는다.

(2) $f'(c)=0$이고 $f''(c)<0$이면 f는 c에서 극댓값을 갖는다.

예제 3.62

함수 $f(x)=x^4-4x^3$의 극댓값 또는 극솟값을 구하여라.

풀이 $f(x)=x^4-4x^3$이면

$$f'(x)=4x^3-12x^2=4x^2(x-3),$$

$$f''(x)=12x^2-24x=12x(x-2)$$

이므로 $f'(0)=f'(3)=0$이다. x의 범위에 따른 f'의 부호를 살펴보면 아래의 표와 같다.

x	$\cdots$	0	$\cdots$	3	$\cdots$
$f'(x)$	$-$	0	$-$	0	$+$
$f''(x)$		0		$+$	
증감	감소		감소	극소	증가
$f(x)$	↘	0	↘	-27	↗

$f''(3)>0$이므로 이계도함수 판정법에 의해서 $f(3)=-27$은 극솟값이다. 또한 $x=0$에서 $f(0)=0$은 극댓값도 극솟값도 아니다. 그리고 $f''(0)=0$이므로 2계도함수 판정법을 적용할 수 없다.

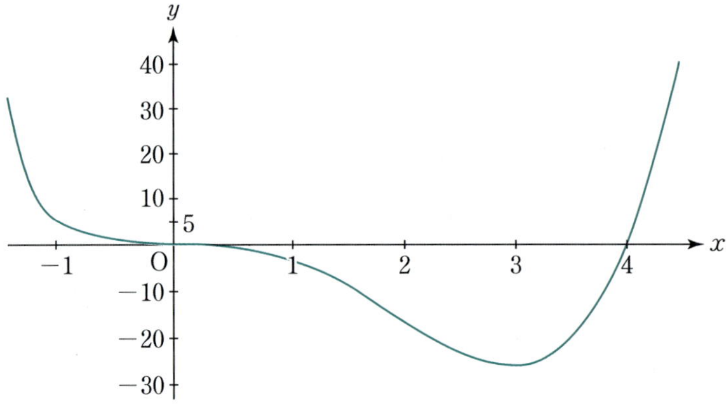

그림 3.23 함수 $f(x)=x^4-4x^3$ 의 그래프

문제 3.62

함수 $f(x)=x^3-2x^2+x+1$ 의 극댓값 또는 극솟값을 구하여라.

예제 3.63

함수 $f(x)=x^{\frac{1}{2}}(x-2)$, $(x>0)$의 오목성, 변곡점, 극대와 극소에 대하여 논하여라.

풀이

$f(x)=x^{\frac{1}{2}}(x-2)$ 이면

$$f'(x)=\frac{1}{2}x^{-1/2}(x-2)+x^{1/2}=\frac{(x-2)+2x}{2x^{1/2}}=\frac{3x-2}{2x^{1/2}}$$

이고 이계도함수는

$$f''(x)=\frac{3\cdot 2x^{1/2}-(3x-2)x^{-1/2}}{4x}=\frac{6x-(3x-2)}{4x^{3/2}}=\frac{3x+2}{4x^{3/2}}$$

이므로 $f'(x)=0$이 되는 값은 $x=\frac{2}{3}$이다. 또한 $f''(x)=0$이 되는 값은 $x=-\frac{2}{3}$ 이므로 정의역에 들어가지 않는다. x의 범위에 따른 f'과 f''의 부호를 살펴보면 아래의 표와 같다.

아래의 표와 같다. 따라서 극솟값 $f(\frac{2}{3})=-\frac{4\sqrt{2}}{3\sqrt{3}}$ 을 갖고, 극댓값와 변곡점은 존재하지 않는다.

x	0	$\cdots$	$\frac{2}{3}$	$\cdots$
$f'(x)$		$-$	0	$+$
증감		감소	극소	증가
$f''(x)$		$+$		$+$
오목성		위로 오목		위로 오목
$f(x)$	0	$\searrow$	$-\frac{4\sqrt{2}}{3\sqrt{3}}$	$\nearrow$

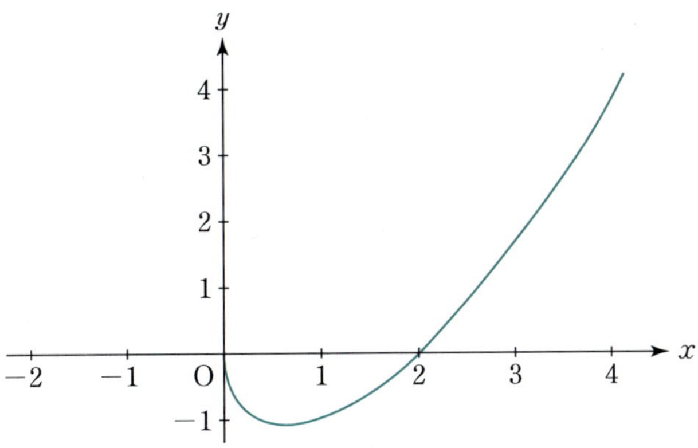

❙ 그림 3.24 ❙ 함수 $f(x)=x^{\frac{1}{2}}(x-2)$ 의 그래프

문제 3.63

함수 $f(x)=x^{\frac{1}{2}}(2x-5)$, $(x>0)$의 오목성, 변곡점, 극대와 극소에 대하여 논하여라.

예제 3.64

함수 $f(x)=\dfrac{2x}{x^2+1}$의 증감, 오목성, 변곡점, 극대와 극소에 대하여 논하여라.

풀이

$f(x)=\dfrac{2x}{x^2+1}$이면

$$f'(x)=\frac{2(x^2+1)-2x\cdot 2x}{(x^2+1)^2}=\frac{-2x^2+2}{(x^2+1)^2}$$

이므로 함수 $f'(x)=0$이 되는 x의 값은 $x=-1$과 $x=1$이다. x의 범위에 따른 f'의 부호를 살펴보면 아래의 표와 같다.

x	$\cdots$	-1	$\cdots$	1	$\cdots$
$f'(x)$	$-$	0	$+$	0	$-$
증감	감소	극소	증가	극대	감소
$f(x)$	$\searrow$	-1	$\nearrow$	1	$\searrow$

$f(x)=\dfrac{2x}{x^2+1}$의 이계도함수를 구하면

$$\begin{aligned} f''(x)&=\frac{-4x(x^2+1)^2-8x(-x^2+1)(x^2+1)}{(x^2+1)^4}\\ &=\frac{4x^3-12x}{(x^2+1)^3}\end{aligned}$$

그러므로 $f''(x)=0$이 되는 x의 값은 $x=-\sqrt{3}$, $x=0$, $x=\sqrt{3}$이다. x의 범위에 따른 f''의 부호를 살펴보면 아래의 표와 같다.

x	$\cdots$	$-\sqrt{3}$	$\cdots$	0	$\cdots$	$\sqrt{3}$	$\cdots$
$f''(x)$	$-$	0	$+$	0	$-$	0	$+$
오목성	아래로 오목	변곡점	위로 오목	변곡점	아래로 오목	변곡점	위로 오목
$f(x)$		$-\dfrac{\sqrt{3}}{2}$		0		$\dfrac{\sqrt{3}}{2}$	

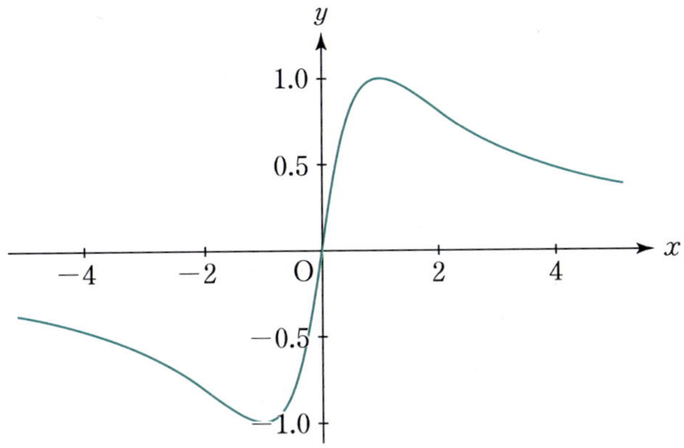

| 그림 3.25 | 함수 $f(x)=\dfrac{2x}{x^2+1}$ 의 그래프

문제 3.64

함수 $f(x)=\dfrac{x+1}{x^2+1}$ 의 오목성, 변곡점, 극대와 극소에 대하여 논하여라.

지금까지 함수가 주어졌을 때 함수의 증감, 오목성에 대하여 살펴보았다. 따라서 다음의 순서를 통하여 함수를 분석하면 그래프의 개형을 파악할 수 있다.

1. 함수 $f(x)$ 의 정의역을 찾는다.
2. 좌표축과의 교점(x 절편, y 절편)을 찾는다.
3. 수직, 수평, 사점근선을 찾는다.
4. 임계점을 찾는다.
5. $f'(x)$ 를 이용하여 증가범위 및 감소범위를 구한다.
6. 극댓값과 극솟값을 결정한다.
7. $f''(x)$ 를 이용하여 곡선이 위로 또는 아래로 오목인 범위와 변곡점을 찾는다.

이러한 내용을 바탕으로 함수의 그래프를 그려보자.

예제 3.65

함수 $f(x)=-x^3+12x-2$ 의 그래프를 그려라.

풀이

1. $f(x)$의 정의역은 모든 실수이다.
2. $x=0$일 때 $y=-2$
3. $f(x)$는 실수 전체에서 연속이므로 수직점근선이 없다. 또한

$$\lim_{x\to\infty} f(x)=-\infty \qquad \lim_{x\to-\infty} f(x)=\infty$$

   이므로 수평점근선도 없다.
4. f의 도함수를 계산하면

$$f'(x)=-3x^2+12$$

   이므로 임계점은 $x=\pm 2$
5. $f'(x)=-3x^2+12=-3(x^2-4)$이다. $-2<x<2$에서 $f'(x)>0$이므로 증가하고, $x>2$또는 $x<-2$에서 $f'(x)<0$이므로 감소한다.
6. $x<-2$에서 감소, $x>-2$에서 증가하므로 $x=-2$에서 극솟값 $f(-2)=-14$를 가지고, 같은 방법으로 $x=2$에서 극댓값 $f(2)=14$를 가진다.
7. $f''(x)=-6x$이므로 $(0,-2)$가 변곡점이고, $x<0$에서는 $f''(x)>0$이므로 위로 오목하고, $x>0$에서 $f''(x)<0$이므로 아래로 오목하다.

위 내용을 표로 정리하면 다음과 같다.

x	$\cdots$	-2	$\cdots$	0	$\cdots$	2	$\cdots$
$f'(x)$	$-$	0	$+$		$+$	0	$-$
증감	감소	극소	증가		증가	극대	감소
$f''(x)$	$+$		$+$	0	$-$	0	$-$
오목성	위로 오목		위로 오목	변곡점	아래로 오목		아래로 오목
$f(x)$	↘	-14	↗	-2	↗	14	↘

따라서 그래프를 그리면 다음과 같다.

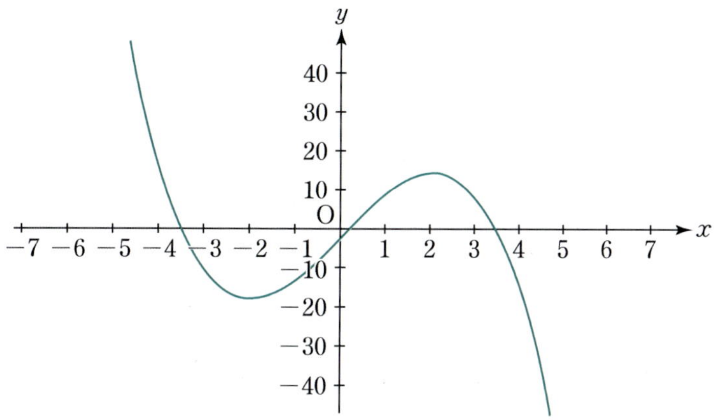

| 그림 3.26 | $f(x) = -x^3 + 12x - 2$ 의 그래프

문제 3.65

함수 $f(x) = x^3 - 4x^2 - 3x - 2$ 의 그래프를 그려라.

예제 3.66

함수 $f(x) = \sqrt{x^2 + 2x + 3}$ 의 그래프를 그려라.

풀이

1. $f(x)$의 정의역은 $x^2 + 2x + 3 \geq 0$인 영역이다. $x^2 + 2x + 3 = (x+1)^2 + 2 > 0$이므로 정의역은 모든 실수이다.
2. 이 함수는 $x = 0$ 일 때 $f(0) = \sqrt{3}$ 이고 $x^2 + 2x + 3 > 0$이므로 x 축과의 교점은 없다.
3. $f(x)$는 실수 전체에서 연속이므로 수직점근선이 없다. 한편

$$\lim_{x \to \infty} f(x) = \infty \qquad \lim_{x \to -\infty} f(x) = \infty$$

   이므로 수평점근선도 없다.
4. f의 도함수를 계산하면

$$f'(x) = \frac{x+1}{\sqrt{x^2 + 2x + 3}}$$

이므로 임계점은 $x=-1$이다.

5. $x<-1$이면 $f'(x)<0$이므로 감소하고, $x>-1$일 때 $f'(x)>0$이므로 증가한다.
6. $x=-1$은 극소점이다.
7. f의 이계도함수는

$$f''(x)=\frac{\sqrt{x^2+2x+3}-(x+1)\dfrac{2x+2}{2\sqrt{x^2+2x+3}}}{x^2+2x+3}$$

$$=\frac{x^2+2x+3-(x+1)^2}{(x^2+2x+3)^{\frac{3}{2}}}$$

$$=\frac{2}{(x^2+2x+3)^{\frac{3}{2}}}$$

이므로 항상 양수이다. 따라서 전체에서 위로 오목하다.

위 내용을 표로 정리하면 다음과 같다.

x	$\cdots$	-1	$\cdots$
$f'(x)$	$-$	0	$+$
증감	감소	극소	증가
$f''(x)$	$+$		$+$
오목성	위로 오목		위로 오목
$f(x)$	↘	$\sqrt{2}$	↗

이를 그래프로 나타내면 다음과 같다.

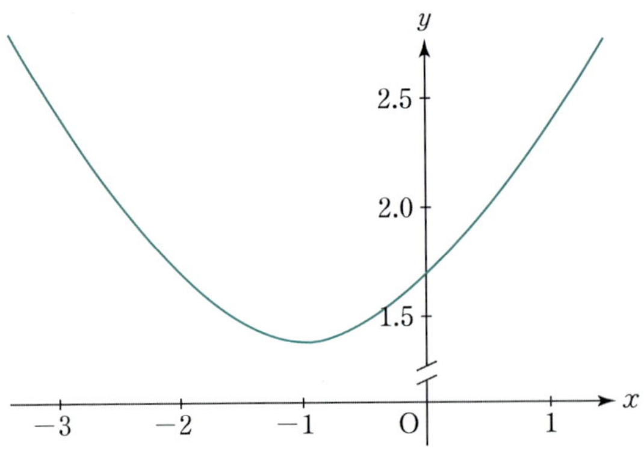

| 그림 3.27 | $f(x)=\sqrt{x^2+2x+3}$ 의 그래프

문제 3.66

함수 $f(x)=\sqrt{2x^2-x+4}$ 의 그래프를 그려라.

예제 3.67

함수 $f(x)=\dfrac{e^x}{e^x+1}$ 의 그래프를 그려라.

풀이

1. $f(x)$의 정의역은 $e^x+1>0$이므로 모든 실수이다.
2. $x=0$ 이면 $f(0)=\dfrac{1}{2}$ 이다. 또한 $e^x>0$이므로 $f(x)=0$이 되는 x 값은 존재하지 않는다.
3. 분모가 $e^x+1>0$이므로 수직점근선은 없다. 한편

$$\lim_{x\to\infty} f(x)=\lim_{x\to\infty}\frac{e^x}{e^x+1}=1$$

$$\lim_{x\to-\infty} f(x)=\lim_{x\to-\infty}\frac{e^x}{e^x+1}=0$$

이므로 수평점근선은 $y=0$과 $y=1$이다.

4. f의 도함수를 계산하면

$$f'(x)=\frac{e^x(e^x+1)-e^x\cdot e^x}{(e^x+1)^2}=\frac{e^x}{(e^x+1)^2}$$

이고 $f'(x)>0$ 이므로 임계점은 없다.

5. 정의역의 모든 값에서 $f'(x)>0$ 이므로 항상 증가한다.
6. 극댓값과 극솟값은 존재하지 않는다.
7. f의 이계도함수는

$$\begin{aligned}f''(x)&=\frac{e^x(e^x+1)^2-2e^{2x}(e^x+1)}{(e^x+1)^4}\\&=\frac{-e^{2x}+e^x}{(e^x+1)^3}\end{aligned}$$

이므로 $x>0$에서 음수이므로 아래로 오목이고, $x<0$에서 양수이므로 위로 오목이다.

위 내용을 표로 정리하면 다음과 같다.

x	$\cdots$	0	$\cdots$
$f'(x)$	+		+
증감	증가		증가
$f''(x)$	+	0	−
오목성	위로 오목	변곡점	아래로 오목
$f(x)$	↗	$\frac{1}{2}$	↗

이를 그래프로 나타내면 다음과 같다.

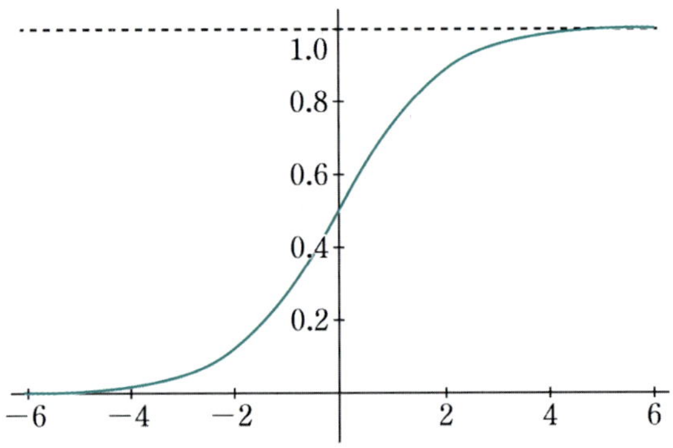

그림 3.28 $f(x)=\dfrac{e^x}{e^x+1}$ 의 그래프

문제 3.67

구간 $[-3,3]$ 에서 함수 $f(x)=\dfrac{e^x+1}{e^x}$ 의 그래프를 그려라.

예제 3.68

함수 $f(x) = \ln x + x^2 - 3x$의 그래프를 그려라.

풀이

1. 이 함수의 정의역은 $x > 0$이다.
2. $x = 0$은 정의역에 있지 않으므로 y절편은 없다.
3. 정의역이 $x > 0$이므로 $x \to 0^+$일 때 극한을 조사하면

$$\lim_{x \to 0^+} f(x) = \lim_{x \to 0^+} (\ln x + x^2 - 3x) = -\infty$$

이다. 따라서 $x = 0$은 수직점근선이다. 한편

$$\lim_{x \to \infty} f(x) = \lim_{x \to \infty} (\ln x + x^2 - 3x) = \infty$$

이므로 수평점근선은 없다.

4. 함수 $f(x)$의 도함수는

$$f'(x) = \frac{2x \cdot x - 1(x^2 - 2)}{x^2} = \frac{x^2 + 2}{x^2} > 0$$

이므로 $f'(x) = 0$인 x의 값을 구하면

$$0 = 2x^2 - 3x + 1 = (2x - 1)(x - 1)$$

이므로 $x = 1$과 $x = \frac{1}{2}$이다. 따라서 임계점은 $x = 1$과 $x = \frac{1}{2}$이다.

5. $0 < x < \frac{1}{2}$과 $x > 1$에서 $f'(x) > 0$이므로 $f(x)$는 증가하고, $\frac{1}{2} < x < 1$에서 $f'(x) < 0$이므로 $f(x)$는 감소한다.
6. 극댓값은 $f\left(\frac{1}{2}\right) = -\frac{5}{4} - \ln 2$이고 극솟값은 $f(1) = -2$이다.
7. f의 이계도함수를 구하면

$$f''(x) = -\frac{4}{x^3}$$

이므로 $0 < x < \frac{1}{\sqrt{2}}$에서 f''의 부호가 음수이므로 아래로 오목이고, $x > \frac{1}{\sqrt{2}}$에서 f''의 부호가 양수이므로 위로 오목이다. 따라서 $x = \frac{1}{\sqrt{2}}$에서 곡선의 모양이 변하므로 $x = \frac{1}{\sqrt{2}}$은 변곡점이다.

위 내용을 표로 정리하면 다음과 같다.

x	0	$\cdots$	$\frac{1}{2}$	$\cdots$	$\frac{1}{\sqrt{2}}$	$\cdots$	1	$\cdots$
$f'(x)$		+	0	−		−	0	+
증감		증가	극대	감소		감소	극소	증가
$f''(x)$		−		−	0	+		+
오목성		아래로 오목		아래로 오목	변곡점	위로 오목		위로 오목
$f(x)$		↗	$-\frac{5}{4}-\ln 2$	↘		↘	-2	↗

이를 그래프로 나타내면 다음과 같다.

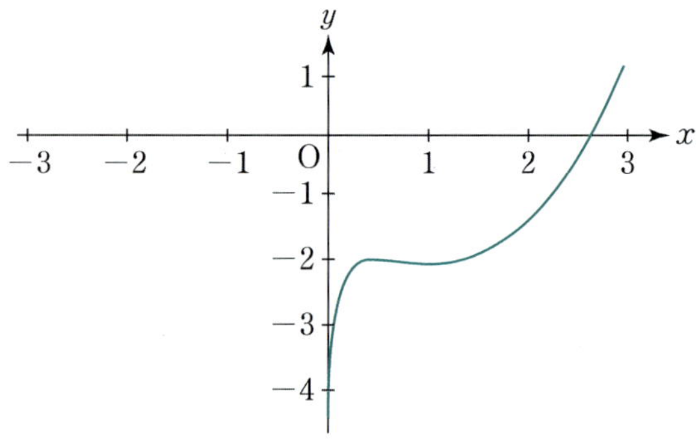

| 그림 3.29 | $f(x)=\ln x+x^2-3x$의 그래프

> **문제 3.68**
>
> 함수 $f(x)=\ln x-\frac{1}{2}x^2+3$의 그래프를 그려라.

예제 3.69

함수 $f(x)=\dfrac{x^2-2}{x}$의 그래프를 그려라.

풀이

1. 이 함수의 정의역은 $x \neq 0$인 실수 전체 집합이다.
2. $x=\pm\sqrt{2}$일 때 $y=0$이다. $x \neq 0$이므로 y절편은 없다.
3. $x \to 0$일 때 극한을 조사하면

$$\lim_{x\to 0^+} f(x)=\lim_{x\to 0^+}\frac{x^2-2}{x}=-\infty,\quad \lim_{x\to 0^-} f(x)=\lim_{x\to 0^-}\frac{x^2-2}{x}=\infty$$

이므로 $x=0$은 수직점근선이다. 한편

$$f(x)=\frac{x^2-2}{x}=x-\frac{2}{x}$$

으로 쓸 수 있고 $\lim\limits_{x\to\pm\infty}\dfrac{2}{x}=0$ 이므로 위 분수함수 $f(x)$는 $x\to\pm\infty$일 때 x로 접근한다. 즉 수평점근선 대신에 이 함수의 그래프는 사점근선 $y=x$로 접근한다.

4. 함수 $f(x)$의 도함수는

$$f'(x)=\frac{2x\cdot x-1(x^2-2)}{x^2}=\frac{x^2+2}{x^2}>0$$

이므로 $f'(x)=0$인 x값은 없다. 따라서 임계점은 분모가 0일 때 $x=0$뿐이다.

5. $f'(x)>0$이므로 $f(x)$는 증가함수이다.
6. 극댓값과 극솟값은 없다.
7. f의 이계도함수를 구하면

$$f''(x)=-\frac{4}{x^3}$$

이므로 $x>0$에서 f''의 부호가 음수이므로 아래로 오목이고, $x<0$에서 f''의 부호가 양수이므로 위로로 오목이다. $x=0$에서 f는 연속이 아니므로 $x=0$은 변곡점이 아니다. 따라서 변곡점은 없다.

위 내용을 표로 정리하면 다음과 같다.

x	$\cdots$	0	$\cdots$
$f'(x)$	$+$		$+$
증감	증가		증가
$f''(x)$	$+$		$-$
오목성	위로 오목		아래로 오목
$f(x)$	↗		↗

이를 그래프로 나타내면 다음과 같다.

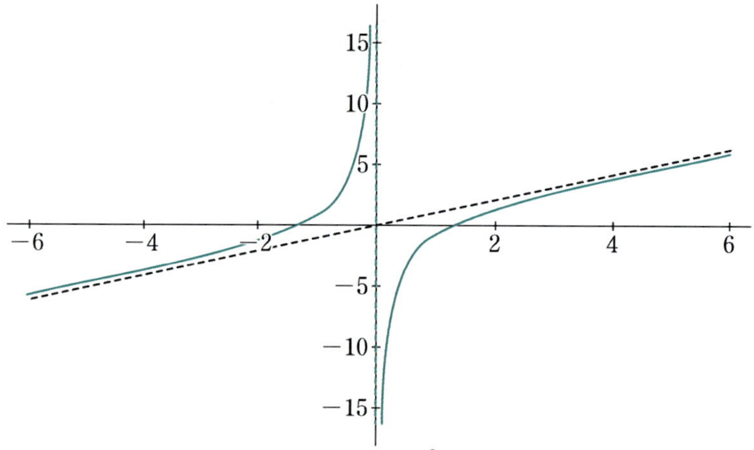

그림 3.30 $f(x) = \dfrac{x^2-2}{x}$ 의 그래프

문제 3.69

함수 $f(x) = \dfrac{x^2}{x-2}$ 의 그래프를 그려라.

SECTION 3.8 연/습/문/제

01 다음 함수의 증가 및 감소하는 구간을 구하여라.

(1) $f(x) = x^4 - 3x^2 + 1$

(2) $f(x) = x^3 - 3x - 4$

(3) $f(x) = x^4 - 8x^2 + 2$

02 다음 함수의 위로 오목, 아래로 오목한 구간을 정하고 변곡점을 구하여라.

(1) $f(x) = x^{1/3}(x+2)$

(2) $f(x) = x^4 - 6x^2 + 5$

(3) $f(x) = \dfrac{1}{\sqrt{x}+2}$

(4) $f(x) = \dfrac{1}{x^2 - 1}$

03 다음 함수의 그래프를 그리고 증가 및 감소범위, 극댓값과 극솟값, 변곡점을 구하여라.

(1) $f(x) = \dfrac{x}{x^2 - 1}$

(2) $f(x) = \dfrac{x^2}{x+1}$

(3) $f(x) = \dfrac{\sqrt{1-x^2}}{x}$

CHAPTER 04

벡터

좌표는 인류가 공간이나 평면을 이해하기 위해 도입한 획기적인 방법으로, 데카르트가 16세기에 평면에 처음 도입하였다. 그리고 18세기 초반에 공간 좌표계로 확장되었다. 이러한 도형 및 공간에 관한 성질을 연구하는 수학의 분야를 기하학이라고 부른다.

벡터는 속도나 가속도처럼 크기와 방향을 가지고 있는 물리적인 양으로써 질량, 온도, 넓이, 길이 등과 같은 크기(실수)로 나타낼 수 있는 물리적인 양(스칼라)과 구별되는 물리적인 양이다. 이러한 벡터(평면, 공간벡터)는 좌표와 밀접한 연관성을 가지고 있으며, 더 나아가 함수, 행렬 등으로 이루어진 추상적인 벡터공간을 구성할 수도 있다.

이 장에서는 평면이나 공간을 표현하는 좌표계와 벡터에 관하여 학습한다. 이러한 좌표계와 벡터는 다변수 함수와 다차원 공간의 이해에 가장 기본적인 도구가 된다. 또한 좌표계와 평면, 공간벡터 사이의 관계에 관하여 학습하고, 이를 이용하여 여러 가지 벡터들의 성질을 학습한다.

SECTION 4.1 좌표공간과 벡터

직선에 적당한 한 점(원점)을 고정하고 또 다른 한 점에 이르는 거리를 단위 길이 1로 정하면 이 직선 위의 모든 점은 실수와 일대일 대응이 된다. 이러한 직선을 실수 축이라고 부른다. 평면 위에 서로 다른 실수 축의 원점을 수직으로 일치시키면 평면 위의 모든 점은 실수들로 이루어진 순서쌍 (x, y)들의 집합 $\mathbb{R}^2 = \mathbb{R} \times \mathbb{R}$와 일대일 대응이 된다. 이러한 좌표계를 **직교 좌표계** 또는 **이차원 좌표공간**이라고 부른다. 이를 확장하여 다음과 같은 집합을 생각할 수 있다.

$$\mathbb{R}^3 = \{(x, y, z) \mid x, y, z \in \mathbb{R}\}$$

이러한 공간을 **삼차원 좌표공간***이라고 부른다. 실제로 $\mathbb{R}^3$는 삼차원 공간이다.

* 3차원 좌표공간은 n개의 순서쌍으로 이루어진 n차원 좌표공간 $\mathbb{R}^n$으로 확장할 수 있다.

삼차원 공간 $\mathbb{R}^3$에서의 연산에 관하여 알아보자.* $\mathbb{R}^3$에는 합과 스칼라 곱이라는 두 가지 기본적인 연산을 다음과 같이 정의할 수 있다.

$$(x_1, y_1, z_1) + (x_2, y_2, z_2) := (x_1 + x_2, y_1 + y_2, z_1 + z_2)$$

$$\alpha(x, y, z) := (\alpha x, \alpha y, \alpha z), \quad \alpha \in \mathbb{R}$$

삼차원 공간 $\mathbb{R}^3$의 점들의 크기**는 다음과 같이 정의한다.

$$\| (x, y, z) \| := \sqrt{x^2 + y^2 + z^2}$$

또 두 점 $(x_1, y_1, z_1), (x_2, y_2, z_2)$ 사이의 거리는 다음과 같이 정의한다.

$$\| (x_1, y_1, z_1) - (x_2, y_2, z_2) \| := \sqrt{(x_1 - x_2)^2 + (y_1 - y_2)^2 + (z_1 - z_2)^2}$$

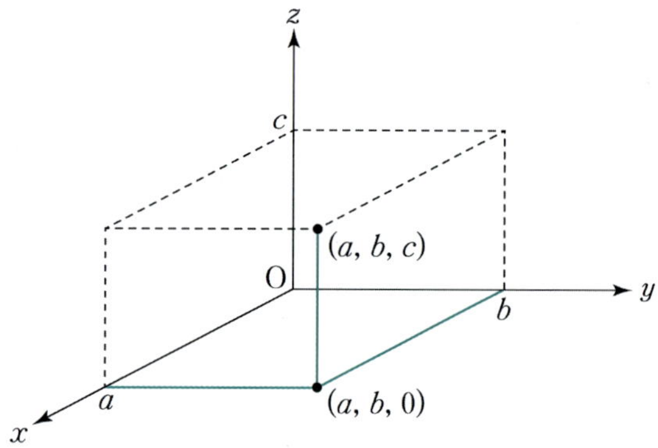

| 그림 4.1 | 3차원 좌표계

평면 $\mathbb{R}^2$공간에서도 $\mathbb{R}^3$공간과 같이 위의 개념들을 정의할 수 있다. 실제로 위의 정의들을 $(x, y) := (x, y, 0)$에 적용하면 된다. 예를 들어 $\mathbb{R}^2$에서의 합과 스칼라 곱은 다음과 같이 정의한다.

$$(x_1, y_1) + (x_2, y_2) := (x_1 + x_2, y_1 + y_2)$$

$$\alpha(x, y) := (\alpha x, \alpha y), \quad \alpha \in \mathbb{R}$$

---

* 2차원 공간 $\mathbb{R}^2$에서도 같은 방법으로 정의할 수 있다.
** 원점에서의 길이를 뜻한다.

다음 예제를 통해 이차원 공간과 삼차원 공간의 차이점을 알아보자.

예제 4.1

다음 주어진 식이 이차원 공간 $\mathbb{R}^2$와 삼차원 공간 $\mathbb{R}^3$에서 무엇을 나타내는지 설명하여라.

(1) $x=4$

(2) $y=2$

(3) $y=x$

풀이 (1) 식 $x=4$는 $\mathbb{R}^2$에서는 x의 좌표가 4인 모든 점들을 모아놓은 집합으로서

$$\{(x,y)\,|\,y\in\mathbb{R},\, x=4\}$$

를 나타내므로 y축에 평행한 직선 중에서 x의 좌표가 4인 직선이다.
한편, 식 $x=4$는 $\mathbb{R}^3$에서는 x의 좌표가 4인 모든 점들을 모아놓은 집합으로서

$$\{(x,y,z)\,|\,y,z\in\mathbb{R},\, x=4\}$$

를 나타내므로 yz평면에 평행한 평면 중에서 x의 좌표가 4인 평면이다.

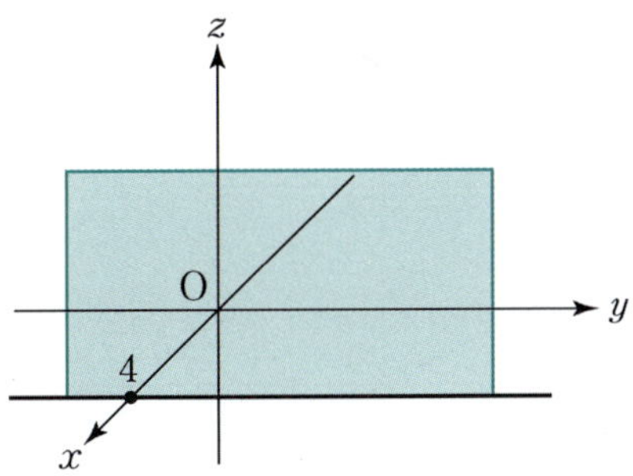

그림 4.2 $\mathbb{R}^2$, $\mathbb{R}^3$에서 $x=4$

(2) (1)번의 풀이와 유사하다. 실제로, 식 $y=2$는 $\mathbb{R}^3$에서는 y의 좌표가 2인 모든 점들을 모아놓은 집합으로서

$$\{(x,y,z)\,|\,x,z\in\mathbb{R},\, y=2\}$$

를 나타내므로 xz평면에 평행한 평면 중에서 y의 좌표가 2인 평면이다.

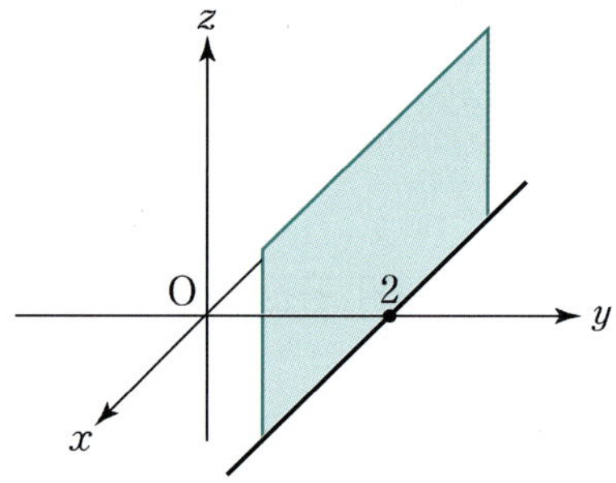

그림 4.3 $\mathbb{R}^2$, $\mathbb{R}^3$에서 $y=2$

(3) 식 $y=x$는 $\mathbb{R}^2$에서는 x의 좌표와 y의 좌표가 같은 모든 점들을 모아놓은 집합으로서

$$\{(x, x) \mid x \in \mathbb{R}\}$$

을 나타내므로 직선 $y=x$이다. 한편, $y=x$는 $\mathbb{R}^3$에서는 x의 좌표와 y의 좌표가 같은 모든 점들을 모아놓은 집합으로서

$$\{(x, x, z) \mid x, z \in \mathbb{R}\}$$

을 나타내므로 xy평면에 수직인 평면 중에서 직선 $y=x$를 포함하는 평면이다.

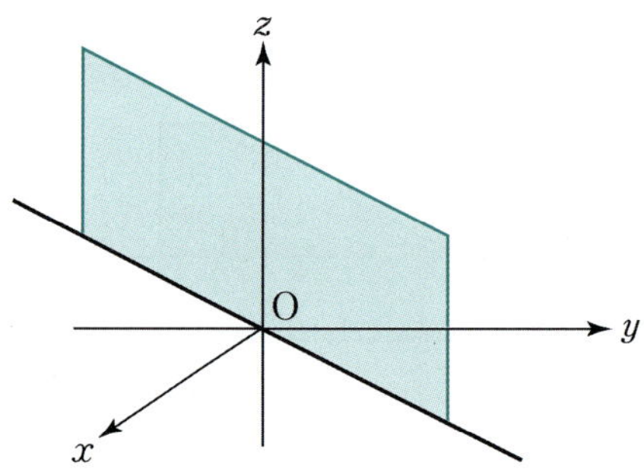

그림 4.4 $\mathbb{R}^2$, $\mathbb{R}^3$에서 $y=x$

문제 4.1

다음 주어진 식이 이차원 공간 $\mathbb{R}^2$와 삼차원 공간 $\mathbb{R}^3$에서 무엇을 나타내는지 설명하여라.

(1) $x=-1$ (2) $y=0$ (3) $y=x+1$

넓이나 질량, 길이와 같은 물리적인 양은 주어진 양의 크기인 실수로 표시할 수 있으며, 이러한 물리적인 양을 **스칼라**라고 한다. 한편, 속도나 가속도는 질량과 길이와는 다르게, 크기와 방향을 가지고 있는 물리적인 양이다. 이러한 양을 **벡터**라고 부른다. 벡터를 이해하는 아주 쉬운 방법은 이차원 평면이나 삼차원 공간상에 그려지는 방향이 있는 선분(유향선분) 또는 화살표로 이해하는 것이다.

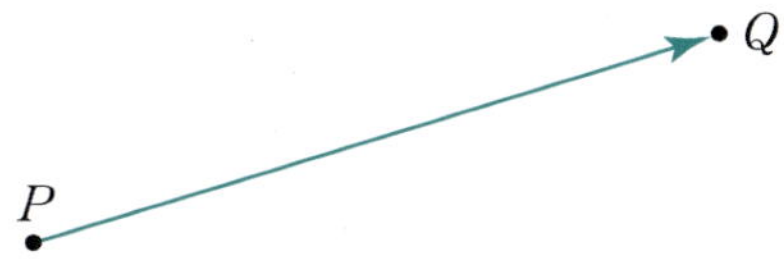

| 그림 4.5 | 벡터의 표현

평면(이차원 공간) 위에 그려지는 유향선분을 평면벡터, 삼차원 공간상에 그려지는 유향선분을 삼차원 공간벡터라고 부른다. 그림 4.5에서처럼 선분의 시작점 P를 시점, 끝나는 점인 Q를 종점이라고 부르며, 이러한 벡터를 $\overrightarrow{PQ}$로 표시하거나 굵은 문자 $\boldsymbol{a}, \boldsymbol{b}, \boldsymbol{c}, \boldsymbol{u}, \boldsymbol{v}, \boldsymbol{w}, \cdots$을 사용하여 간단하게 $\boldsymbol{u} := \overrightarrow{PQ}$로 표현한다.

벡터 $\boldsymbol{u}$의 크기 또는 길이는 $\| \boldsymbol{u} \|$으로 표시한다. 또한 종점과 시점이 일치하는 벡터(또는 크기가 0인 벡터)를 영벡터라고 부르고, $\mathbf{0}$으로 표시한다. 여기서 주의해야 할 점은 스칼라 $0 \in \mathbb{R}$과 영벡터 $\mathbf{0}$을 구분해야 한다는 것이다. 또한, 크기가 1인 모든 벡터를 **단위 벡터**라고 부른다.

먼저 주어진 벡터 $\boldsymbol{u} = \overrightarrow{PQ}$와 $\boldsymbol{v} = \overrightarrow{RS}$에 대하여 이들 두 벡터가 서로 같다는 의미를 정의하자. 벡터 $\boldsymbol{u}$와 $\boldsymbol{v}$ 중 어느 하나의 벡터를 평행이동하여 완전히 겹쳐지면 이들 "두 벡터가 같다"라고 부르고,

$$\boldsymbol{u} = \boldsymbol{v}$$

로 표현한다. 즉, 크기와 방향이 같은 두 벡터는 같다라고 정의한다.

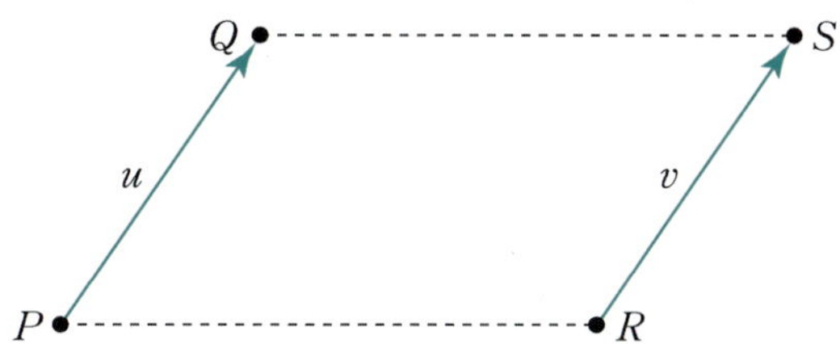

| 그림 4.6 | 벡터의 상등

벡터에도 좌표공간에서처럼 연산을 정의할 수 있다. 실제로, 벡터도 좌표공간과 같이 합과 스칼라 곱이라는 기본적인 두 가지 기본 연산을 가진다. 먼저 벡터의 합에 대하여 알아보자.

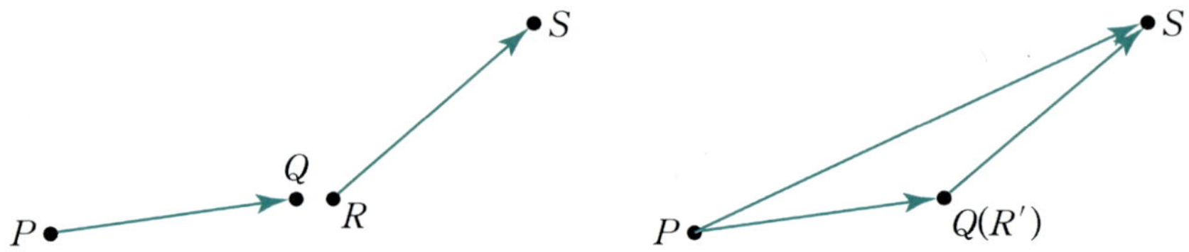

그림 4.7 두 벡터의 덧셈

주어진 벡터 $\boldsymbol{u}=\overrightarrow{PQ}$와 $\boldsymbol{v}=\overrightarrow{RS}$에 대하여 $\overrightarrow{PQ}$의 종점 Q와 $\overrightarrow{RS}$의 시점 R이 일치하도록 $\overrightarrow{RS}$를 평행이동하자. 그럼 삼각형 $\triangle PQS'$이 만들어지는데 이 삼각형의 빗변 $\overrightarrow{PS'}$을 두 벡터 $\boldsymbol{u}=\overrightarrow{PQ}$와 $\boldsymbol{v}=\overrightarrow{RS}$의 합이라고 정의하고, 그 합을 $\boldsymbol{u}+\boldsymbol{v}$로 표시한다. 즉,

$$\boldsymbol{u}+\boldsymbol{v}:=\overrightarrow{PS'}$$

이다.

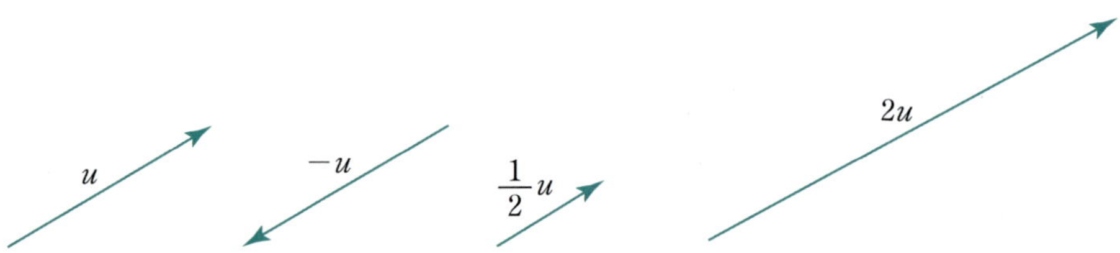

그림 4.8 벡터의 스칼라 곱

이제 벡터 $\boldsymbol{u}$와 스칼라 $\alpha\in\mathbb{R}$ 사이의 연산인 스칼라 곱을 정의해보자. 벡터 $\boldsymbol{u}$의 크기 $\|\boldsymbol{u}\|$에 대하여 $\alpha>0$ 이면 $\boldsymbol{u}$ 와 같은 방향이고, 크기가 $|\alpha|\|\boldsymbol{u}\|$인 벡터, $\alpha<0$ 이면 $\boldsymbol{u}$와 방향이 반대이고, 크기가 $|\alpha|\|\boldsymbol{u}\|$인 벡터를 $\alpha\boldsymbol{u}$라 정의하고, 벡터 $\boldsymbol{u}$와 $\alpha\in\mathbb{R}$의 스칼라 곱이라고 한다. 만약 $\alpha=0$이거나 $\boldsymbol{u}=\boldsymbol{0}$ 이면 $\alpha\boldsymbol{u}=\boldsymbol{0}$으로 정의한다. 또한 $\alpha=-1$ 인 경우, 즉 $(-1)\boldsymbol{u}$를 $\boldsymbol{u}$의 **역벡터**라고 부르고 $-\boldsymbol{u}$라고 간단하게 표시한다. 역벡터를 이용하여 두 벡터의 뺄셈을 다음과 같이 정의한다.

$$\boldsymbol{u}-\boldsymbol{v}:=\boldsymbol{u}+(-\boldsymbol{v})$$

이제부터 $\mathbb{R}^2$와 $\mathbb{R}^3$의 좌표계를 사용하여 각각 평면벡터와 삼차원 공간벡터를 대수적으로 이해하는 방법에 대해 알아보자. 평면이나 공간상에 주어진 벡터들은 평행이동을 하여 겹쳐지면, 같은 벡터이기 때문에 벡터들은 평행이동을 해도 본질적으로 변하지 않는다.(벡터의 상등의 정의에 의해) 따라서 모든 벡터를 시점이 좌표계의 원점이 되도록 평행이동을 시키고 나면 종점과 그 벡터를 같은 것으로 이해할 수 있다. 즉, 주어진 3차원 공간벡터 $\boldsymbol{u}$에 대하여 그 벡터의 시점을 삼차원 좌표공간의 원점으로 평행이동하면, 이동한 벡터의 종점이 $\mathbb{R}^3$상의 적당한 좌표 (x, y, z)에 대응이 된다. 따라서 주어진 벡터 $\boldsymbol{u}$는 $\mathbb{R}^3$의 좌표 (x, y, z)로 표시할 수 있다. (평면벡터도 같은 방법으로 $\mathbb{R}^2$의 좌표 (x, y)로 표시할 수 있다). 한편, 여기서 주어진 x, y, z를 벡터 $\boldsymbol{u}$의 x성분, y성분, z성분이라고 부르며, (x, y, z)를 벡터 $\boldsymbol{u}$의 성분표시라고 부른다. 그리고 이 경우

$$\boldsymbol{u} = (x, y, z)$$

로 표현한다. (평면벡터의 경우는 $\boldsymbol{u} = (x, y)$로 표현한다). 한편, 추상적인 벡터의 개념을 좌표계를 이용한 성분표시법을 사용하여 표현하면 벡터들의 연산 및 성질의 증명을 기하학적인 벡터를 이용하는 방법보다 더 간단하게 할 수 있다.

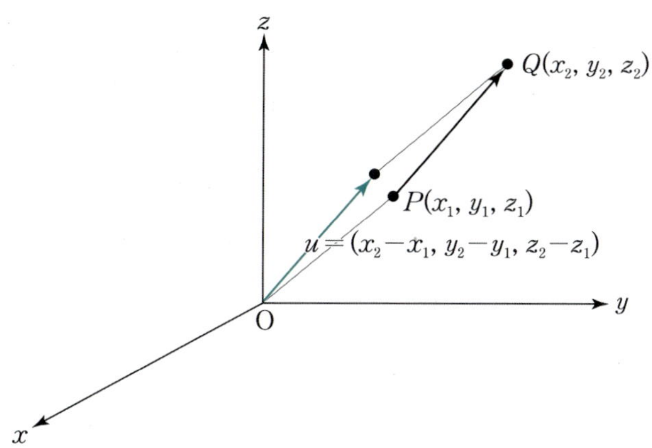

그림 4.9 벡터의 성분표시

시점이 $P = (x_1, y_1, z_1)$, 종점이 $Q = (x_2, y_2, z_2)$인 공간벡터의 성분표시를 알아보자. 시점 $P = (x_1, y_1, z_1)$를 원점으로 옮기는 것을 생각해보면 (평행이동을 생각해보면 된다.), 벡터 $\boldsymbol{u} = \overrightarrow{PQ}$의 성분표시는 $\boldsymbol{u} = \overrightarrow{PQ} = Q - P = (x_2 - x_1, y_2 - y_1, z_2 - z_1)$이다.

예제 4.2

다음 주어진 시점 $P=(x_1, y_1, z_1)$, 종점이 $Q=(x_2, y_2, z_2)$인 공간벡터 $\boldsymbol{u}=\overrightarrow{PQ}$를 성분으로 표시하여라.

(1) $P=(1,2,1)$, $Q=(-1,0,2)$

(2) $P=(1,0,-1)$, $Q=(0,1,0)$

풀이 (1) $\boldsymbol{u}=\overrightarrow{PQ}=(-1-1, 0-2, 2-1)=(-2,-2,1)$이다.
(2) $\boldsymbol{u}=\overrightarrow{PQ}=(0-1, 1-0, 0-(-1))=(-1,1,1)$이다.

문제 4.2

다음 주어진 시점 $P=(x_1,y_1,z_1)$, 종점이 $Q=(x_2,y_2,z_2)$인 공간벡터 $\boldsymbol{u}=\overrightarrow{PQ}$를 성분으로 표시하여라.

(1) $P=(1,0,2)$, $Q=(0,2,1)$ (2) $P=(-1,1,-1)$, $Q=(-2,1,0)$

결론적으로 공간이나 평면에 주어진 모든 벡터의 시점을 $\mathbb{R}^3$나 $\mathbb{R}^2$의 원점으로 이동시키면 벡터들을 $\mathbb{R}^3$나 $\mathbb{R}^2$의 점으로 이해할 수 있음을 알 수 있다. 한편 이러한 대응관계(성분표시)를 이용하면 앞에서 정의한 삼차원(이차원) 공간벡터의 합과 스칼라 곱은, 아래와 같이 $\mathbb{R}^3(\mathbb{R}^2)$에서 정의된 합과 스칼라 곱에 대응된다는 사실을 알 수 있다.

$$\boldsymbol{u}=(x_1, y_1, z_1)=(x_2, y_2, z_2)=\boldsymbol{v} \Leftrightarrow x_1=x_2, y_1=y_2, z_1=z_2$$

$$\boldsymbol{u}+\boldsymbol{v}=(x_1, y_1, z_1)+(x_2, y_2, z_2)=(x_1+x_2, y_1+y_2, z_1+z_2)$$

$$\alpha\boldsymbol{u}=\alpha(x_1, y_1, z_1)=(\alpha x_1, \alpha y_1, \alpha z_1), \quad \alpha\in\mathbb{R}$$

또한 주어진 벡터 $\boldsymbol{u}=(x,y,z)$의 크기 $\|\boldsymbol{u}\|$는 피타고라스의 정리를 이용하면 다음과 같음을 알 수 있다.

$$\|\boldsymbol{u}\|=\sqrt{x^2+y^2+z^2}$$

위에서 정의한 벡터들의 연산들은 다음과 같은 성질들을 만족시킨다.

정리 4.1

벡터 $\boldsymbol{u}, \boldsymbol{v}, \boldsymbol{w}$와 실수 $\alpha, \beta \in \mathbb{R}$에 대하여 다음이 성립한다.

(1) $\boldsymbol{u}+\boldsymbol{v}=\boldsymbol{v}+\boldsymbol{u}$ (덧셈에 관한 교환 법칙)

(2) $(\boldsymbol{u}+\boldsymbol{v})+\boldsymbol{w}=\boldsymbol{u}+(\boldsymbol{v}+\boldsymbol{w})$ (덧셈에 관한 결합법칙)

(3) $\boldsymbol{u}+\mathbf{0}=\mathbf{0}+\boldsymbol{u}=\boldsymbol{u}$ (덧셈에 관한 항등원)

(4) $\boldsymbol{u}+(-\boldsymbol{u})=(-\boldsymbol{u})+\boldsymbol{u}=\mathbf{0}$ (덧셈에 관한 역원)

(5) $\alpha(\boldsymbol{u}+\boldsymbol{v})=\alpha\boldsymbol{u}+\alpha\boldsymbol{v}$

(6) $\alpha(\beta\boldsymbol{u})=(\alpha\beta)\boldsymbol{u}$

(7) $1\boldsymbol{u}=\boldsymbol{u}1=\boldsymbol{u}$ (스칼라 곱에 관한 항등원)

(8) $(\alpha+\beta)\boldsymbol{u}=\alpha\boldsymbol{u}+\beta\boldsymbol{u}$

증명 증명은 기하학적으로 증명해야 하지만, 위에서 정의된 벡터의 성분표시와 좌표공간에 주어진 연산 때문에 계산할 수 있으며, 계산하면 위의 결과는 쉽게 계산할 수 있다. 여기에서는 (1), (2), (5)번을 증명한다. 먼저 벡터의 성분표시를 이용하면

$$\begin{aligned}\boldsymbol{u}+\boldsymbol{v} &= (x_1, y_1, z_1)+(x_2, y_2, z_2)=(x_1+x_2, y_1+y_2, z_1+z_2)\\ &=(x_2+x_1, y_2+y_1, z_2+z_1)=(x_2, y_2, z_2)+(x_1, y_1, z_1)=\boldsymbol{v}+\boldsymbol{u}\end{aligned}$$

이다. 또한 실수가 덧셈에 대하여 결합법칙이 성립하므로

$$\begin{aligned}(\boldsymbol{u}+\boldsymbol{v})+\boldsymbol{w} &= ((x_1, y_1, z_1)+(x_2, y_2, z_2))+(x_3, y_3, z_3)\\ &=(x_1+x_2, y_1+y_2, z_1+z_2)+(x_3, y_3, z_3)\\ &=(x_1+(x_2+x_3), y_1+(y_2+y_3), z_1+(z_2+z_3))\\ &=(x_1, y_1, z_1)+(x_2+x_3, y_2+y_3, z_2+z_3)=\boldsymbol{u}+(\boldsymbol{v}+\boldsymbol{w})\end{aligned}$$

이다. 벡터의 덧셈, 스칼라 곱의 정의와 성분표시를 이용하면

$$\begin{aligned}\alpha(\boldsymbol{u}+\boldsymbol{v}) &= \alpha((x_1, y_1, z_1)+(x_2, y_2, z_2))\\ &=\alpha(x_1+x_2, y_1+y_2, z_1+z_2)=(\alpha x_1+\alpha x_2, \alpha y_1+\alpha y_2, \alpha z_1+\alpha z_2)\\ &=(\alpha x_1, \alpha y_1, \alpha z_1)+(\alpha x_2, \alpha y_2, \alpha z_2)=\alpha\boldsymbol{u}+\alpha\boldsymbol{v}\end{aligned}$$

이다. 한편 기하학적 고찰을 통해 다음과 같이 그림을 그려 증명할 수 있다.

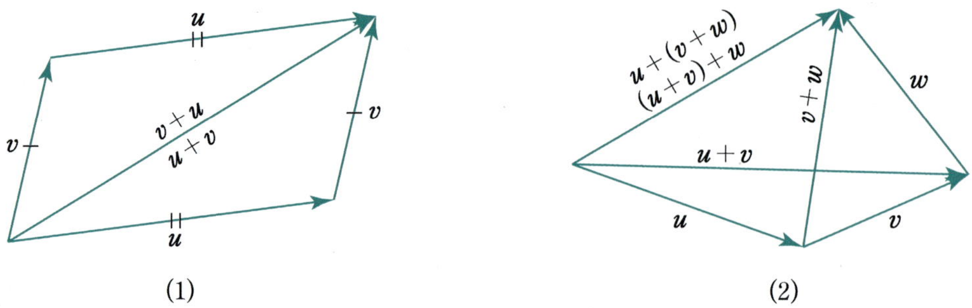

그림 4.10

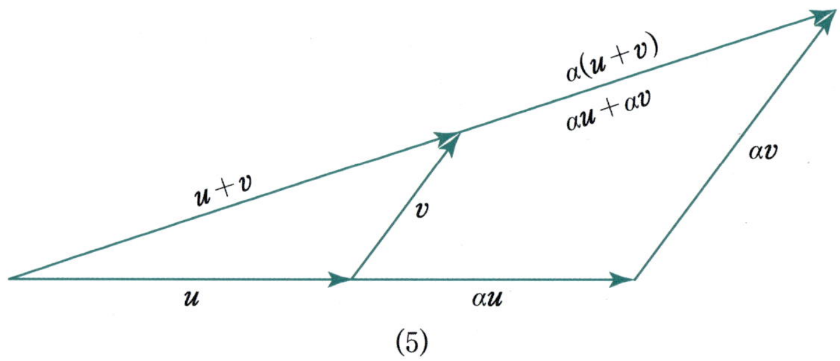

그림 4.11

예제 4.3

두 벡터 $\boldsymbol{u}=(2, 1, -1)$ 와 $\boldsymbol{v}=(1, 2, 1)$가 주어졌을 때 다음을 구하여라.

(1) $-\boldsymbol{u}$ (2) $\boldsymbol{u}+\boldsymbol{v}$

(3) $3\left(\boldsymbol{u}-\dfrac{2}{3}\boldsymbol{v}\right)$ (4) $3(\boldsymbol{u}-\boldsymbol{v})$

풀이 $\mathbb{R}^3$에서의 연산의 정의와 정리 4.1에 의해

(1) $-\boldsymbol{u}=-(2, 1, -1)=(-2, -1, 1)$

(2) $\boldsymbol{u}+\boldsymbol{v}=(2+1, 1+2, -1+1)=(3, 3, 0)$

(3) $3\left(\boldsymbol{u}-\dfrac{2}{3}\boldsymbol{v}\right)=3\boldsymbol{u}-2\boldsymbol{v}=3(2, 1, -1)-2(1, 2, 1)=(6, 3, -3)-(2, 4, 2)$
$=(4, -1, -5)$

(4) $3(\boldsymbol{u}-\boldsymbol{v})=3\boldsymbol{u}-3\boldsymbol{v}=3(2, 1, -1)-3(1, 2, 1)=(6, 3, -3)-(3, 6, 3)$
$=(3, -3, -6)$

이다.

문제 4.3

두 벡터 $\boldsymbol{u}=(1,0,1)$와 $\boldsymbol{v}=(-1,0,1)$가 주어졌을 때 다음을 구하여라.

(1) $-\boldsymbol{u}+\boldsymbol{v}$ (2) $4(\boldsymbol{u}+\boldsymbol{v})$

(3) $4\left(\frac{1}{2}\boldsymbol{u}+\frac{3}{4}\boldsymbol{v}\right)$ (4) $2(\boldsymbol{u}-3\boldsymbol{v})$

만약 $\boldsymbol{e}_1=(1,0,0), \boldsymbol{e}_2=(0,1,0), \boldsymbol{e}_3=(0,0,1)$라 놓으면 합과 스칼라 곱의 정의에 의해 모든 벡터 $\boldsymbol{u}=(x,y,z)$는 다음과 같이 표시할 수 있다.

$$\boldsymbol{u}=(x,y,z)=x\boldsymbol{e}_1+y\boldsymbol{e}_2+z\boldsymbol{e}_3$$

이때 $\boldsymbol{e}_1$, $\boldsymbol{e}_2$, $\boldsymbol{e}_3$를 각각 x축 방향, y축 방향, z축 방향의 **표준 단위 벡터**라고 부른다. 예를 들어

$$\boldsymbol{u}=(3,2,-1)=3\boldsymbol{e}_1+2\boldsymbol{e}_2-1\boldsymbol{e}_3$$

으로 표시할 수 있다.

예제 4.4

벡터 $u=e_1+3e_2-2e_3$, $v=2e_1+e_2+e_3$일 때, 벡터 $2\left(u-\frac{1}{2}v\right)$를 표준 단위 벡터로 나타내어라.

풀이 정리 4.1을 이용하여 다음과 같이 계산할 수 있다.

$$\begin{aligned}2\left(u-\frac{1}{2}v\right)&=2u-v\\&=2(e_1+3e_2-2e_3)-(2e_1+e_2+e_3)\\&=2e_1+6e_2-4e_3-2e_1-e_2-e_3\\&=5e_2-5e_3\end{aligned}$$

문제 4.4

벡터 $\boldsymbol{u}=2\boldsymbol{e}_1-2\boldsymbol{e}_2+2\boldsymbol{e}_3$, $\boldsymbol{v}=\boldsymbol{e}_1-2\boldsymbol{e}_2-3\boldsymbol{e}_3$일 때, 벡터 $4\left(-\frac{1}{2}\boldsymbol{u}+\frac{3}{4}\boldsymbol{v}\right)$를 표준 단위 벡터로 나타내어라.

영벡터가 아닌 두 벡터 $\boldsymbol{u}$와 $\boldsymbol{v}$가 나란한 방향을 가진다는 것은 어떤 $\alpha \in \mathbb{R}$에 대해 $\boldsymbol{u}=\alpha\boldsymbol{v}$인 경우를 말한다. 따라서 벡터 $\boldsymbol{u}$가 주어지면 $\boldsymbol{u}$와 나란한 방향을 가지는 벡터는 무수히 많이 존재한다. 하지만, 주어진 벡터 $\boldsymbol{u}$와 나란한 방향의 단위 벡터는 다음과 같이 두 개뿐이다.

$$\pm\frac{\boldsymbol{u}}{\|\boldsymbol{u}\|}$$

한편, $\frac{\boldsymbol{u}}{\|\boldsymbol{u}\|}$는 벡터 $\boldsymbol{u}$와 같은 방향의 단위 벡터이고, $-\frac{\boldsymbol{u}}{\|\boldsymbol{u}\|}$는 벡터 $\boldsymbol{u}$와 반대 방향의 단위 벡터이다. 따라서 영이 아닌 벡터 $\boldsymbol{u}$가 주어지면 항상 벡터 $\boldsymbol{u}$와 같은 방향의 벡터를 구할 수 있다. 또한 단위 벡터에 0이 아닌 양의 스칼라를 곱하면 주어진 단위 벡터 방향으로의 모든 벡터를 구할 수 있다. 이런 의미에서 단위 벡터를 방향 벡터라고 부르기도 한다.

예제 4.5

벡터 $\boldsymbol{u}=(1,1,-1)$에 대해 같은 방향의 단위 벡터와 반대 방향의 단위 벡터를 구하여라.

풀이 $\|\boldsymbol{u}\|=\sqrt{3}$이므로 같은 방향의 단위 벡터는 $+\frac{\boldsymbol{u}}{\|\boldsymbol{u}\|}=\frac{1}{\sqrt{3}}(1,1,-1)$이고, 반대 방향의 단위 벡터는 $-\frac{\boldsymbol{u}}{\|\boldsymbol{u}\|}=\frac{1}{\sqrt{3}}(-1,-1,1)$이다.

문제 4.5

벡터 $\boldsymbol{u}=(3,1,2)$에 대해 같은 방향의 단위 벡터와 반대 방향의 단위 벡터를 구하여라.

SECTION 4.1 연습문제

01 두 벡터 $\boldsymbol{u}=(3,0,2)$와 $\boldsymbol{v}=(-1,2,1)$가 주어졌을 때 다음을 구하여라.

(1) $\boldsymbol{u}+\boldsymbol{v}$

(2) $3\boldsymbol{u}-2\boldsymbol{v}$

(3) $-\boldsymbol{u}+2\boldsymbol{v}$

(4) $3\boldsymbol{u}+5\boldsymbol{v}$

02 벡터 $\boldsymbol{u}=(1,1,1)$, $\boldsymbol{v}=(-1,3,2)$, $\boldsymbol{w}=(-3,1,2)$에 대하여 $\alpha\boldsymbol{u}+\beta\boldsymbol{v}+\gamma\boldsymbol{w}=(-1,-5,8)$를 만족하는 수 α,β,γ를 구하여라.

03 다음 벡터들의 크기를 구하고, 나란한 단위 벡터들을 모두 구하여라.

(1) $(-3,4)$

(2) $(1,0,-1)$

(3) $(2,2,-1)$

04 다음 주어진 시점 $P=(x_1,y_1,z_1)$, 종점이 $Q=(x_2,y_2,z_2)$인 공간벡터 $\boldsymbol{u}=\overrightarrow{PQ}$를 성분으로 표시하여라.

(1) $P=(1,2,3)$, $Q=(0,1,2)$

(2) $P=(-1,2,-1)$, $Q=(0,1,2)$

SECTION 4.2 내적

4.2.1 내적

물리학에서 내적은 어떠한 물체에 일정한 힘이 가해졌을 때 행해진 일을 계산하는 것에 쓰인다. 이러한 내적은 두 벡터 사이의 곱으로 이해할 수 있으며, 그 결과가 스칼라값(실숫값)이 되도록 다음과 같이 정의한다.

정의 4.2

두 벡터 $\boldsymbol{u} = (x_1, y_1, z_1)$ 와 $\boldsymbol{v} = (x_2, y_2, z_2)$ 의 **내적**(inner product) $\boldsymbol{u} \cdot \boldsymbol{v}$ 는 다음과 같이 정의된다.

$$\boldsymbol{u} \cdot \boldsymbol{v} = x_1 x_2 + y_1 y_2 + z_1 z_2$$

평면벡터의 경우는 $z_1 = z_2 = 0$ 으로 생각한다.

예제 4.6

두 벡터 $\boldsymbol{u} = (1, 2, -1)$와 $\boldsymbol{v} = (0, 1, 1)$에 대해 내적 $\boldsymbol{u} \cdot \boldsymbol{v}$을 구하여라.

풀이 내적의 정의에 의해 $\boldsymbol{u} \cdot \boldsymbol{v} = (1, 2, -1) \cdot (0, 1, 1) = 0 + 2 - 1 = 1$이다.

문제 4.6

두 벡터 $\boldsymbol{u} = (3, 1, -1)$와 $\boldsymbol{v} = (1, 2, 3)$에 대해 내적 $\boldsymbol{u} \cdot \boldsymbol{v}$을 구하여라.

내적의 정의는 n차원 좌표공간 $\mathbb{R}^n$으로 확장할 수 있다. 실제로, $\mathbb{R}^n$상의 벡터 $\boldsymbol{u} = (x_1, x_2, \cdots, x_n)$ 와 $\boldsymbol{v} = (y_1, y_2, \cdots, y_n)$ 에 대해

$$\boldsymbol{u} \cdot \boldsymbol{v} = x_1 y_1 + x_2 y_2 + \cdots + x_n y_n$$

이다.

벡터의 내적에 관한 다음과 같은 성질들이 성립한다.

정리 4.3 벡터 $\boldsymbol{u}, \boldsymbol{v}$와 실수 $\alpha \in \mathbb{R}$에 대하여 다음이 성립한다.

(1) $\boldsymbol{u} \cdot \boldsymbol{v} = \boldsymbol{v} \cdot \boldsymbol{u}$ (교환 법칙)

(2) $\boldsymbol{u} \cdot (\boldsymbol{v}+\boldsymbol{w}) = \boldsymbol{u} \cdot \boldsymbol{v} + \boldsymbol{u} \cdot \boldsymbol{w}$ (분배법칙)

(3) $\alpha(\boldsymbol{u} \cdot \boldsymbol{v}) = (\alpha\boldsymbol{u}) \cdot \boldsymbol{v} = \boldsymbol{u} \cdot (\alpha\boldsymbol{v})$ (결합법칙)

(4) $\|\boldsymbol{u}\|^2 = \boldsymbol{u} \cdot \boldsymbol{u} \geq 0$이고, 만약에 $\boldsymbol{u} \cdot \boldsymbol{u} = 0$이면, $\boldsymbol{u} = \boldsymbol{0}$이다.

증명 (1)~(4)의 증명은 벡터의 성분 표시와 내적의 정의를 이용하면 쉽게 얻을 수 있다. (4)번만 증명해보자. $\boldsymbol{u}=(x, y, z)$라고 하면 $\boldsymbol{u} \cdot \boldsymbol{u}=x^2+y^2+z^2=\|\boldsymbol{u}\|^2 \geq 0$임은 자명하다. 한편, $\boldsymbol{u} \cdot \boldsymbol{u}=x^2+y^2+z^2=0$이라고 하자. 그럼 어떤 실수의 제곱은 모두 0보다 큰 양수이므로 $x=y=z=0$이다. 따라서 $\boldsymbol{u}=\boldsymbol{0}$이다.

내적의 또 다른 표현을 위해 필요한 두 벡터 사이의 사잇각을 알아보자. 영벡터가 아닌 두 벡터 $\boldsymbol{u}$와 $\boldsymbol{v}$의 각각의 시점들을 평행이동을 이용하여 일치시키면 그림 4.12에서처럼 사잇각 $\theta(0 \leq \theta \leq \pi)$를 정의할 수 있다.

두 벡터의 사잇각을 이용하면, 내적은 다음과 같이 두 벡터의 크기와 사잇각을 이용하여 구할 수 있다.

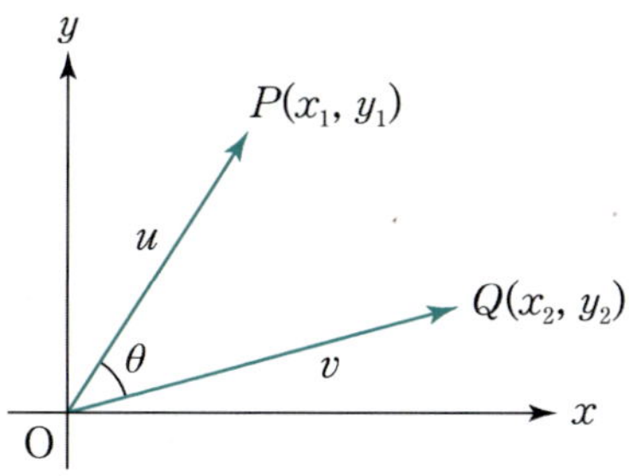

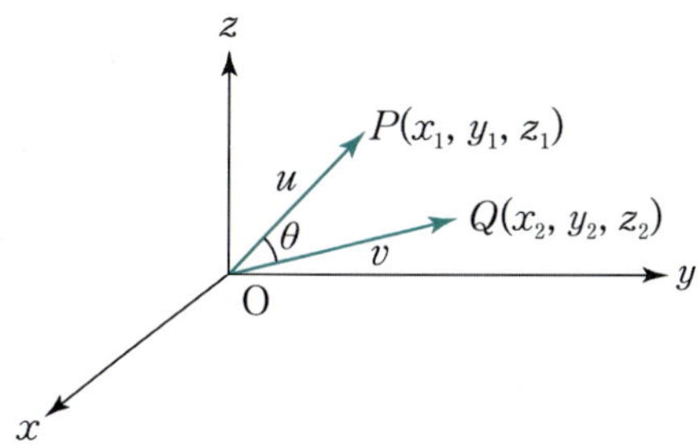

그림 4.12 두 벡터의 사잇각

정리 4.4 주어진 영이 아닌 두 벡터 $\boldsymbol{u}$와 $\boldsymbol{v}$에 대하여 내적 $\boldsymbol{u}\cdot\boldsymbol{v}$은 다음과 같다.

$$\boldsymbol{u}\cdot\boldsymbol{v} = \|\boldsymbol{u}\|\,\|\boldsymbol{v}\|\cos\theta$$

증명 먼저 주어진 두 벡터 $\boldsymbol{u}$와 $\boldsymbol{v}$가 나란한 방향을 가지는 경우를 생각해 보자. 두 벡터가 나란한 방향을 가지므로, $\boldsymbol{u}=\alpha\boldsymbol{v}$이다. 또한, $\alpha>0$이면, 두 벡터 사이의 사잇각은 0°이고, $\alpha<0$이면, 두 벡터 사이의 사잇각은 $\pi(180^\circ)$이다. 한편, $\boldsymbol{u}\cdot\boldsymbol{v}=\alpha(\boldsymbol{v}\cdot\boldsymbol{v})=\alpha\|\boldsymbol{v}\|^2$이고

$$\|\alpha\boldsymbol{v}\|\,\|\boldsymbol{v}\|\cos\theta = |\alpha|\,\|\boldsymbol{v}\|^2\cos\theta = \begin{cases}\alpha\|\boldsymbol{v}\|^2, & \alpha>0\\ -(-\alpha)\|\boldsymbol{v}\|^2=\alpha\|\boldsymbol{v}\|^2, & \alpha<0\end{cases}$$

이므로 $\boldsymbol{u}\cdot\boldsymbol{v}=\|\boldsymbol{u}\|\,\|\boldsymbol{v}\|\cos\theta$이다.

이제 두 벡터가 나란한 방향이 아니라고 하자. 그러면 주어진 벡터의 종점들을 이은 삼각형이 만들어진다. ([그림 4.13])

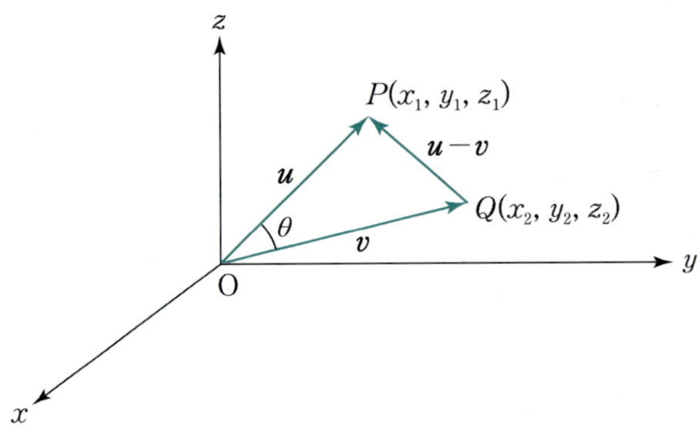

그림 4.13

이때 만들어진 삼각형의 세변의 길이는 각각 $\|\boldsymbol{u}\|, \|\boldsymbol{v}\|, \|\boldsymbol{u}-\boldsymbol{v}\|$이다. 두 벡터 $\boldsymbol{u}$와 $\boldsymbol{v}$의 사잇각을 θ라고 하면 제2 코사인 법칙에 의해 다음이 성립한다.

$$\begin{aligned}
&2\|\boldsymbol{u}\|\,\|\boldsymbol{v}\|\cos\theta = \|\boldsymbol{u}\|^2+\|\boldsymbol{v}\|^2-\|\boldsymbol{u}-\boldsymbol{v}\|^2\\
&=x_1^2+y_1^2+z_1^2+x_2^2+y_2^2+z_2^2-\left((x_1-x_2)^2+(y_1-y_2)^2+(z_1-z_2)^2\right)\\
&=2(x_1x_2+y_1y_2+z_1z_2)=2(\boldsymbol{u}\cdot\boldsymbol{v}).
\end{aligned}$$

따라서 $\boldsymbol{u}\cdot\boldsymbol{v}=\|\boldsymbol{u}\|\,\|\boldsymbol{v}\|\cos\theta$이다.

두 벡터의 내적은 물리학에서 사용되는 유효한 일의 양과 연관성이 있다. 유효한 일이라는 뜻은 원하는 방향으로 어떤 일을 할 때 쓰인 실제적인 일의 양을 뜻한다. 실제로, 어떤 물체에 $\boldsymbol{F}$의 힘을 주면서 물체를 힘의 방향과 θ각을 이루는 방향으로 $\boldsymbol{s}$만큼 움직일 때 한 유효한 일의 양($\boldsymbol{s}$방향으로 일한 것이 유효한 일의 양이다)은 $W = \|\boldsymbol{F}\| \|\boldsymbol{s}\| \cos\theta$이다. 이것은 벡터 $\boldsymbol{F}$와 $\boldsymbol{s}$의 내적과 일치한다. [그림 4.14 참고]

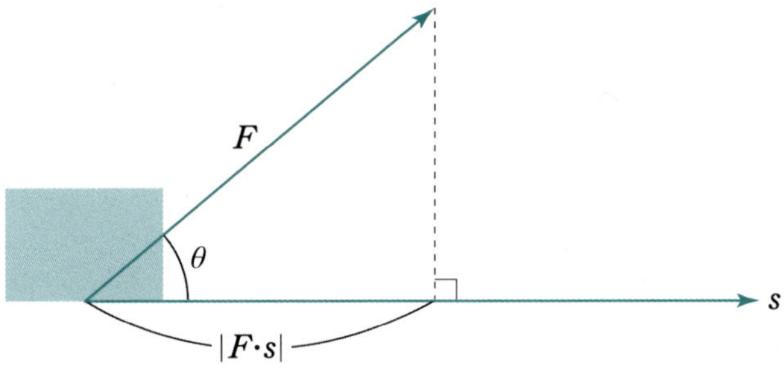

❙ 그림 4.14 ❙ 내적의 활용

예제 4.7

벡터 $\boldsymbol{u}$ 와 $\boldsymbol{v}$ 의 길이가 각각 4, 5이고 두 벡터 사이의 각이 $\frac{\pi}{3}$일 때, $\boldsymbol{u} \cdot \boldsymbol{v}$의 값을 구하여라.

풀이 정리 4.3에 의해 다음과 같이 구할 수 있다.

$$\boldsymbol{u} \cdot \boldsymbol{v} = \|\boldsymbol{u}\| \|\boldsymbol{v}\| \cos\theta = 4 \times 5 \times \cos\frac{\pi}{3} = 20 \times \frac{1}{2} = 10$$

문제 4.7

벡터 $\boldsymbol{u}$와 $\boldsymbol{v}$의 길이가 각각 3, 4이고 두 벡터 사이의 각이 $\frac{\pi}{6}$일 때, $\boldsymbol{u} \cdot \boldsymbol{v}$의 값을 구하여라.

예제 4.8

두 벡터 $\boldsymbol{u}=(0,a,1)$, $\boldsymbol{v}=(b,1,1)$에 대하여 $\boldsymbol{u}\cdot\boldsymbol{v}=3$이고, 사잇각이 $\frac{\pi}{3}$일 때, a^2+b^2의 값을 구하여라.

풀이 두 벡터 $\boldsymbol{u}=(0,a,1)$, $\boldsymbol{v}=(b,1,1)$에 대하여 $\boldsymbol{u}\cdot\boldsymbol{v}=3$이므로, $a=2$이다. 한편, 사잇각이 $\frac{\pi}{3}$이므로, $3=\sqrt{5}\sqrt{2+b^2}\cos\frac{\pi}{3}=\sqrt{5}\sqrt{2+b^2}\frac{1}{2}$이다. 따라서, $a^2+b^2=4+\frac{26}{5}=\frac{46}{5}$이다.

문제 4.8

두 벡터 $\boldsymbol{u}=(a,1,1)$, $\boldsymbol{v}=(0,1,b)$에 대하여 $\boldsymbol{u}\cdot\boldsymbol{v}=2$이고, 사잇각이 $\frac{\pi}{6}$일 때, a^2+b^2의 값을 구하여라.

정리 4.4를 이용하면, 영벡터가 아닌 두 벡터 $\boldsymbol{u}$와 $\boldsymbol{v}$의 사잇각은

$$\cos\theta=\frac{\boldsymbol{u}\cdot\boldsymbol{v}}{\|\boldsymbol{u}\|\;\|\boldsymbol{v}\|}$$

을 만족하는 θ임을 알 수 있다. 그리고, 영벡터가 아닌 두 벡터 $\boldsymbol{u}$와 $\boldsymbol{v}$에 대하여 내적을 이용하여 두 벡터의 수직 개념을 정의할 수 있다. 실제로 내적 $\boldsymbol{u}\cdot\boldsymbol{v}=0$이면,

$$\cos\theta=\frac{\boldsymbol{u}\cdot\boldsymbol{v}}{\|\boldsymbol{u}\|\;\|\boldsymbol{v}\|}=0$$

이므로, 두 벡터의 사잇각이 $\theta=\frac{\pi}{2}=90^\circ$이다. 따라서 영이 아닌 두 벡터의 내적 $\boldsymbol{u}\cdot\boldsymbol{v}=0$이면, 두 주어진 벡터가 서로 수직 또는 직교한다고 부르고 $\boldsymbol{u}\perp\boldsymbol{v}$로 표기한다. 한편, 주어진 두 벡터의 사잇각이 $\frac{\pi}{2}$이면(두 벡터가 수직이면), 그들의 내적은 항상 0이므로, 주어진 두 벡터의 내적이 0이 될 필요충분조건은 두 벡터의 사잇각이 $\frac{\pi}{2}$인 것이다. 또한 영벡터가 아닌 두 벡터 $\boldsymbol{u}$와 $\boldsymbol{v}$가 나란한 방향을 가진다는 것은 어떤

$\alpha \in \mathbb{R}$ 에 대해 $\boldsymbol{u} = \alpha \boldsymbol{v}$ 인 경우를 말한다. 따라서 나란한 방향은 같은 방향과 반대 방향을 모두 포함한 경우를 말하고, 실제로 두 벡터의 사잇각이 $\theta = 0$ 또는 $\theta = \pi$ 인 경우와 동치이다.

이제 두 벡터가 주어졌을 때, 사잇각을 구해보자. 실제로 내적의 정의와 주어진 두 벡터의 크기 구하는 공식에 의해 쉽게 구할 수 있다.

예제 4.9

두 벡터 $\boldsymbol{u} = (2, 1, -1)$ 와 $\boldsymbol{v} = (1, 2, 1)$ 에 대해 내적 $\boldsymbol{u} \cdot \boldsymbol{v}$ 와 두 벡터의 사잇각 θ 를 구하여라.

풀이

먼저 $\boldsymbol{u} \cdot \boldsymbol{v} = (2, 1, -1) \cdot (1, 2, 1) = 2 + 2 - 1 = 3$ 이다. 한편
$\| \boldsymbol{u} \| = \sqrt{2^2 + 1^2 + (-1)^2} = \sqrt{6}$, $\| \boldsymbol{v} \| = \sqrt{1^2 + 2^2 + 1^2} = \sqrt{6}$ 이므로

$$\cos\theta = \frac{3}{\sqrt{6}\sqrt{6}} = \frac{1}{2}$$

이다. 따라서 사잇각 θ 는 $0 \le \theta \le \pi$ 에서 구해야 하므로

$$\theta = \frac{\pi}{3}$$

이다.

문제 4.9

두 벡터 $\boldsymbol{u} = (-1, 1, 1)$ 와 $\boldsymbol{v} = (1, 0, 1)$ 에 대해 내적 $\boldsymbol{u} \cdot \boldsymbol{v}$ 와 두 벡터의 사잇각 θ 를 구하여라.

예제 4.10

두 벡터 $\boldsymbol{u} = (1, 1, 2)$, $\boldsymbol{v} = (-1, -1, -1)$ 와 동시에 서로 수직인 벡터 중 크기가 2인 벡터를 구하여라.

풀이

두 벡터 $\boldsymbol{u} = (1, 1, 2)$, $\boldsymbol{v} = (-1, -1, -1)$ 와 동시에 서로 수직인 벡터를 $\boldsymbol{w} = (x, y, z)$ 라 하면, 다음을 만족한다.

$$\boldsymbol{u} \cdot \boldsymbol{w} = x + y + 2z = 0,\ \boldsymbol{v} \cdot \boldsymbol{w} = -x - y - z = 0$$

따라서, $\boldsymbol{w} = (x, x, 0)$이다. 이중 크기가 2인 벡터는 $\boldsymbol{w} = (\sqrt{2}, \sqrt{2}, 0)$이다.

문제 4.10

두 벡터 $\boldsymbol{u} = (1,0,1)$, $\boldsymbol{v} = (1,1,0)$와 동시에 서로 수직인 단위 벡터를 구하여라.

다음 정리는 벡터의 크기와 내적에 관한 성질이다.

정리 4.5

벡터 $\boldsymbol{u}, \boldsymbol{v}$에 대하여 다음이 성립한다.

(1) $|\boldsymbol{u} \cdot \boldsymbol{v}| \le \|\boldsymbol{u}\| \|\boldsymbol{v}\|$ (코시-슈바르츠 부등식)

(2) $\|\boldsymbol{u}+\boldsymbol{v}\| \le \|\boldsymbol{u}\| + \|\boldsymbol{v}\|$ (삼각 부등식)

증명 (1) 두 벡터 중 하나가 영벡터인 경우는 자명하다. 이제 두 벡터가 영이 아닌 벡터라고 하자. 그럼 $\boldsymbol{u} \cdot \boldsymbol{v} = \|\boldsymbol{u}\| \|\boldsymbol{v}\| \cos\theta$이다. 한편 임의의 $\theta \in \mathbb{R}$에 대하여 $|\cos\theta| \le 1$이므로

$$|\boldsymbol{u} \cdot \boldsymbol{v}| = |\|\boldsymbol{u}\| \|\boldsymbol{v}\| \cos\theta| \le \|\boldsymbol{u}\| \|\boldsymbol{v}\|$$

이다.

(2) 코시-슈바르츠 부등식과 내적의 성질에 의해 다음을 얻는다

$$\begin{aligned}\|\boldsymbol{u}+\boldsymbol{v}\|^2 &= (\boldsymbol{u}+\boldsymbol{v}) \cdot (\boldsymbol{u}+\boldsymbol{v}) \\ &= \|\boldsymbol{u}\|^2 + 2(\boldsymbol{u} \cdot \boldsymbol{v}) + \|\boldsymbol{v}\|^2 \\ &\le \|\boldsymbol{u}\|^2 + 2|\boldsymbol{u} \cdot \boldsymbol{v}| + \|\boldsymbol{v}\|^2 \\ &\le \|\boldsymbol{u}\|^2 + 2\|\boldsymbol{u}\| \|\boldsymbol{v}\| + \|\boldsymbol{v}\|^2 \\ &= (\|\boldsymbol{u}\| + \|\boldsymbol{v}\|)^2\end{aligned}$$

따라서 $\|\boldsymbol{u}+\boldsymbol{v}\| \le \|\boldsymbol{u}\| + \|\boldsymbol{v}\|$이 만족된다.

다음 정리는 영벡터가 아닌 두 벡터 $\boldsymbol{u}$와 $\boldsymbol{v}$가 있을 때, 한 벡터 $\boldsymbol{v}$를 기준으로 또 다른 벡터 $\boldsymbol{u}$를 $\boldsymbol{v}$에 수직인 벡터와 나란한 벡터로 분해할 수 있다는 정리이다.

정리 4.6

영벡터가 아닌 벡터 $\boldsymbol{u}, \boldsymbol{v}$가 주어졌을 때,

$$\boldsymbol{u} = \boldsymbol{u}_1 + \boldsymbol{u}_2$$

이면서 성질 $\boldsymbol{u}_1 = \alpha \boldsymbol{v}$, $\boldsymbol{u}_2 \perp \boldsymbol{v}$를 만족하는 벡터 $\boldsymbol{u}_1, \boldsymbol{u}_2$가 존재한다. 실제로

$$\boldsymbol{u}_1 = \frac{\boldsymbol{u} \cdot \boldsymbol{v}}{\boldsymbol{v} \cdot \boldsymbol{v}} \boldsymbol{v}, \qquad \boldsymbol{u}_2 = \boldsymbol{u} - \boldsymbol{u}_1$$

으로 주어진다.

증명 먼저 두 벡터 $\boldsymbol{u}, \boldsymbol{v}$의 사잇각이 $0 < \theta < \frac{\pi}{2}$인 경우를 살펴보자. 내적의 정의에 의해 $\frac{\boldsymbol{u} \cdot \boldsymbol{v}}{\| \boldsymbol{v} \|} = \| \boldsymbol{u} \| \cos\theta$이고, 이것은 실제로 벡터 $\boldsymbol{u}$를 벡터 $\boldsymbol{v}$의 방향으로 수선을 내린 길이이다. 한편 $\boldsymbol{v}$와 같은 방향의 단위벡터는 $\frac{\boldsymbol{v}}{\| \boldsymbol{v} \|}$이므로

$$\boldsymbol{u}_1 = \frac{\boldsymbol{u} \cdot \boldsymbol{v}}{\| \boldsymbol{v} \|} \times \frac{\boldsymbol{v}}{\| \boldsymbol{v} \|} = \frac{\boldsymbol{u} \cdot \boldsymbol{v}}{\boldsymbol{v} \cdot \boldsymbol{v}} \boldsymbol{v}$$

가 우리가 원하는 벡터 $\boldsymbol{v}$와 나란한 방향을 가지는 벡터이다. 한편 벡터

$$\boldsymbol{u}_2 = \boldsymbol{u} - \boldsymbol{u}_1$$

은 벡터 $\boldsymbol{v}$와 수직이 된다. 실제로

$$(\boldsymbol{u} - \boldsymbol{u}_1) \cdot \boldsymbol{v} = \boldsymbol{u} \cdot \boldsymbol{v} - \frac{\boldsymbol{u} \cdot \boldsymbol{v}}{\boldsymbol{v} \cdot \boldsymbol{v}} \boldsymbol{v} \cdot \boldsymbol{v} = \boldsymbol{u} \cdot \boldsymbol{v} - \boldsymbol{u} \cdot \boldsymbol{v} = 0$$

이다. 두 벡터 $\boldsymbol{u}, \boldsymbol{v}$의 사잇각이 $\frac{\pi}{2} < \theta < \pi$인 경우는 위의 증명과 비슷하게 증명할 수 있다.

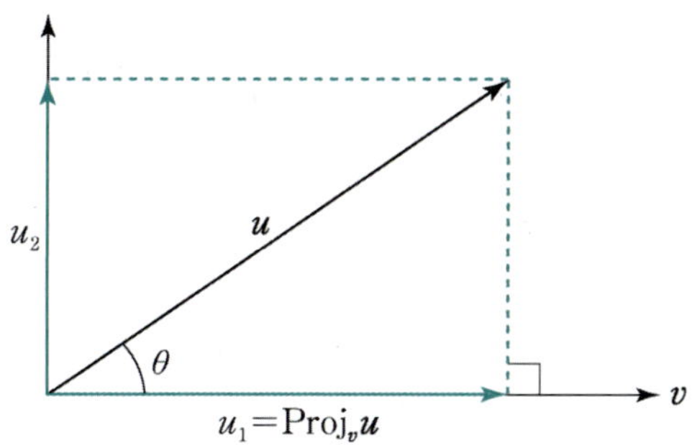

그림 4.15 벡터의 분해

정리 4.6에서 주어진 벡터 $\boldsymbol{u}_1 = \dfrac{\boldsymbol{u} \cdot \boldsymbol{v}}{\boldsymbol{v} \cdot \boldsymbol{v}}\boldsymbol{v}$을 벡터 $\boldsymbol{u}$의 $\boldsymbol{v}$에 대한 **정사영**이라고 부르고, 다음과 같이 표시한다.

$$\mathrm{Proj}_{\boldsymbol{v}}\boldsymbol{u} := \frac{\boldsymbol{u} \cdot \boldsymbol{v}}{\boldsymbol{v} \cdot \boldsymbol{v}}\boldsymbol{v} \ (= \boldsymbol{u}_1)$$

또한 실수 $\dfrac{\boldsymbol{u} \cdot \boldsymbol{v}}{\boldsymbol{v} \cdot \boldsymbol{v}}$을 벡터 $\boldsymbol{u}$의 $\boldsymbol{v}$성분 또는 벡터 $\boldsymbol{u}$의 $\boldsymbol{v}$에 대한 **스칼라 사영**이라고 부른다.

예제 4.11

두 벡터 $\boldsymbol{u} = (1, 1, 2)$와 $\boldsymbol{v} = (-1, -1, -1)$가 주어져 있다고 하자. 정사영 $\mathrm{Proj}_{\boldsymbol{v}}\boldsymbol{u}$와 $\mathrm{Proj}_{\boldsymbol{u}}\boldsymbol{v}$를 각각 구하여라.

풀이 정사영의 정의에 의해 다음과 같이 구할 수 있다.

$$\mathrm{Proj}_{\boldsymbol{v}}\boldsymbol{u} = -\frac{4}{3}(-1, -1, -1)$$

$$\mathrm{Proj}_{\boldsymbol{u}}\boldsymbol{v} = -\frac{2}{3}(1, 1, 2)$$

따라서 두 정사영 $\mathrm{Proj}_{\boldsymbol{v}}\boldsymbol{u}$와 $\mathrm{Proj}_{\boldsymbol{u}}\boldsymbol{v}$는 일반적으로 다른 벡터임을 알 수 있다.

문제 4.11

두 벡터 $\boldsymbol{u} = (2, 1, 0)$ 와 $\boldsymbol{v} = (-1, 0, 1)$가 주어져 있다고 하자. 정사영 $\mathrm{Proj}_{\boldsymbol{v}}\boldsymbol{u}$와 $\mathrm{Proj}_{\boldsymbol{u}}\boldsymbol{v}$를 각각 구하여라.

4.2.2 코사인 유사도

코사인 유사도는 두 벡터의 내적을 이용하여 정의되는데, 내적은 n 차원(다차원) 공간에도 적용이 가능하므로 다차원의 공간에서의 유사도 측정에 많이 이용된다. 예를 들어 정보 검색 및 텍스트 마이닝 분야에서 많이 사용되는데, 이는 단어들은 각각의 차원을 구성하고 문서는 각 단어가 문서에 나타나는 회수로 표현되는 벡터값으로 이해할 수 있기 때문이다. 이러한 다차원 공간에서 코사인 유사도는 두 문서의 유사를 측정하는 매우 유용한 방법이다. 이제 두 벡터 사이의 코사인 유사도를 내적을 이용하여 정의해보자.

정의 4.7

영벡터가 아닌 두 벡터 $\boldsymbol{u}$와 $\boldsymbol{v}$에 대하여 **코사인 유사도**는 다음과 같이 정의된다.

$$S(\boldsymbol{u}, \boldsymbol{v}) = \frac{\boldsymbol{u} \cdot \boldsymbol{v}}{\| \boldsymbol{u} \| \ \| \boldsymbol{v} \|}$$

위에서 정의된 유사도 S는 내적의 정의에 의해 사잇각의 코사인값이다. 이런 이유로 위에서 정의한 $S(\boldsymbol{u}, \boldsymbol{v})$를 코사인 유사도라고 부른다. 코사인 유사도는 두 벡터의 방향이 완전히 동일한 경우에는 1의 값을 가지며, 90°의 각을 이루면 0, 180°로 반대의 방향을 가지면 -1의 값을 갖는다. 즉, 코사인 유사도는 -1 이상 1 이하의 값을 가지며 그 값이 1에 가까울수록 유사도가 높다고 판단할 수 있다. 이러한 코사인 유사도는 주어진 두 벡터가 가리키는 방향이 얼마나 유사한가를 알려주는 척도라고 할 수 있다.

그림 4.16 코사인 유사도

예제 4.12

다음 벡터들 $\boldsymbol{u}=(-1,2,1)$, $\boldsymbol{v}=(1,2,1)$, $\boldsymbol{w}=(1,0,1)$ 사이의 코사인 유사도를 구하여라.

풀이 코사인 유사도의 정의에 의해 다음과 같이 계산할 수 있다.

$$S(\boldsymbol{u},\boldsymbol{v})=\frac{\boldsymbol{u}\cdot\boldsymbol{v}}{\|\boldsymbol{u}\|\ \|\boldsymbol{v}\|}=\frac{4}{6}=\frac{2}{3}$$

$$S(\boldsymbol{u},\boldsymbol{w})=\frac{\boldsymbol{u}\cdot\boldsymbol{w}}{\|\boldsymbol{u}\|\ \|\boldsymbol{w}\|}=\frac{0}{2\sqrt{3}}=0$$

$$S(\boldsymbol{v},\boldsymbol{w})=\frac{\boldsymbol{v}\cdot\boldsymbol{w}}{\|\boldsymbol{v}\|\ \|\boldsymbol{w}\|}=\frac{2}{2\sqrt{3}}=\frac{\sqrt{3}}{3}$$

따라서 벡터 $\boldsymbol{u},\boldsymbol{v}$ 사이의 유사도가 가장 높음을 알 수 있다.

문제 4.12

다음 벡터들 $\boldsymbol{u}=(1,1,1)$, $\boldsymbol{v}=(1,1,2)$, $\boldsymbol{w}=(1,2,2)$ 사이의 코사인 유사도를 구하여라.

딥러닝이나 빅데이터 분석에서는 주어진 자료들을 $\mathbb{R}^n$상의 벡터로 생각하여 주어진 자료들을 표현한다. 그리고 벡터로 표현된 자료들을 비슷한 것끼리 분류(군집화)한다는 것은 주어진 벡터들의 유사성을 분석하여 그 벡터들을 유사한 것끼리 분류하는 작업을 뜻한다. 이러한 유사도를 분석하는 일에 여러 가지 함수를 이용한다. 특히 문장의 유사도를 분석할 때는 코사인 유사도를 많이 사용한다.

다음 예제는 코사인 유사도를 사용하여 주어진 문장의 유사성을 파악해 보는 예제이다.

예제 4.13

다음 문장들을 살펴보자.

문장 1 : 나는 사과를 좋아한다.
문장 2 : 나는 딸기를 좋아한다.
문장 3 : 나는 딸기를 좋아한다. 나는 딸기를 좋아한다.

위의 문장에 나오는 단어는 '나는', '사과를', '딸기를', '좋아한다' 이다. 이를 가지고 다음과 같은 표를 만들어 보자.

	나는	사과를	딸기를	좋아한다
문장 1	1	1	0	1
문장 2	1	0	1	1
문장 3	2	0	2	2

위의 표는 각 문장에 단어가 나온 횟수를 부여한 표이다. 위의 표를 이용하면 각 문장들은 벡터 $\boldsymbol{u}=(1,1,0,1)$, $\boldsymbol{v}=(1,0,1,1)$, $\boldsymbol{w}=(2,0,2,2)$에 각각 대응된다는 사실을 알 수 있다. 그리고 대응된 벡터들의 코사인 유사도를 구해보면

$$S(\boldsymbol{u},\boldsymbol{v})=\frac{\boldsymbol{u}\cdot\boldsymbol{v}}{\|\boldsymbol{u}\|\,\|\boldsymbol{v}\|}=\frac{2}{3}$$

$$S(\boldsymbol{u},\boldsymbol{w})=\frac{\boldsymbol{u}\cdot\boldsymbol{w}}{\|\boldsymbol{u}\|\,\|\boldsymbol{w}\|}=\frac{4}{6}=\frac{2}{3}$$

$$S(\boldsymbol{v},\boldsymbol{w})=\frac{\boldsymbol{v}\cdot\boldsymbol{w}}{\|\boldsymbol{v}\|\,\|\boldsymbol{w}\|}=\frac{6}{6}=1$$

이다. 먼저 주어진 문장을 보고 유사도를 예상해 보자.

[예상 유사도] 문장 3은 문장 2에서 모든 단어의 빈도수가 증가했을 뿐이므로 문장 1과 문장 2의 유사도와 문장 1과 문장 3의 유사도가 비슷하게 나올 것이라고 예상할 수 있다. 또한, 문장 2와 문장 3처럼, 한 문서 내의 모든 단어의 빈도수가 동일하게 증가할 때는 기존의 문서와 유사도의 값이 최대가 나올 것이라고 예상할 수 있을 것이다.

이제 구한 코사인 유사도를 살펴보면, 다음과 같이 결론지을 수 있다.

(1) 문장 1과 문장 2의 코사인 유사도와 문장 1과 문장 3의 코사인 유사도가 같다.

(2) 문장 2와 문장 3의 코사인 유사도가 1(최대)이 나온다.

따라서 계산된 코사인 유사도를 살펴보면 위의 예상을 반영해준다는 것을 알 수 있다. 이처럼 코사인 유사도는 문서의 길이가 다른 상황에서 비교적 공정한 비교를 할 수 있도록 도와준다. 이는 코사인 유사도를 구할 때, 벡터의 크기가 아닌 벡터의 방향(문장에서는 패턴)에 초점을 둔 결과이다.

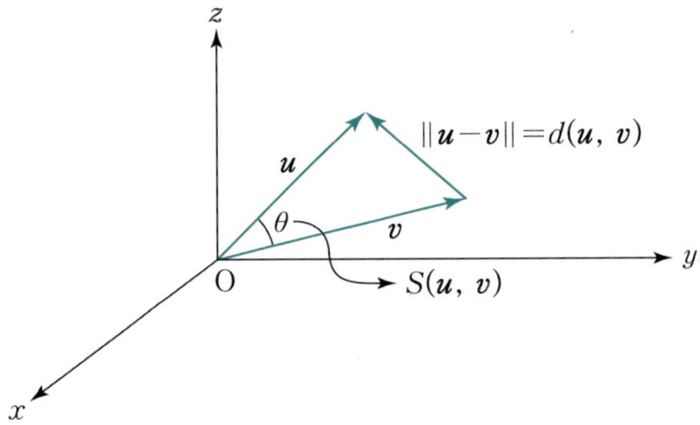

그림 4.17 코사인 유사도와 거리유사도

위의 예제의 유사성을 벡터 사이의 거리(거리유사도)를 통해 분석해보자. 실제로 두 벡터의 거리가 0에 가까우면 유사도가 높고, 거리의 값이 클수록 유사도가 낮다고 생각할 수 있다. 이제 위 문제의 거리유사도를 구해보면

$$d(\boldsymbol{u},\boldsymbol{v}) = \sqrt{0+1+1+0} = \sqrt{2}$$

$$d(\boldsymbol{u},\boldsymbol{w}) = \sqrt{1+1+4+1} = \sqrt{7}$$

$$d(\boldsymbol{v},\boldsymbol{w}) = \sqrt{1+0+1+1} = \sqrt{3}$$

이다. 거리유사도를 통한 결과를 살펴보면, 위 예제에서 제시된 예상되는 결과를 적절하게 반영하지 못함을 알 수 있다. 따라서 문장의 유사도를 파악할 때는 코사인 유사도를 사용하는 것이 적절함을 알 수 있다. 한편, 코사인 유사도보다는 거리유사도를 통해 분석할 수 있는 문제들도 존재한다. 일반적으로 상관관계를 가지는 데이터 (예를 들면 사람의 키, 몸무게에 따른 분류 등등)에 대해서는 코사인 유사도 보다 거리유사도가 더 유용하다는 것이 알려져 있다.

거리유사도, 코사인 유사도 이외에도 다양한 유사도 함수(자카드 유사도(Jaccard similarity), 마할라노비스 거리(Mahalanobis distance) 유사도, 민코스키 거리(Minkowski distance) 유사도 등등)가 존재한다. 왜냐하면 데이터의 특성에 맞는 유사도를 사용하여 데이터를 구분하고, 분석해야 주어진 데이터를 정확하게 분석했다고 말할 수 있기 때문이다. 따라서 주어진 데이터를 분석할 때, 다양한 유사도를 사용해 유사도를 실험해 봄으로써 최적화된 유사도를 선택하는 것이 중요하다.

문제 4.13

다음 각 문장을 예제 4.13과 같이 벡터로 표현하고, 코사인 유사도를 통해 문장들을 비교·분석하여라.

문장 1 : 나는 딸기를 좋아한다.

문장 2 : 나는 사과를 좋아한다.

문장 3 : 나는 딸기를 싫어하고, 너는 사과를 좋아한다.

SECTION 4.2 연 / 습 / 문 / 제

01 두 벡터 $\boldsymbol{u}=(3,0,2)$ 와 $\boldsymbol{v}=(-1,2,1)$가 주어졌을 때 다음을 구하여라.

(1) $\| \boldsymbol{u}+\boldsymbol{v} \|$ (2) $\| \boldsymbol{u} \| + \| \boldsymbol{v} \|$

(3) $\dfrac{\boldsymbol{u}}{\| \boldsymbol{u} \|}$ (4) $\| -2\boldsymbol{u} \| - \| 2\boldsymbol{u} \|$

02 두 벡터 $\boldsymbol{u}=(-1,-2,3)$ 와 $\boldsymbol{v}=(-2,3,-1)$ 에 대해 내적 $\boldsymbol{u} \cdot \boldsymbol{v}$와 두 벡터의 사잇각 θ를 구하여라.

03 벡터 $(3,0,2)$ 에 수직이고 길이가 1인 벡터가 무수히 많음을 보여라.

04 다음 주어진 벡터들에 관한 내적을 구하여라.

(1) $\boldsymbol{u}=(3,2,2)$, $\boldsymbol{v}=(-1,2,-1)$
(2) $\boldsymbol{u}=(-1,4,3)$, $\boldsymbol{v}=(-1,2,1)$
(3) $\boldsymbol{u}=(3,0)$, $\boldsymbol{v}=(2,1)$
(4) $\boldsymbol{u}=(3,-2,-1,4)$, $\boldsymbol{v}=(-2,2,3,-2)$

05 두 벡터 $\boldsymbol{u}=(3,0,2)$ 와 $\boldsymbol{v}=(-1,2,1)$ 에 동시에 서로 수직인 단위 벡터를 모두 구하여라.

06 두 벡터 $\boldsymbol{u}=(1,1,0)$ 와 $\boldsymbol{v}=(1,0,-2)$ 가 주어져 있다고 하자. 정사영 $\mathrm{Proj}_{\boldsymbol{v}}\boldsymbol{u}$ 와 $\mathrm{Proj}_{\boldsymbol{u}}\boldsymbol{v}$ 를 각각 구하여라.

07 삼차원 공간 벡터 $\boldsymbol{u}, \boldsymbol{v}$ 에 대하여 다음이 성립함을 증명하여라.

(1) 평행사변형 법칙

$$\| \boldsymbol{u}+\boldsymbol{v} \|^2 + \| \boldsymbol{u}-\boldsymbol{v} \|^2 = 2\| \boldsymbol{u} \|^2 + 2\| \boldsymbol{v} \|^2$$

(2) 극성 항등식

$$\boldsymbol{u} \cdot \boldsymbol{v} = \frac{1}{4}\left(\| \boldsymbol{u}+\boldsymbol{v} \|^2 - \| \boldsymbol{u}-\boldsymbol{v} \|^2 \right)$$

08 다음을 증명하여라.

$$| \| \boldsymbol{u} \| - \| \boldsymbol{v} \| | \leq \| \boldsymbol{u} - \boldsymbol{v} \|$$

09 다음 각 문장을 예제 4.13과 같이 벡터로 표현하고, 코사인 유사도를 통해 문장들을 비교·분석하여라.

문장 1 : 나는 장난감을 좋아한다.

문장 2 : 나는 독서를 좋아한다.

문장 3 : 너는 장난감을 좋아하고, 나는 독서를 싫어한다.

10 θ가 영이 아닌 벡터 $\boldsymbol{u}, \boldsymbol{v}$의 사잇각일 때 다음을 증명하여라.

$$\mathrm{Proj}_{\boldsymbol{v}}\boldsymbol{u} \cdot \mathrm{Proj}_{\boldsymbol{u}}\boldsymbol{v} = \boldsymbol{u} \cdot \boldsymbol{v}(\cos^2\theta)$$

CHAPTER 05

행렬

공학이나 사회과학 등에서 만나게 되는 많은 실생활과 관련된 문제들은 선형방정식으로 표현되는 경우가 많다. 따라서 선형방정식을 해결하는 것이 매우 중요한 문제이다. 그러나 방정식의 수가 너무 많아지면 해의 존재성을 판단하거나 또는 해를 구하는데 많은 어려움을 겪게 된다. 이러한 문제들을 체계적으로 해결하는데 사용되는 것이 행렬이다. 행렬을 사용하면 방정식을 간단히 표현할 수 있고 더 쉽게 연산을 할 수 있다. 행렬은 이 밖에도 자료를 정리하고 분석하는데도 유용하게 사용된다.

SECTION 5.1 행렬의 정의와 연산

다음은 세 멀리뛰기 선수 A, B, C가 각각 4번의 멀리뛰기를 한 결과를 나타낸 표이다.

단위 : cm

	1차	2차	3차	4차
A	845	867	860	872
B	857	875	868	860
C	846	856	843	840

이 표를 보면 어느 선수의 몇 번째 기록이 얼마인지 쉽게 파악할 수 있다. 이와 같이 수나 문자를 사각형 모양으로 배열한 것을 행렬이라고 한다.

정의 5.1 **행렬**

수나 문자를 사각형 모양으로 배열하여 괄호로 묶어 놓은 것을 **행렬**이라고 한다. 일반적으로 행렬은 다음과 같은 형태이다.

$$A = \begin{pmatrix} a_{11} & a_{12} & \cdots & a_{1j} & \cdots & a_{1n} \\ a_{21} & a_{22} & \cdots & a_{2j} & \cdots & a_{2n} \\ \vdots & \vdots & \vdots & \vdots & \vdots & \vdots \\ a_{i1} & a_{i2} & \cdots & a_{ij} & \cdots & a_{in} \\ \vdots & \vdots & \vdots & \vdots & \vdots & \vdots \\ a_{m1} & a_{m2} & \cdots & a_{mj} & \cdots & a_{mn} \end{pmatrix}$$

행렬 A에서 a_{ij}를 A의 (i,j)-성분이라 하고 위 행렬을 간단히 $A=(a_{ij})_{m\times n}$으로 나타내기도 한다. 그리고 행렬의 i번째 가로줄을 i행, j번째 세로줄을 j열이라고 한다. 그리고 $m\times n$을 행렬의 **크기**라 하고, 특히 $m=n$인 행렬, 즉 행의 수와 열의 수가 같은 행렬을 n차 **정사각행렬**이라고 한다.

예제 5.1

(1) 행렬 $\begin{pmatrix} 2 & 1 & -1 \\ 3 & -2 & 4 \end{pmatrix}$의 크기를 구하여라. 그리고 $(2,3)$–성분을 구하여라.

(2) 행렬 $\begin{pmatrix} 2 & a-2b & -1 \\ 3 & -2 & 4 \\ 5 & 4 & b-a \end{pmatrix}$의 $(1,2)$–성분이 $(2,1)$–성분과 같고 $(3,3)$–성분이 $(1,3)$–성분과 같을 때, a와 b의 값을 구하여라.

풀이

(1) 크기는 2×3이고 $(2,3)$-성분은 4이다.

(2) 조건에 의하여 $a-2b=3$, $b-a=-1$이므로 $a=-1$, $b=-2$이다.

문제 5.1

(1) 행렬 $A=\begin{pmatrix} 7 & 1 \\ 2 & -5 \\ 4 & -3 \end{pmatrix}$의 크기를 구하여라. 그리고 $(2,1)$-성분과 $(3,2)$-성분의 합을 구하여라.

(2) 행렬 $\begin{pmatrix} 0 & a-b+1 \\ 3a+c & a+b+c \end{pmatrix}$가 영행렬일 때, a, b, c의 값을 구하여라.

정의 5.2 **영행렬**

모든 성분이 0인 행렬을 **영행렬**이라 하고 O로 나타낸다.

예를 들어,

$$\begin{pmatrix} 0 & 0 \\ 0 & 0 \end{pmatrix}, \quad \begin{pmatrix} 0 & 0 & 0 \\ 0 & 0 & 0 \end{pmatrix}, \quad \begin{pmatrix} 0 & 0 & 0 \\ 0 & 0 & 0 \\ 0 & 0 & 0 \end{pmatrix}$$

등은 모두 영행렬이다.

정의 5.3 **행렬의 상등**

두 행렬 A, B에 대하여 A와 B의 크기가 같고 대응하는 성분이 모두 같을 때, A와 B는 같다고 하고 $A=B$로 나타낸다.

예제 5.2

행렬 $\begin{pmatrix} 2 & c & a \\ b & 5 & 1 \end{pmatrix}$과 $\begin{pmatrix} 2 & b-2 & 6 \\ a-1 & 5 & 1 \end{pmatrix}$이 같을 때, a, b, c의 값을 구하여라.

풀이 $a=6$이고 $b=a-1$, $c=b-2$이므로 $b=5$, $c=3$이다.

문제 5.2

행렬 $\begin{pmatrix} 1 & 1 & 1 \\ 2 & -1 & 3 \\ 1 & -3 & 4 \end{pmatrix}$와 $\begin{pmatrix} 1 & a+b & 1 \\ 2 & -1 & b+c \\ 1 & -3 & a+c \end{pmatrix}$가 같을 때, a, b, c의 값을 구하여라.

정의 5.4 **행렬의 실수배**

행렬 $A=(a_{ij})_{m\times n}$와 실수 k에 대하여 A의 k배는 kA로 나타내고 A의 모든 성분을 k배한 값을 성분으로 갖는 행렬로 정의한다. 즉,

$$kA = (ka_{ij})_{m\times n}$$

이다.

참고 행렬 A에 (-1)배를 한 행렬은 A의 모든 원소의 부호를 바꾼 행렬이다. 이 행렬을 $-A$로 나타낸다.

정의 5.5 행렬의 덧셈

크기가 같은 두 행렬 $A=(a_{ij})_{m\times n}$와 $B=(b_{ij})_{m\times n}$에 대하여 A와 B의 합 $A+B$는 A와 B의 대응하는 성분의 합을 성분으로 갖는 행렬로 정의한다. 즉,

$$A+B=(a_{ij}+b_{ij})_{m\times n}$$

이다.

참고 크기가 다른 행렬의 덧셈은 정의되지 않는다. 예를 들어, 두 행렬 $\begin{pmatrix} 1 & 0 \\ 4 & 3 \end{pmatrix}$과 $\begin{pmatrix} 5 & 1 & 2 \\ 0 & 3 & 6 \end{pmatrix}$은 덧셈을 할 수가 없다.

예제 5.3

두 행렬 $A=\begin{pmatrix} 1 & -2 & 3 \\ 4 & 5 & -6 \end{pmatrix}$과 $B=\begin{pmatrix} 2 & 3 & -1 \\ 4 & -2 & 0 \end{pmatrix}$에 대하여 다음을 구하여라.

(1) $2A$ (2) $A+B$ (3) $3A+2B$

풀이

(1) $2A=\begin{pmatrix} 2 & -4 & 6 \\ 8 & 10 & -12 \end{pmatrix}$

(2) $A+B=\begin{pmatrix} 1 & -2 & 3 \\ 4 & 5 & -6 \end{pmatrix}+\begin{pmatrix} 2 & 3 & -1 \\ 4 & -2 & 0 \end{pmatrix}=\begin{pmatrix} 3 & 1 & 2 \\ 8 & 3 & -6 \end{pmatrix}$

(3) $3A+2B=\begin{pmatrix} 3 & -6 & 9 \\ 12 & 15 & -18 \end{pmatrix}+\begin{pmatrix} 4 & 6 & -2 \\ 8 & -4 & 0 \end{pmatrix}=\begin{pmatrix} 7 & 0 & 7 \\ 20 & 11 & -18 \end{pmatrix}$

행렬의 실수배와 덧셈을 이용하면 크기가 같은 두 행렬의 뺄셈을 정의할 수 있다.

정의 5.6 **행렬의 뺄셈**

크기가 같은 두 행렬 $A=(a_{ij})_{m\times n}$와 $B=(b_{ij})_{m\times n}$에 대하여 A와 B의 차는 $A-B$로 나타내고 다음 행렬로 정의한다.

$$A-B=A+(-B)$$

참고 두 행렬 A와 B의 차 $A-B$는 A와 B의 대응하는 성분의 차를 성분으로 갖는 행렬이다.

문제 5.3

두 행렬 $A=\begin{pmatrix}3 & 2 & -3\\ 4 & -7 & 6\end{pmatrix}$와 $B=\begin{pmatrix}1 & -3 & -1\\ 4 & 5 & 2\end{pmatrix}$에 대하여 $3A-2B$를 구하여라.

행렬의 실수배와 덧셈에 대하여 다음 법칙들이 성립한다.

정리 5.7

$m\times n$행렬 A, B, C와 실수 k, l에 대하여 다음 법칙이 성립한다. (단, O는 크기가 $m\times n$인 영행렬이다.)

(1) $A+B=B+A$ (교환법칙)

(2) $(A+B)+C=A+(B+C)$ (결합법칙)

(3) $A+O=O+A=A$ (덧셈에 대한 항등원)

(4) $A+(-A)=(-A)+A=O$ (덧셈에 대한 역원)

(5) $k(A+B)=kA+kB$

(6) $(k+l)A=kA+lA$

(7) $(kl)A=k(lA)$

참고 정리 5.7에 나오는 법칙의 증명은 실수의 덧셈과 곱셈이 교환법칙과 결합법칙을 만족하고, 0이 덧셈에 대한 항등원이라는 사실을 이용하면 쉽게 증명할 수 있다. 크기가 작은 행렬을 사용하여 직접 확인해 보기 바란다.

정의 5.8 **행렬의 곱셈**

$m\times n$행렬 $A=(a_{ij})$와 $n\times l$행렬 $B=(b_{ij})$에 대하여 두 행렬 A와 B의 곱 AB는

$$c_{ij}=a_{i1}b_{1j}+a_{i2}b_{2j}+\cdots+a_{in}b_{nj}\qquad(1\le i\le m,\ 1\le j\le l)$$

를 (i,j)-성분으로 갖는 $m\times l$행렬로 정의한다.

참고
1. 두 행렬 A와 B의 곱 AB는 행렬 A의 열의 수와 행렬 B의 행의 수가 같을 때만 정의된다. 예를 들어 $A=(a_{ij})_{2\times 3}$이고 $B=(b_{ij})_{3\times 4}$이면 AB는 정의되지만 BA는 정의되지 않는다.
2. A가 n차 정사각행렬일 때, AA는 n차 정사각형이고 이 행렬을 A^2으로 나타낸다. 일반적으로 자연수 n에 대하여 A^n은 A를 n번 곱한 행렬을 나타낸다.

예제 5.4

(1) $A=\begin{pmatrix}1&2\\0&-1\end{pmatrix}$, $B=\begin{pmatrix}0&-1\\1&5\end{pmatrix}$일 때, AB와 BA를 각각 구하여라.

(2) $A=\begin{pmatrix}2&c\\b-1&-2\\a&b+1\end{pmatrix}$, $B=\begin{pmatrix}a-b&3&1\\3&a&-2\end{pmatrix}$일 때, 모든 $i(i=1,2,3)$에 대하여 AB의 (i,i)–성분이 0일 때, a,b,c의 값을 구하여라.

풀이

(1) $$AB=\begin{pmatrix}1&2\\0&-1\end{pmatrix}\begin{pmatrix}0&-1\\1&5\end{pmatrix}=\begin{pmatrix}1\times0+2\times1&1\times(-1)+2\times5\\0\times0+(-1)\times1&0\times(-1)+(-1)\times5\end{pmatrix}=\begin{pmatrix}2&9\\-1&-5\end{pmatrix}$$

$$BA=\begin{pmatrix}0&-1\\1&5\end{pmatrix}\begin{pmatrix}1&2\\0&-1\end{pmatrix}=\begin{pmatrix}0\times1+(-1)\times0&0\times2+(-1)\times(-1)\\1\times1+5\times0&1\times2+5\times(-1)\end{pmatrix}=\begin{pmatrix}0&1\\1&-3\end{pmatrix}$$

(2) $(1,1)$–성분은 $2a-2b+3c$, $(2,2)$–성분은 $3b-3-2a$ 그리고 $(3,3)$–성분은 $a-2b-2$이다. 그러므로

$$2a-2b+3c=0,\quad 3b-3-2a=0,\quad a-2b-2=0$$

이고 따라서 $a=-12$, $b=-7$, $c=\dfrac{10}{3}$이다.

문제 5.4

(1) 행렬 $A=\begin{pmatrix} 3 & -5 & 2 \\ 4 & 2 & -1 \end{pmatrix}$과 $B=\begin{pmatrix} 3 & 4 \\ 2 & -5 \\ 1 & -2 \end{pmatrix}$에 대하여 AB를 구하여라.

(2) $\begin{pmatrix} a & 3 \\ -2 & 1 \\ 4 & c \end{pmatrix}\begin{pmatrix} b & 5 \\ 2 & d \end{pmatrix}=\begin{pmatrix} 6 & e \\ 4 & 10 \\ 0 & f \end{pmatrix}$일 때 a, b, c, d, e, f의 값을 구하여라.

참고 위 예제에서 보는 바와 같이, 두 행렬 A, B에 대하여 AB와 BA가 계산되더라도 일반적으로 교환법칙 $AB=BA$는 성립하지 않는다.

예제 5.5

어느 장난감 공장에서는 3가지 모델의 장난감 $\mathrm{M}_1, \mathrm{M}_2, \mathrm{M}_3$를 생산하여, 2개의 판매점 A, B에 공급하고 있다. 각 판매점에서 공장에 주문한 장난감의 양은 다음과 같다.

	M_1	M_2	M_3
A	100	130	150
B	50	60	70

공장에서 공급하는 M_1, M_2, M_3의 가격은 각각 15,000원, 18,000원, 21,000원이다. 행렬의 곱셈을 이용하여 각 판매점에서 공장에 지급해야 할 금액을 구하여라.

풀이

공급 가격을 행렬 $\begin{pmatrix} 15{,}000 \\ 18{,}000 \\ 21{,}000 \end{pmatrix}$로 나타내면

$$\begin{pmatrix} 100 & 130 & 150 \\ 50 & 60 & 70 \end{pmatrix}\begin{pmatrix} 15{,}000 \\ 18{,}000 \\ 21{,}000 \end{pmatrix}=\begin{pmatrix} 6{,}990{,}000 \\ 3{,}300{,}000 \end{pmatrix}$$

이다. 따라서 판매점 A와 B가 지급해야 할 금액은 각각 6,990,000원, 3,300,000원이다.

문제 5.5

두 사격선수 A와 B가 각각 발을 사격한 결과를 표로 나타내면 다음과 같다.

	10점	9점	8점	7점
A	3	21	5	1
B	5	16	6	3

각 선수의 총점을 구하기 위한 식을 행렬을 사용하여 나타내어라.

앞에서 정의된 행렬의 정의에 대하여 다음 법칙들이 성립한다.

정리 5.9

행렬 A, B, C와 실수 k에 대하여 다음 법칙이 성립한다.

(1) $(AB)C = A(BC)$ (결합법칙)

(2) $A(B+C) = AB + AC$, $(B+C)A = BA + CA$ (분배법칙)

(3) $k(AB) = (kA)B = A(kB)$

참고 정리 5.9에 나오는 법칙의 증명은 직접 쓰기에는 매우 긴 계산이 필요한 내용이다. 크기가 작은 행렬을 이용하여 확인해보기 바란다.

정의 5.10 **대각행렬, 전치행렬**

1. n차 정사각행렬에서 주대각선에 있는 성분들, 즉 $a_{11}, a_{22}, a_{33}, \cdots, a_{nn}$을 **주대각성분**이라고 하고 주대각성분을 제외한 모든 성분이 0인 행렬을 **대각행렬**이라고 한다. 특히 주대각선의 원소가 모두 1인 대각행렬을 **단위행렬**이라 하고 n차 단위행렬을 I_n으로 나타낸다. 즉,

$$I_n = \begin{pmatrix} 1 & 0 & \cdots & 0 \\ 0 & 1 & \cdots & 0 \\ \vdots & \vdots & \vdots & \vdots \\ 0 & 0 & \cdots & 1 \end{pmatrix}$$

이다.

2. 행렬 A의 행과 열을 바꾸어 놓은 행렬을 A의 **전치행렬**이라 하고 A^T로 나타낸다. 즉, 다음과 같다.

$$\begin{pmatrix} a_{11} & a_{12} & \cdots & a_{1n} \\ a_{21} & a_{22} & \cdots & a_{2n} \\ & & \cdots & \\ a_{m1} & a_{m2} & \cdots & a_{mn} \end{pmatrix}^T = \begin{pmatrix} a_{11} & a_{21} & \cdots & a_{m1} \\ a_{12} & a_{22} & \cdots & a_{m2} \\ & & \cdots & \\ a_{1n} & a_{2n} & \cdots & a_{mn} \end{pmatrix}$$

참고

1. A가 $m \times n$행렬인 경우, $I_m A = A I_n = A$이다. 특히 A가 n차 정사각행렬인 경우, $I_n A = A I_n = A$이다. 즉, n차 정사각행렬에 대하여 I_n은 곱셈에 대한 항등원이다.
2. A가 크기가 $m \times n$인 행렬이면 A^T는 크기가 $n \times m$인 행렬이다.

예제 5.6

$A = \begin{pmatrix} a-b & a \\ b & 2 \end{pmatrix}$일 때 $A + A^T = 4I_2$가 성립하도록 a, b의 값을 구하여라.

풀이

$A + A^T = \begin{pmatrix} 2a-2b & a+b \\ a+b & 4 \end{pmatrix}$이므로

$$2a - 2b = 4, \qquad a + b = 0$$

이면 된다. 따라서 이 조건을 만족하는 a, b는 $a = 1$, $b = -1$ 이다.

문제 5.6

$A = \begin{pmatrix} 2 & 3 \\ 5 & -1 \end{pmatrix}$, $B = \begin{pmatrix} -1 & 3 \\ 5 & 2 \end{pmatrix}$일 때 A^T, B^T, $(AB)^T$를 구하여라. 그리고 A^T, B^T, $(AB)^T$의 관계를 알아보아라.

SECTION 5.1 연습문제

01 $A = \begin{pmatrix} 1 & 2 & -4 \\ 0 & -1 & 3 \end{pmatrix}$, $B = \begin{pmatrix} 0 & -1 & 5 \\ 1 & 5 & -2 \end{pmatrix}$일 때, 다음을 계산하여라.

(1) $2A$

(2) $3A+B$

(3) $4A-2B$

(4) $A-4B$

02 $A = \begin{pmatrix} 5 & 6 \\ 10 & -3 \end{pmatrix}$일 때, $A+2B=I_2$를 만족하는 행렬 B를 구하여라.

03 다음 등식을 만족하는 a, b, c, d의 값을 구하시오.

(1) $\begin{pmatrix} a+b & b-2 \\ 2c & c+d \end{pmatrix} = \begin{pmatrix} 3 & 0 \\ 10 & 2 \end{pmatrix}$

(2) $\begin{pmatrix} a & b \\ c & d \end{pmatrix} - 2\begin{pmatrix} b-1 & c \\ d & a+1 \end{pmatrix} = \begin{pmatrix} 2-b & 2-4d \\ 2 & -4 \end{pmatrix}$

04 $A = \begin{pmatrix} 2 & 1 \\ 4 & -3 \end{pmatrix}$, $B = \begin{pmatrix} -1 & 3 \\ 2 & 0 \end{pmatrix}$, $C = \begin{pmatrix} 3 & 1 \\ -2 & -5 \end{pmatrix}$일 때 다음을 계산하여라.

(1) A^3

(2) $A(C-2B)$

(3) A^2B^2

(4) $(AB)^2$

(5) $AB-AC$

(6) $(2A)(3B)$

05 $A = \begin{pmatrix} 2 & 0 & -2 \\ 3 & -1 & -4 \end{pmatrix}$, $B = \begin{pmatrix} -1 & 2 \\ 4 & -5 \\ 1 & 0 \end{pmatrix}$일 때, AB와 BA를 계산하여라.

06 $AB=BA$가 성립하는 두 n차 정사각행렬 A, B에 대하여

$$(2A-3B)^2 = aA^2 + bAB + cB^2$$

일 때, a, b, c의 값을 구하여라.

07 두 n차 대각행렬의 곱은 대각행렬임을 보여라.

SECTION 5.2 역행렬

n차 정사각행렬 A에 대하여 $I_nA = AI_n = A$이므로 I_n이 행렬의 곱셈에 관한 항등원임을 알았다. 이제 행렬의 곱셈에 대한 역원을 구하는 문제를 알아보자.

정의 5.11 역행렬

n차 정사각행렬 A에 대하여 $AX = XA = I_n$을 만족하는 n차 정사각행렬 X가 존재할 때 X를 A의 역행렬이라 하고, A를 **가역적**이라고 한다.

정리 5.12 n차 정사각행렬 A가 가역적이면 그 역행렬은 유일하다.

증명 행렬 X와 Y를 행렬 A의 역행렬이라 하면

$$AX = XA = I_n, \quad AY = YA = I_n$$

이다. 따라서

$$X = I_nX = (YA)X = Y(AX) = YI_n = Y$$

이다.

참고 행렬 A가 가역적일 때, A의 유일한 역행렬을 A^{-1}로 나타낸다.

정리 5.13 가역적인 두 행렬 A, B와 0이 아닌 실수 k에 대하여 다음이 성립한다.

(1) $(A^{-1})^{-1} = A$이다.

(2) 모든 자연수 n에 대하여 A^n도 가역적이고 $(A^n)^{-1} = (A^{-1})^n$이다.

(3) AB도 가역적이고 $(AB)^{-1} = B^{-1}A^{-1}$이다.

(4) kA도 가역적이고 $(kA)^{-1} = \dfrac{1}{k}A^{-1}$이다.

증명 (1) $AA^{-1}=A^{-1}A=I_n$이고 역행렬은 유일하므로 $(A^{-1})^{-1}=A$이다.

(2) $(A^n)(A^{-1})^n=(AA\cdots A)(A^{-1}A^{-1}\cdots A^{-1})$

$$=A(\cdots(A(AA^{-1})A^{-1})\cdots)A^{-1}=I_n$$

이고 같은 방법으로 $(A^{-1})^n(A^n)=I_n$이다. 따라서 $(A^n)^{-1}=(A^{-1})^n$이다.

(3) $(AB)(B^{-1}A^{-1})=A(BB^{-1})A^{-1}=AI_nA^{-1}=I_n$이고 같은 방법으로 $(B^{-1}A^{-1})(AB)=I_n$이다. 따라서 $(AB)^{-1}=B^{-1}A^{-1}$이다.

(4) $(kA)\left(\frac{1}{k}A^{-1}\right)=\left(k\times\frac{1}{k}\right)AA^{-1}=I_n$이고 같은 방법으로 $\left(\frac{1}{k}A^{-1}\right)(kA)=I_n$이다.

따라서 $(kA)^{-1}=\frac{1}{k}A^{-1}$이다.

예제 5.7

다음 행렬에 대하여 $AX=I_2$를 만족하는 행렬 X가 존재하면 그 행렬을 구하여라.

(1) $A=\begin{pmatrix} 2 & 7 \\ -1 & -3 \end{pmatrix}$ (2) $A=\begin{pmatrix} 2 & 3 \\ -4 & -6 \end{pmatrix}$

풀이 (1) $X=\begin{pmatrix} a & b \\ c & d \end{pmatrix}$라 놓으면 $\begin{pmatrix} 2 & 7 \\ -1 & -3 \end{pmatrix}\begin{pmatrix} a & b \\ c & d \end{pmatrix}=\begin{pmatrix} 1 & 0 \\ 0 & 1 \end{pmatrix}$이다. 따라서

$$\begin{pmatrix} 2a+7c & 2b+7d \\ -a-3c & -b-3d \end{pmatrix}=\begin{pmatrix} 1 & 0 \\ 0 & 1 \end{pmatrix}$$

을 만족하는 a, b, c, d를 구하면 되므로 두 연립방정식

$$\begin{cases} 2a+7c=1 \\ -a-3c=0, \end{cases} \qquad \begin{cases} 2b+7d=0 \\ -b-3d=1 \end{cases}$$

을 풀면 된다. 이 방정식을 풀면 $a=-3, b=-7, c=1, d=2$이고 따라서

$$X=\begin{pmatrix} -3 & -7 \\ 1 & 2 \end{pmatrix}$$

이다. 이때 X는 $XA=I_2$도 만족시키는 것을 알 수 있다.

(2) $X=\begin{pmatrix} a & b \\ c & d \end{pmatrix}$라 놓으면 $\begin{pmatrix} 2 & 3 \\ -4 & -6 \end{pmatrix}\begin{pmatrix} a & b \\ c & d \end{pmatrix}=\begin{pmatrix} 1 & 0 \\ 0 & 1 \end{pmatrix}$이다. 따라서

$$\begin{pmatrix} 2a+3c & 2b+3d \\ -4a-6c & -4b-6d \end{pmatrix}=\begin{pmatrix} 1 & 0 \\ 0 & 1 \end{pmatrix}$$

을 만족하는 a, b, c, d를 구하면 되므로 두 연립방정식

$$\begin{cases} 2a+3c=1 \\ -4a-6c=0 \end{cases} \qquad \begin{cases} 2b+3d=0 \\ -4b-6d=1 \end{cases}$$

을 풀면 된다. 그런데 이 연립방정식의 해는 존재하지 않는다. 따라서 $AX=I_2$를 만족하는 X는 존재하지 않는다.

문제 5.7

2차 정사각행렬 $A=\begin{pmatrix} 4 & 9 \\ 2 & 5 \end{pmatrix}$에 대하여 $AX=I_2$를 만족하는 행렬 X를 구하여라.

가역적인 2차 정사각행렬의 역행렬에 대하여 알아보자.

정의 5.14 **2차 정사각행렬의 행렬식**

2차 정사각행렬 $A=\begin{pmatrix} a_{11} & a_{12} \\ a_{21} & a_{22} \end{pmatrix}$의 행렬식은 $\begin{vmatrix} a_{11} & a_{12} \\ a_{21} & a_{22} \end{vmatrix}$ 또는 $\det A$로 나타내고 다음과 같이 정의되는 실수이다.

$$\det A = a_{11}a_{22} - a_{12}a_{21}$$

예제 5.8

행렬 $A=\begin{pmatrix} 2 & 3 \\ 4 & -2 \end{pmatrix}$와 $B=\begin{pmatrix} 1 & 4 \\ -2 & 3 \end{pmatrix}$에 대하여 $\det A$와 $\det(A+B)$를 구하여라.

풀이 $\det A = 2\times(-2)-3\times 4 = -16$이다.

$A+B=\begin{pmatrix} 3 & 7 \\ 2 & 1 \end{pmatrix}$이므로 $\det(A+B) = 3\times 1-7\times 2 = -11$이다.

문제 5.8

행렬 $A=\begin{pmatrix} 3 & 7 \\ -2 & -6 \end{pmatrix}$과 $B=\begin{pmatrix} -1 & 4 \\ -2 & 3 \end{pmatrix}$에 대하여 $\det A$, $\det B$, $\det AB$를 각각 구하고 그 관계를 찾아보아라.

참고 일반적으로 $\det AB=(\det A)\times(\det B)$가 성립한다.

예제 5.7의 풀이와 같은 방법을 사용하면 다음 결과를 얻을 수 있다.

정리 5.15

2차 정사각행렬 $A=\begin{pmatrix} a_{11} & a_{12} \\ a_{21} & a_{22} \end{pmatrix}$는 $\det A \neq 0$일 때만 역행렬이 존재하고, 그 역행렬은

$$A^{-1}=\frac{1}{\det A}\begin{pmatrix} a_{22} & -a_{12} \\ -a_{21} & a_{11} \end{pmatrix}$$

이다.

참고 행렬 A의 행렬식이 0이면 A의 역행렬은 존재하지 않는다.

예제 5.9

다음 행렬이 가역적인지 판단하고 가역적이면 역행렬을 구하여라.

(1) $A=\begin{pmatrix} 2 & -3 \\ 4 & -6 \end{pmatrix}$ (2) $B=\begin{pmatrix} 4 & -5 \\ -2 & 3 \end{pmatrix}$

풀이

(1) $\det A=2\times(-6)-(-3)\times 4=0$이므로 A의 역행렬은 존재하지 않는다.

(2) $\det B=4\times 3-(-5)\times(-2)=2$이므로 역행렬이 존재한다. 그리고 그 역행렬은

$$B^{-1}=\frac{1}{2}\begin{pmatrix} 3 & 5 \\ 2 & 4 \end{pmatrix}=\begin{pmatrix} 3/2 & 5/2 \\ 1 & 2 \end{pmatrix}$$

이다.

문제 5.9

행렬 $A=\begin{pmatrix} 2a & 3a \\ 4 & a \end{pmatrix}$의 역행렬이 존재하지 않는 a의 값을 구하여라.

일반적인 n차 정사각행렬의 경우도 n차 정사각행렬의 행렬식을 정의하여 역행렬을 구할 수 있다. 여기서는 행렬식을 사용하지 않고 역행렬을 구하는 또 다른 방법인 가우스-조르당 소거법을 소개하려고 한다. 먼저 연립방정식을 행렬의 곱으로 나타내는 것을 알아보자.

정의 5.16 연립방정식의 행렬표현

n개의 미지수 $x_1, x_2, \cdots, x_n$에 관한 연립방정식

$$\begin{aligned} a_{11}x_1 + a_{12}x_2 + \cdots + a_{1n}x_n &= b_1 \\ a_{21}x_1 + a_{22}x_2 + \cdots + a_{2n}x_n &= b_2 \\ &\vdots \\ a_{n1}x_1 + a_{n2}x_2 + \cdots + a_{nn}x_n &= b_n \end{aligned}$$

은 행렬의 곱

$$AX = B$$

로 나타낼 수 있다. 여기서

$$A=\begin{pmatrix} a_{11} & a_{12} & \cdots & a_{1n} \\ a_{21} & a_{22} & \cdots & a_{2n} \\ \vdots & \vdots & \vdots & \vdots \\ a_{n1} & a_{n2} & \cdots & a_{nn} \end{pmatrix}, \quad X=\begin{pmatrix} x_1 \\ x_2 \\ \vdots \\ x_n \end{pmatrix}, \quad B=\begin{pmatrix} b_1 \\ b_2 \\ \vdots \\ b_n \end{pmatrix}$$

이다. 이때 행렬 A를 주어진 연립방정식의 **계수행렬**이라고 한다. 그리고 A의 마지막 열에 B를 추가하여 얻은 행렬

$$(A|B)=\left(\begin{array}{cccc|c} a_{11} & a_{12} & \cdots & a_{1n} & b_1 \\ a_{21} & a_{22} & \cdots & a_{2n} & b_2 \\ \vdots & \vdots & \vdots & \vdots & \vdots \\ a_{n1} & a_{n2} & \cdots & a_{nn} & b_n \end{array}\right)$$

을 연립방정식의 **첨가행렬**이라고 한다.

예제 5.10

다음 연립방정식의 계수행렬과 첨가행렬을 구하여라.

$$x-2y+3z=5$$
$$3x+4y-2z=-2$$
$$x-2y=3$$

풀이 계수행렬 A와 첨가행렬 $(A|B)$는 각각 다음과 같다.

$$A=\begin{pmatrix}1&-2&3\\3&4&-2\\1&-2&0\end{pmatrix} \qquad (A|B)=\left(\begin{array}{ccc|c}1&-2&3&5\\3&4&-2&-2\\1&-2&0&3\end{array}\right)$$

문제 5.10

다음 연립방정식의 계수행렬과 첨가행렬을 구하여라.

$$3x-y+4z=7$$
$$x+4y+3z-2=0$$
$$x-2z=0$$

간단한 설명을 위하여 3차 정사각행렬의 경우를 설명하도록 한다.

다음 연립방정식을 생각하자.

$$\begin{cases} x+2y+3z=6 \\ 2x+5y+3z=3 \\ x \qquad\quad +8z=17 \end{cases}$$

이 연립방정식을 행렬의 곱을 이용하여 $AX=B$ 꼴로 나타내면 다음과 같다.

$$\begin{pmatrix}1&2&3\\2&5&3\\1&0&8\end{pmatrix}\begin{pmatrix}x\\y\\z\end{pmatrix}=\begin{pmatrix}6\\3\\17\end{pmatrix}$$

일반적으로 연립방정식의 해를 구하기 위해서는 다음과 같은 연산을 통하여 미지수를 소거해 나간다.

(1) 두 방정식을 서로 교환한다.
(2) 한 방정식에 0이 아닌 상수 r을 곱한다.
(3) 한 방정식에 0이 아닌 상수 r을 곱하여 다른 방정식에 더한다.

실제로 위 세 가지 연산을 통하여 만들어진 연립방정식의 해는 처음 주어진 연립방정식의 해와 달라지지 않는다.

위 연산을 행렬에 적용한 것을 기본행연산이라 하고 다음과 같이 표현할 수 있다.

정의 5.17 **기본행연산**

주어진 행렬에 다음과 같은 시행을 하는 것을 **기본행연산**이라고 한다.
(1) 두 행을 서로 교환한다.
(2) 한 행에 0이 아닌 상수 r을 곱한다.
(3) 한 행에 0이 아닌 상수 r을 곱하여 다른 행에 더한다.

위에 주어진 연립방정식을 푸는 과정을 차례대로 표현하면 다음과 같이 나타낼 수 있다.

$$\begin{cases} x + 2y + 3z = 6 \\ 2x + 5y + 3z = 3 \\ x \qquad\quad + 8z = 17 \end{cases}$$

첫 번째 식에 -2와 -1을 곱하여 각각 두 번째 식과 세 번째 식에 더하면 연립방정식은 다음과 같이 변형된다.

$$\begin{cases} x + 2y + 3z = 6 \\ \qquad\ y - 3z = -9 \\ \quad -2y + 5z = 11 \end{cases}$$

두 번째 식에 2를 곱하여 세 번째 식에 더하고, 다시 세 번째 식에 -1을 곱하면 연립방정식은 다음과 같이 변형된다.

$$\begin{cases} x + 2y + 3z = 6 \\ \qquad\ y - 3z = -9 \\ \qquad\qquad z = 7 \end{cases}$$

세 번째 식에 3을 곱하여 두 번째 식에 더하면 연립방정식은 다음과 같이 변형된다.

$$\begin{cases} x + 2y + 3z = 6 \\ y = 12 \\ z = 7 \end{cases}$$

두 번째 식에 -2를 곱하고 세 번째 식에 -3을 곱하여 첫 번째 식에 더하면 연립방정식은 다음과 같이 변형된다.

$$\begin{cases} x = -39 \\ y = 12 \\ z = 7 \end{cases}$$

그러므로 연립방정식의 해는 $x = -39, y = 12, z = 7$이다.

이 과정을 첨가행렬에 기본행연산을 행하는 과정으로 나타내면 다음과 같다.

기본행연산			
1행에 -2와 -1을 곱하여 각각 2행과 3행에 더한다.	$\left(\begin{array}{ccc\|c} 1 & 2 & 3 & 6 \\ 2 & 5 & 3 & 3 \\ 1 & 0 & 8 & 17 \end{array}\right)$	$\Rightarrow$	$\left(\begin{array}{ccc\|c} 1 & 2 & 3 & 6 \\ 0 & 1 & -3 & -9 \\ 0 & -2 & 5 & 11 \end{array}\right)$
2행에 2를 곱하여 3행에 더하고, 3행에 -1을 곱한다.	$\left(\begin{array}{ccc\|c} 1 & 2 & 3 & 6 \\ 0 & 1 & -3 & -9 \\ 0 & -2 & 5 & 11 \end{array}\right)$	$\Rightarrow$	$\left(\begin{array}{ccc\|c} 1 & 2 & 3 & 6 \\ 0 & 1 & -3 & -9 \\ 0 & 0 & 1 & 7 \end{array}\right)$
3행에 3을 곱하여 2행에 더한다.	$\left(\begin{array}{ccc\|c} 1 & 2 & 3 & 6 \\ 0 & 1 & -3 & -9 \\ 0 & 0 & 1 & 7 \end{array}\right)$	$\Rightarrow$	$\left(\begin{array}{ccc\|c} 1 & 2 & 3 & 6 \\ 0 & 1 & 0 & 12 \\ 0 & 0 & 1 & 7 \end{array}\right)$
2행에 -2를 곱하고, 3행에 -3을 곱하여 1행에 더한다.	$\left(\begin{array}{ccc\|c} 1 & 2 & 3 & 6 \\ 0 & 1 & 0 & 12 \\ 0 & 0 & 1 & 7 \end{array}\right)$	$\Rightarrow$	$\left(\begin{array}{ccc\|c} 1 & 0 & 0 & -39 \\ 0 & 1 & 0 & 12 \\ 0 & 0 & 1 & 7 \end{array}\right)$

참고

1. 모든 연립방정식이 항상 해를 갖는 것은 아니다. 미지수의 개수와 식의 수가 같은 경우는 계수행렬이 가역적일 때 유일한 해가 존재한다.
2. 계수행렬이 가역적인 경우, 기본행연산을 사용하여 첨가행렬의 계수행렬 부분을 단위행렬 모양으로 변환할 수 있다. 그리고 이때 오른쪽에 나타나는 부분이 이 연립방정식의 해이다.

가역적인 3차 정사각형렬 $A = \begin{pmatrix} a_{11} & a_{12} & a_{13} \\ a_{21} & a_{22} & a_{23} \\ a_{31} & a_{32} & a_{33} \end{pmatrix}$의 역행렬을 구하는 방법을 알아보자.

행렬 A의 역행렬을 $X = \begin{pmatrix} x_{11} & x_{12} & x_{13} \\ x_{21} & x_{22} & x_{23} \\ x_{31} & x_{32} & x_{33} \end{pmatrix}$라 하면

$$AX = \begin{pmatrix} a_{11} & a_{12} & a_{13} \\ a_{21} & a_{22} & a_{23} \\ a_{31} & a_{32} & a_{33} \end{pmatrix}\begin{pmatrix} x_{11} & x_{12} & x_{13} \\ x_{21} & x_{22} & x_{23} \\ x_{31} & x_{32} & x_{33} \end{pmatrix} = \begin{pmatrix} 1 & 0 & 0 \\ 0 & 1 & 0 \\ 0 & 0 & 1 \end{pmatrix}$$

이다. 따라서 X를 구하기 위해서는 다음 세 개의 연립방정식을 풀면 된다.

$$\begin{cases} a_{11}x_{11} + a_{12}x_{21} + a_{13}x_{31} = 1 \\ a_{21}x_{11} + a_{22}x_{21} + a_{23}x_{31} = 0 \\ a_{31}x_{11} + a_{32}x_{21} + a_{33}x_{31} = 0 \end{cases} \qquad (1)$$

$$\begin{cases} a_{11}x_{12} + a_{12}x_{22} + a_{13}x_{32} = 0 \\ a_{21}x_{12} + a_{22}x_{22} + a_{23}x_{32} = 1 \\ a_{31}x_{12} + a_{32}x_{22} + a_{33}x_{32} = 0 \end{cases} \qquad (2)$$

$$\begin{cases} a_{11}x_{13} + a_{12}x_{23} + a_{13}x_{33} = 0 \\ a_{21}x_{13} + a_{22}x_{23} + a_{23}x_{33} = 0 \\ a_{31}x_{13} + a_{32}x_{23} + a_{33}x_{33} = 1 \end{cases} \qquad (3)$$

연립방정식 (1), (2), (3)의 첨가행렬은 각각 다음과 같다.

$$\left(\begin{array}{ccc|c} a_{11} & a_{12} & a_{13} & 1 \\ a_{21} & a_{22} & a_{23} & 0 \\ a_{31} & a_{32} & a_{33} & 0 \end{array}\right) \quad \left(\begin{array}{ccc|c} a_{11} & a_{12} & a_{13} & 0 \\ a_{21} & a_{22} & a_{23} & 1 \\ a_{31} & a_{32} & a_{33} & 0 \end{array}\right) \quad \left(\begin{array}{ccc|c} a_{11} & a_{12} & a_{13} & 0 \\ a_{21} & a_{22} & a_{23} & 0 \\ a_{31} & a_{32} & a_{33} & 1 \end{array}\right)$$

이다. 각각의 첨가행렬에 기본행연산을 행하여 계수행렬 부분을 단위행렬로 만들면 x_{ij} $(1 \le i, j \le 3)$를 구할 수 있다. 그런데 세 첨가행렬의 계수행렬이 모두 같으므로 똑같은 기본행연산을 적용하면 된다. 따라서 세 연립방정식을 따로 계산할 필요 없이 다음 행렬

$$\left(\begin{array}{ccc|ccc} a_{11} & a_{12} & a_{13} & 1 & 0 & 0 \\ a_{21} & a_{22} & a_{23} & 0 & 1 & 0 \\ a_{31} & a_{32} & a_{33} & 0 & 0 & 1 \end{array}\right)$$

에 기본행연산을 적용하여 계수행렬 부분을 단위행렬로 만들면 오른쪽에 나타난 행렬의 (i,j)-성분이 x_{ij}가 된다. 따라서 오른쪽에 나타나는 행렬이 A의 역행렬이 된다. 이 방법은 일반적으로 모든 가역적인 n차 정사각행렬에 똑같이 적용될 수 있으므로 다음 결과를 얻을 수 있다.

정리 5.18 **가우스-조르당 소거법**

A를 가역적인 n차 정사각행렬이라 하자. 행렬 $(A|I_n)$에 기본행연산을 행하여 $(I_n|X)$를 만들면 행렬 X가 A의 역행렬이다.

예제 5.11

행렬 $A=\begin{pmatrix} 0 & 5 & 2 \\ -2 & -2 & -1 \\ 1 & -3 & -1 \end{pmatrix}$의 역행렬을 구하여라.

풀이 가우스-조르당 소거법을 사용하여 역행렬을 구하면 다음과 같다.

기본행연산	
3행을 1행에 더한다.	$\left(\begin{array}{ccc\|ccc} 0 & 5 & 2 & 1 & 0 & 0 \\ -2 & -2 & -1 & 0 & 1 & 0 \\ 1 & -3 & -1 & 0 & 0 & 1 \end{array}\right) \Rightarrow \left(\begin{array}{ccc\|ccc} 1 & 2 & 1 & 1 & 0 & 1 \\ -2 & -2 & -1 & 0 & 1 & 0 \\ 1 & -3 & -1 & 0 & 0 & 1 \end{array}\right)$
1행에 2와 -1을 곱하여 각각 2행과 3행에 더한다.	$\left(\begin{array}{ccc\|ccc} 1 & 2 & 1 & 1 & 0 & 1 \\ -2 & -2 & -1 & 0 & 1 & 0 \\ 1 & -3 & -1 & 0 & 0 & 1 \end{array}\right) \Rightarrow \left(\begin{array}{ccc\|ccc} 1 & 2 & 1 & 1 & 0 & 1 \\ 0 & 2 & 1 & 2 & 1 & 2 \\ 0 & -5 & -2 & -1 & 0 & 0 \end{array}\right)$
2행에 $\frac{5}{2}$를 곱하여 3행에 더하고, 3행에 2를 곱한다.	$\left(\begin{array}{ccc\|ccc} 1 & 2 & 1 & 1 & 0 & 1 \\ 0 & 2 & 1 & 2 & 1 & 2 \\ 0 & -5 & -2 & -1 & 0 & 0 \end{array}\right) \Rightarrow \left(\begin{array}{ccc\|ccc} 1 & 2 & 1 & 1 & 0 & 1 \\ 0 & 2 & 1 & 2 & 1 & 2 \\ 0 & 0 & 1 & 8 & 5 & 10 \end{array}\right)$
3행에 -1을 곱하여 2행에 더하고, 2행에 -1을 곱한다.	$\left(\begin{array}{ccc\|ccc} 1 & 2 & 1 & 1 & 0 & 1 \\ 0 & 2 & 1 & 2 & 1 & 2 \\ 0 & 0 & 1 & 8 & 5 & 10 \end{array}\right) \Rightarrow \left(\begin{array}{ccc\|ccc} 1 & 2 & 1 & 1 & 0 & 1 \\ 0 & 1 & 0 & -3 & -2 & -4 \\ 0 & 0 & 1 & 8 & 5 & 10 \end{array}\right)$
2행에 -2를 곱하고, 3행에 -1을 곱하여 1행에 더한다.	$\left(\begin{array}{ccc\|ccc} 1 & 2 & 1 & 1 & 0 & 1 \\ 0 & 1 & 0 & -3 & -2 & -4 \\ 0 & 0 & 1 & 8 & 5 & 10 \end{array}\right) \Rightarrow \left(\begin{array}{ccc\|ccc} 1 & 0 & 0 & -1 & -1 & -1 \\ 0 & 1 & 0 & -3 & -2 & -4 \\ 0 & 0 & 1 & 8 & 5 & 10 \end{array}\right)$

따라서 행렬 A의 역행렬은 $A^{-1}=\begin{pmatrix} -1 & -1 & -1 \\ -3 & -2 & -4 \\ 8 & 5 & 10 \end{pmatrix}$ 이다.

참고 계수행렬 부분을 단위행렬로 만드는 과정이 유일한 것은 아니다.

문제 5.11

행렬 $A=\begin{pmatrix} 1 & 1 & 1 \\ 2 & -1 & 1 \\ 1 & -3 & 2 \end{pmatrix}$의 역행렬을 구하여라.

미지수의 개수와 식의 개수가 같은 연립방정식의 해는 역행렬을 이용하여 구할 수 있다.

n개의 식으로 이루어진 n개의 미지수 $x_1, x_2, \cdots, x_n$에 관한 연립방정식은 계수행렬 A, 미지수로 이루어진 행렬 X, 그리고 상수항으로 이루어진 행렬 B를 이용하여

$$AX=B$$

로 나타낼 수 있다(정의 5.16). 계수행렬 A의 역행렬 A^{-1}가 존재한다고 하자. 위 등식의 왼쪽에 A^{-1}를 곱하면

$$A^{-1}(AX)=A^{-1}B$$

이다. 그런데

$$A^{-1}(AX)=(A^{-1}A)X=I_nX=X$$

이므로 $X=A^{-1}B$ 이다.

예제 5.12

다음 연립방정식의 해를 구하여라.

$$\begin{cases} x-2y=6 \\ 2x+5y=3 \end{cases}$$

풀이 주어진 연립방정식을 행렬의 곱으로 나타내면 다음과 같다.

$$\begin{pmatrix} 1 & -2 \\ 2 & 5 \end{pmatrix}\begin{pmatrix} x \\ y \end{pmatrix}=\begin{pmatrix} 6 \\ 3 \end{pmatrix}$$

계수행렬을 A, 상수항으로 이루어진 행렬을 B라 하자. $\det A=9\ (\neq 0)$이므로 A의 역행렬이 존재하고 그 역행렬은

$$A^{-1}=\frac{1}{9}\begin{pmatrix} 5 & 2 \\ -2 & 1 \end{pmatrix}$$

이다. 따라서

$$A^{-1}B=\frac{1}{9}\begin{pmatrix} 5 & 2 \\ -2 & 1 \end{pmatrix}\begin{pmatrix} 6 \\ 3 \end{pmatrix}=\frac{1}{9}\begin{pmatrix} 36 \\ -9 \end{pmatrix}=\begin{pmatrix} 4 \\ -1 \end{pmatrix}$$

이다. 그러므로 연립방정식의 해는 $x=4$, $y=-1$이다.

문제 5.12

역행렬을 이용하여 다음 연립방정식의 해를 구하여라.

(1) $\begin{cases} 2x+3y=\ \ 6 \\ 4x+7y=-3 \end{cases}$

(2) $\begin{cases} 2x+\ y+z=\ \ 2 \\ 4x+\ y \qquad =-3 \\ 2x-2y-z=\ \ 5 \end{cases}$

SECTION 5.2 연/습/문/제

01 다음 행렬이 가역적인지를 판단하고, 가역적이면 역행렬을 구하여라.

(1) $\begin{pmatrix} 2 & -5 \\ -4 & 10 \end{pmatrix}$　　(2) $\begin{pmatrix} 3 & -5 \\ 2 & 5 \end{pmatrix}$

(3) $\begin{pmatrix} 5 & 2 \\ -4 & 3 \end{pmatrix}$　　(4) $\begin{pmatrix} 4 & -2 \\ 6 & -3 \end{pmatrix}$

02 다음 행렬의 역행렬을 구하여라.

(1) $\begin{pmatrix} 1 & 3 & 1 \\ 2 & 1 & 1 \\ 2 & -2 & 1 \end{pmatrix}$　　(2) $\begin{pmatrix} 1 & 2 & 1 \\ 2 & 4 & -1 \\ 5 & 6 & 0 \end{pmatrix}$

(3) $\begin{pmatrix} 2 & 1 & 1 \\ 5 & 3 & 1 \\ 4 & 2 & 1 \end{pmatrix}$　　(4) $\begin{pmatrix} 3 & -2 & -1 \\ -4 & 1 & -1 \\ 2 & 0 & 1 \end{pmatrix}$

03 역행렬을 이용하여 다음 연립방정식을 풀어라.

(1) $\begin{cases} 3x + 2y = -2 \\ 7x + 6y = 3 \end{cases}$　　(2) $\begin{cases} x - 4y = 2 \\ 3x - 8y = -4 \end{cases}$

(3) $\begin{cases} x + y + 2z = 2 \\ y + 3z = 3 \\ 4x + 2y + z = 5 \end{cases}$　　(4) $\begin{cases} x + y + z = 1 \\ x + 4y + 5z = -2 \\ x + 2y + 7z = 2 \end{cases}$

04 A가 2차 정사각행렬이고 k가 상수일 때, $\det(kA) = k^2 \det A$임을 보여라.

05 $A = \begin{pmatrix} x+2 & 3x \\ 3 & x+2 \end{pmatrix}$, $B = \begin{pmatrix} x & 0 \\ 5 & x+2 \end{pmatrix}$일 때, $\det AB = 0$이 되는 x를 구하여라.

SECTION 5.3 행렬식과 역행렬

정의 5.14에서 2차 정사각행렬에 대한 행렬식 $\det A$를

$$\det A = a_{11}a_{22} - a_{12}a_{21}$$

로 정의하고, 가역적인 2차 정사각형렬 $A = \begin{pmatrix} a_{11} & a_{12} \\ a_{21} & a_{22} \end{pmatrix}$의 역행렬 A^{-1}이

$$A^{-1} = \frac{1}{\det A}\begin{pmatrix} a_{22} & -a_{12} \\ -a_{21} & a_{11} \end{pmatrix}$$

임을 알아보았다. 이제 일반적인 n차 정사각행렬에서 행렬식을 정의하고 역행렬이 존재하는 경우 행렬식을 이용하여 역행렬을 구하는 방법을 알아보자.

$n(n \geq 3)$차 정사각행렬의 행렬식은 다음과 같이 귀납적으로 정의된다.

정의 5.19

$(n-1)$차 정사각행렬의 행렬식이 정의되었다고 하자.

1. $A = (a_{ij})$가 n차 정사각행렬일 때, A에서 i 행과 j 열을 제거하여 얻은 $(n-1)$차 정사각행렬의 행렬식을 성분 a_{ij}에 대한 **소행렬식**이라 하고 M_{ij}로 나타낸다. 그리고 M_{ij}에 $(-1)^{i+j}$를 곱한 값을 a_{ij}의 **여인수**라 하고 A_{ij}로 나타낸다.
2. n차 정사각행렬 $A = (a_{ij})$에 대하여 A의 **행렬식** $\det A$는 임의의 i $(1 \leq i \leq n)$에 대하여 다음과 같이 정의한다.

$$\det A = a_{i1}A_{i1} + a_{i2}A_{i2} + a_{i3}A_{i3} + \cdots + a_{in}A_{in}$$

참고 임의의 i $(1 \leq i \leq n)$에 대하여 $a_{i1}A_{i1} + a_{i2}A_{i2} + \cdots + a_{in}A_{in}$의 값은 모두 같다는 사실을 보일 수 있다.

예제 5.13

다음 3차 정사각행렬 A에 대하여 M_{11}, A_{11}, M_{32}, A_{32}를 각각 구하여라.

$$A=\begin{pmatrix} 2 & -1 & 4 \\ 3 & 2 & 5 \\ 1 & 2 & -3 \end{pmatrix}$$

풀이

$$M_{11}=\det\begin{pmatrix} 2 & 5 \\ 2 & -3 \end{pmatrix}=-6-10=-16, \qquad A_{11}=(-1)^{1+1}\times M_{11}=-16$$

$$M_{32}=\det\begin{pmatrix} 2 & 4 \\ 3 & 5 \end{pmatrix}=10-12=-2, \qquad A_{32}=(-1)^{3+2}\times M_{32}=2$$

문제 5.13

다음 행렬에서 $A_{12}+A_{23}$의 값을 구하여라.

$$A=\begin{pmatrix} 1 & 2 & -3 \\ -2 & -1 & 4 \\ 4 & 5 & 3 \end{pmatrix}$$

예제 5.14

(예제 5.13)의 행렬에 대하여 1행과 2행에 (정의 5.19)를 적용하여 $\det A$를 각각 계산하여라.

풀이

(정의 5.19)를 1행에 적용하면

$$\begin{aligned}\det A &= 2\times(-1)^{1+1}\times\det\begin{pmatrix} 2 & 5 \\ 2 & -3 \end{pmatrix}+(-1)\times(-1)^{1+2}\times\det\begin{pmatrix} 3 & 5 \\ 1 & -3 \end{pmatrix} \\ &\quad +4\times(-1)^{1+3}\times\det\begin{pmatrix} 3 & 2 \\ 1 & 2 \end{pmatrix} \\ &=2\times(-16)+1\times(-14)+4\times4=-30\end{aligned}$$

이다. 그리고 (정의 5.19)를 2행에 적용하면

$$\det A = 3\times(-1)^{2+1}\times\det\begin{pmatrix}-1 & 4\\ 2 & -3\end{pmatrix}+2\times(-1)^{2+2}\times\det\begin{pmatrix}2 & 4\\ 1 & -3\end{pmatrix}$$
$$+5\times(-1)^{2+3}\times\det\begin{pmatrix}2 & -1\\ 1 & 2\end{pmatrix}$$
$$=(-3)\times(-5)+2\times(-10)+(-5)\times 5=-30$$

이다.

문제 5.14

다음 행렬 A에 대하여 $\det A$를 구하여라.

$$A=\begin{pmatrix}5 & -2 & 2\\ 3 & -2 & 1\\ 1 & 0 & -3\end{pmatrix}$$

정의 5.20

$A=(a_{ij})$가 n차 정사각행렬일 때, 각 a_{ij}의 여인수를 $(i,j)-$원소로 갖는 행렬을 **여인수행렬**이라 한다. 그리고 여인수행렬의 전치행렬을 A의 **수반행렬**이라 한다. 즉, A의 수반행렬은 다음과 같다.

$$\begin{pmatrix}A_{11} & A_{12} & \cdots & A_{1n}\\ A_{21} & A_{22} & \cdots & A_{2n}\\ & & \cdots & \\ A_{n1} & A_{n2} & \cdots & A_{nn}\end{pmatrix}^T=\begin{pmatrix}A_{11} & A_{21} & \cdots & A_{n1}\\ A_{12} & A_{22} & \cdots & A_{n2}\\ & & \cdots & \\ A_{1n} & A_{2n} & \cdots & A_{nn}\end{pmatrix}$$

예제 5.15

다음 행렬의 수반행렬을 구하여라.

$$A=\begin{pmatrix}1 & 2 & 2\\ 4 & 2 & 3\\ 3 & 5 & 7\end{pmatrix}$$

풀이 각 성분의 여인수를 모두 구하면 다음과 같다.

$$A_{11}=(-1)^{1+1}\times\det\begin{pmatrix}2&3\\5&7\end{pmatrix}=-1 \qquad A_{12}=(-1)^{1+2}\times\det\begin{pmatrix}4&3\\3&7\end{pmatrix}=-19$$

$$A_{13}=(-1)^{1+3}\times\det\begin{pmatrix}4&2\\3&5\end{pmatrix}=14 \qquad A_{21}=(-1)^{2+1}\times\det\begin{pmatrix}2&2\\5&7\end{pmatrix}=-4$$

$$A_{22}=(-1)^{2+2}\times\det\begin{pmatrix}1&2\\3&7\end{pmatrix}=1 \qquad A_{23}=(-1)^{2+3}\times\det\begin{pmatrix}1&2\\3&5\end{pmatrix}=1$$

$$A_{31}=(-1)^{3+1}\times\det\begin{pmatrix}2&2\\2&3\end{pmatrix}=2 \qquad A_{32}=(-1)^{3+2}\times\det\begin{pmatrix}1&2\\4&3\end{pmatrix}=5$$

$$A_{33}=(-1)^{3+3}\times\det\begin{pmatrix}1&2\\4&2\end{pmatrix}=-6$$

따라서 수반행렬은

$$\begin{pmatrix}-1&-19&14\\-4&1&1\\2&5&-6\end{pmatrix}^T=\begin{pmatrix}-1&-4&2\\-19&1&5\\14&1&-6\end{pmatrix}$$

이다.

문제 5.15

다음 행렬의 수반행렬을 구하여라.

$$A=\begin{pmatrix}2&-1&4\\3&2&5\\1&2&-3\end{pmatrix}$$

정사각행렬 A의 각 성분과 여인수가 만족하는 다음 정리는 증명없이 기술하기로 한다.

정리 5.21 $A=(a_{ij})$가 n차 정사각행렬일 때, 다음이 성립한다.

$$a_{i1}A_{j1}+a_{i2}A_{j2}+a_{i3}A_{j3}+\cdots+a_{in}A_{jn}=\begin{cases}\det A & (i=j)\\ 0 & (i\neq j)\end{cases}$$

위 정리에 의하여 정사각행렬 A와 A의 수반행렬을 곱하면 다음과 같다.

$$\begin{pmatrix} a_{11} & a_{12} & \cdots & a_{1n}\\ a_{21} & a_{22} & \cdots & a_{2n}\\ & & \cdots & \\ a_{n1} & a_{n2} & \cdots & a_{nn}\end{pmatrix}\times\begin{pmatrix} A_{11} & A_{21} & \cdots & A_{n1}\\ A_{12} & A_{22} & \cdots & A_{n2}\\ & & \cdots & \\ A_{1n} & A_{2n} & \cdots & A_{nn}\end{pmatrix}=\begin{pmatrix} \det A & 0 & \cdots & 0\\ 0 & \det A & \cdots & 0\\ & & \cdots & \\ 0 & 0 & \cdots & \det A\end{pmatrix}$$

따라서 다음과 같은 과정을 거쳐 n차 정사각행렬 A의 역행렬을 구할 수 있다.

(1단계) 행렬 A의 행렬식 $\det A$를 계산한다. $\det A=0$인 경우 역행렬이 존재하지 않고 $\det A\neq 0$인 경우 역행렬이 존재한다.

(2단계) $\det A\neq 0$인 경우, 모든 i,j $(1\le i,j\le n)$에 대하여 여인수 A_{ij}를 구하고 수반행렬을 구한다.

(3단계) 수반행렬에 $\dfrac{1}{\det A}$를 곱한 행렬이 A의 역행렬이다. 즉

$$A^{-1}=\frac{1}{\det A}\begin{pmatrix} A_{11} & A_{21} & \cdots & A_{n1}\\ A_{12} & A_{22} & \cdots & A_{n2}\\ & & \cdots & \\ A_{1n} & A_{2n} & \cdots & A_{nn}\end{pmatrix}$$

이다.

예제 5.16

다음 행렬의 역행렬이 존재하면 그 역행렬을 구하여라.

(1) $A=\begin{pmatrix} 1 & 2 & -3\\ -3 & -2 & 5\\ 3 & 6 & -9\end{pmatrix}$ (2) $B=\begin{pmatrix} 4 & 0 & 2\\ -1 & 2 & 3\\ 0 & 3 & 5\end{pmatrix}$

풀이 (1) (정의 5.19)를 3행에 적용하여 행렬 A의 행렬식을 구하면

$$\det A = 3(10-6) - 6(5-9) - 9(-2+6) = 0$$

이므로 역행렬이 존재하지 않는다.

(2) (정의 5.19)를 1행에 적용하여 행렬 B의 행렬식을 구하면

$$\det B = 4(10-9) + 2(-3-0) = -2$$

이므로 역행렬이 존재한다. 각 i,j $(1 \le i,j \le 3)$에 대하여 여인수를 구하면 다음과 같다.

$$B_{11} = (-1)^{1+1} \times \det\begin{pmatrix} 2 & 3 \\ 3 & 5 \end{pmatrix} = 1 \qquad B_{12} = (-1)^{1+2} \times \det\begin{pmatrix} -1 & 3 \\ 0 & 5 \end{pmatrix} = 5$$

$$B_{13} = (-1)^{1+3} \times \det\begin{pmatrix} -1 & 2 \\ 0 & 3 \end{pmatrix} = -3 \qquad B_{21} = (-1)^{2+1} \times \det\begin{pmatrix} 0 & 2 \\ 3 & 5 \end{pmatrix} = 6$$

$$B_{22} = (-1)^{2+2} \times \det\begin{pmatrix} 4 & 2 \\ 0 & 5 \end{pmatrix} = 20 \qquad B_{23} = (-1)^{2+3} \times \det\begin{pmatrix} 4 & 0 \\ 0 & 3 \end{pmatrix} = -12$$

$$B_{31} = (-1)^{3+1} \times \det\begin{pmatrix} 0 & 2 \\ 2 & 3 \end{pmatrix} = -4 \qquad B_{32} = (-1)^{3+2} \times \det\begin{pmatrix} 4 & 2 \\ -1 & 3 \end{pmatrix} = -14$$

$$B_{33} = (-1)^{3+3} \times \det\begin{pmatrix} 4 & 0 \\ -1 & 2 \end{pmatrix} = 8$$

따라서 B의 역행렬은 다음과 같다.

$$B^{-1} = \frac{1}{(-2)}\begin{pmatrix} 1 & 6 & -4 \\ 5 & 20 & -14 \\ -3 & -12 & 8 \end{pmatrix} = \begin{pmatrix} -1/2 & -3 & 2 \\ -5/2 & -10 & 7 \\ 3/2 & 6 & -4 \end{pmatrix}$$

문제 5.16

다음 행렬의 역행렬을 구하여라.

$$A = \begin{pmatrix} 2 & 1 & 3 \\ 0 & 2 & -1 \\ 4 & 5 & 3 \end{pmatrix}$$

SECTION 5.3 연습문제

01 다음 행렬의 행렬식을 구하여라.

(1) $A=\begin{pmatrix} 1 & 3 & 2 \\ 5 & 4 & 6 \\ 7 & 9 & 8 \end{pmatrix}$ (2) $B=\begin{pmatrix} 1 & 1 & 1 \\ a & b & c \\ b+c & a+c & a+b \end{pmatrix}$

(3) $C=\begin{pmatrix} -1 & 3 & 0 & 2 \\ 1 & -2 & 1 & 1 \\ 0 & 1 & 1 & 3 \\ 1 & 2 & 5 & 0 \end{pmatrix}$ (4) $D=\begin{pmatrix} 2 & 4 & -1 & 6 \\ -1 & -5 & 4 & 2 \\ 1 & 2 & 3 & 1 \\ 3 & 5 & -1 & -3 \end{pmatrix}$

02 다음 행렬의 수반행렬을 구하여라.

(1) $A=\begin{pmatrix} 1 & 0 & 2 \\ 3 & 0 & 4 \\ 2 & -5 & 1 \end{pmatrix}$ (2) $B=\begin{pmatrix} 2 & 1 & -1 \\ 1 & 2 & 3 \\ -1 & 1 & 1 \end{pmatrix}$

(3) $C=\begin{pmatrix} a & 0 & 0 \\ a & a & 0 \\ a & a & a \end{pmatrix}$ (4) $D=\begin{pmatrix} a & b & c \\ b & c & a \\ c & a & b \end{pmatrix}$

03 다음 행렬의 역행렬이 존재하면 구하여라.

(1) $A=\begin{pmatrix} 1 & 2 & 3 \\ 4 & 5 & 6 \\ 7 & 8 & 9 \end{pmatrix}$ (2) $B=\begin{pmatrix} 1 & 0 & 0 \\ 2 & 3 & 0 \\ 4 & 5 & 6 \end{pmatrix}$

(3) $C=\begin{pmatrix} 1 & 0 & a \\ 1-a & a & 0 \\ 0 & 1+a & a^2 \end{pmatrix}$ $(a \neq 0)$

(4) $D=\begin{pmatrix} 1 & 1 & 1 \\ a & b & c \\ a^2 & b^2 & c^2 \end{pmatrix}$ $(a \neq b,\ b \neq c,\ a \neq c)$

04 n차 정사각행렬 A의 이웃한 두 행을 교환한 행렬을 B라 하면

$$\det A = -\det B$$

임을 보여라.

05 n차 정사각행렬 $A=(a_{ij})$가 모든 i,j에 대하여 $i<j$일 때 $a_{ij}=0$이면

$$\det A = a_{11}a_{22}a_{33}\cdots a_{nn}$$

임을 보여라.

CHAPTER 06

다변수 함수

지금까지 살펴본 여러 가지 함수들은 정의역이 실수 이거나 실수의 부분집합인 것으로, 한 개의 독립변수로 이루어진 일변수에 관한 함수이다. 하지만, 일반적으로 현실에서 벌어지는 여러 현상들은 하나의 변수로 설명할 수 없는 것들이 대부분이다. 실제로 사각형의 넓이는 가로와 세로의 길이라는 두 개의 변수에 의하여 결정되고, 직육면체의 겉넓이는 주어진 직육면체의 가로, 세로, 높이에 대응하는 3개의 변수에 의하여 결정된다. 이와 같이 실제 일어나는 현상들은 한 가지 요인에 의하여 결정되는 것보다 한 개 이상의 여러 가지 요인에 의해 설명할 수 있다. 이번 장에서는 여러 가지 변수, 특히 두 개의 변수로 이루어진 이변수 함수에 관하여 학습한다.

SECTION 6.1 이변수 함수와 편도함수

6.1.1 이변수 함수

이 절에서는 독립변수가 두 개인 이변수 함수에 관하여 학습한다. 이변수 함수는 다음과 같이 정의한다.

정의 6.1

$\mathbb{R}^2$의 부분집합 D의 원소 (x, y)에 대하여 각각 한 개의 실수가 대응되는 규칙을 f라고 할 때, f를 **이변수 함수**라고 부른다. 기호로는 다음과 같이 표시한다.

$$f : D \to \mathbb{R}, \; z = f(x, y)$$

이변수 함수 $z = f(x, y)$에서 x, y를 **독립변수**, z를 **종속변수**라고 부른다. 일변수 함수와 같이 D를 f의 **정의역**, $\mathbb{R}$을 f의 **공역**이라고 부른다. 또한 공역의 부분집합인 $\{f(x, y) \in \mathbb{R} \mid (x, y) \in D\}$를 함수 f의 **치역**이라고 부른다. 이변수 함수 f의 정의역이 특별히 언급되지 않으면 정의역을 전체공간 $\mathbb{R}^2$로 생각한다. 실제로 이변수 함수의 정의는 다음과 같이 n변수 함수로 확장할 수 있다.

$$z = f(x_1, x_2, \cdots, x_n)$$

예제 6.1

함수 $f(x,y)=\sqrt{4-x^2-y^2}$ 의 정의역과 치역을 구하여라.

풀이 먼저 함수 f의 정의역은 다음과 같다.

$$D=\{(x,y)\,|\,4-x^2-y^2\geq 0\}=\{(x,y)\,|\,x^2+y^2\leq 4\}$$

실제로 위의 정의역은 중심이 $(0,0)$이고 반지름이 2인 원의 내부(경계도 포함)이다. 또한 함수 f의 치역은 $4-x^2-y^2\leq 4$, 그리고 $\sqrt{4-x^2-y^2}\geq 0$이므로 다음과 같다.

$$\{z\,|\,z=\sqrt{4-x^2-y^2},\,(x,y)\in D\}=\{z\,|\,0\leq z\leq 2\}=[0,2]$$

문제 6.1

함수 $f(x,y)=x^2e^{xy}+\ln(x^2+y^2-1)$에 대하여 다음 물음에 답하여라.

(1) f의 정의역과 치역을 구하여라.

(2) $f(2,0)$의 값을 구하여라.

이제 이변수 함수의 움직임을 시각화해주는 그래프에 관하여 알아보자.

정의 6.2

이변수 함수 $f:D\rightarrow\mathbb{R}$, $z=f(x,y)$에 대하여 다음과 같은 $\mathbb{R}^3$의 부분집합 G_f를 함수 f의 그래프라고 한다.

$$G_f=\{(x,y,z)\in\mathbb{R}^3\,|\,z=f(x,y),\,(x,y)\in D\}$$

일변수 함수 $f:D\subseteq\mathbb{R}\rightarrow\mathbb{R}$, $y=f(x)$의 그래프를 평면($\mathbb{R}^2$)상의 곡선이라고 부르고, 이변수 함수 $f:D\rightarrow\mathbb{R}$, $z=f(x,y)$의 그래프는 $\mathbb{R}^3$상의 곡면이라고 부른다. 실제로 이변수 함수의 그래프는 xy평면에 있는 정의역 D의 바로 위 또는 아래에 대응되는 점(함숫값)을 대응시킴으로써 도식화할 수 있다.

실제로, 이변수 함수 $f(x,y)=2x+9y$의 정의역과 치역은 $\mathbb{R}^2$이고, 방정식 $2x+9y-z=0$은 삼차원 공간에서 평면을 나타내므로, $f(x,y)=2x+9y$의 그래프는 평면이다. 또한, 이변수 함수 $f(x,y)=\sqrt{4-x^2-y^2}$는 예제 6.1에 의해 정의역이

$$D=\{(x,y)\mid 4-x^2-y^2\ge 0\}=\{(x,y)\mid x^2+y^2\le 4\}$$

이다. 한편, 방정식 $z=\sqrt{4-x^2-y^2}$의 양변을 제곱하여 정리하면, $x^2+y^2+z^2=4$를 얻는다. 이 방정식은 중심이 원점이고 반지름이 2인 구의 방정식이다. 또한, $\sqrt{4-x^2-y^2}\ge 0$이므로 f의 그래프는 구의 위쪽 반구가 된다.

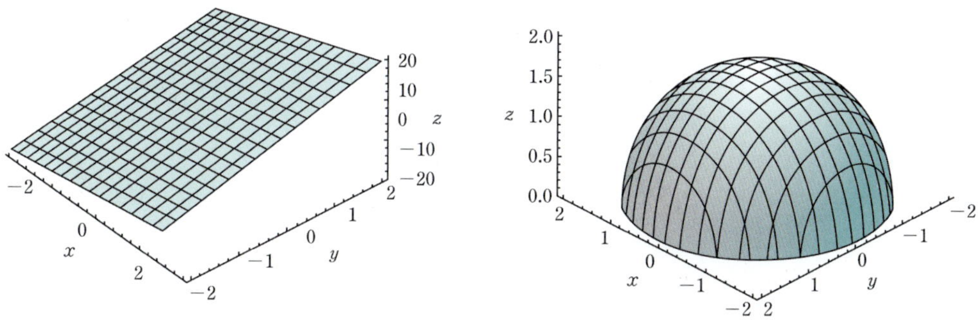

| 그림 6.1 | $f(x,y)=2x+9y,\quad f(x,y)=\sqrt{4-x^2-y^2}$

아래에 정의된 등위 곡선을 이용하면 이변수 함수의 그래프를 효과적으로 그릴 수 있다.

정의 6.3

이변수 함수 $z=f(x,y)$에서 임의의 상수 k에 대하여

$$\{(x,y)\in\mathbb{R}^2\mid k=f(x,y)\}$$

인 정의역 안의 모든 점들을 모아놓은 집합(곡선)을 곡면 $z=f(x,y)$의 높이가 k인 **등위 곡선**이라고 부른다.

이변수 함수 $z=f(x,y)$의 등위 곡선 $k=f(x,y)$는 곡면 $z=f(x,y)$를 xy평면에 평행한 평면인 $z=k$로 잘랐을 때 생기는 공간상의 곡선을 xy평면에 투영(정사영)시킨 xy평면상의 곡선이다. 다시 말하면, 이변수 함수 f의 그래프에서 높이가 k인 곳을 보

여주는 것이다. 따라서 높이가 다른 등위 곡선들을 연속적으로 그려서 z좌표를 각각의 높이 k까지 들어올려(내려) 나타내면 함수 f의 그래프인 곡면을 구할 수 있다.

예제 6.2

이변수 함수 $f(x,y)=\sqrt{4-x^2-y^2}$ 의 등위 곡선을 그려라.

풀이 주어진 함수의 등위 곡선은 다음과 같다.

$$k=\sqrt{4-x^2-y^2},\ \text{즉}\ x^2+y^2=4-k^2,\ 0\le k\le 2$$

따라서 중심이 원점이고 반지름이 $\sqrt{4-k^2}$ 인 동심원들이다.

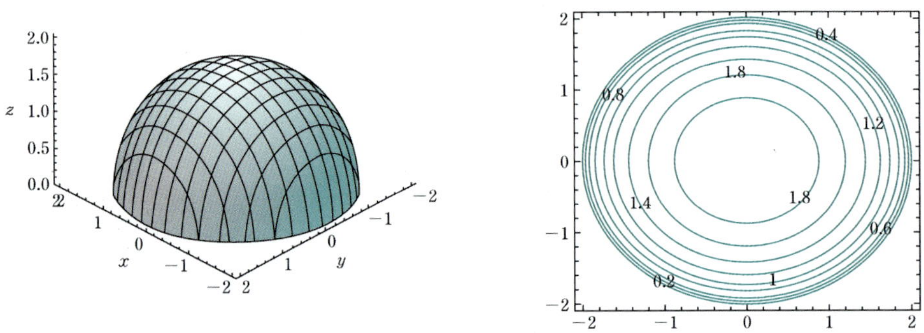

| 그림 6.2 | $f(x,y)=\sqrt{4-x^2-y^2}$

> **문제 6.2**
>
> 이변수 함수 $f(x,y)=x^2+y^2$의 등위 곡선을 그려라.

6.1.2 편도함수

이변수 함수는 두 개의 변수로 하나의 값이 결정되는 함수이다. 한편, 각각의 변수에 대한 변화의 정도를 알려면 하나의 변수를 고정시키고 변화량을 측정해야 한다. 이러한 변화량을 측정하는 함수를 편도함수라고 부른다. 이제 수학적으로 엄밀하게 편도함수를 정의해 보자.

정의 6.4

이변수 함수 $f: D \subseteq \mathbb{R}^2 \to \mathbb{R}$, $z = f(x, y)$가 주어져 있다고 하자. 정의역 D의 임의의 점 (x, y)에서 x, y에 관한 도함수

$$f_x(x, y) := \lim_{h \to 0} \frac{f(x+h, y) - f(x, y)}{h},$$

$$f_y(x, y) := \lim_{h \to 0} \frac{f(x, y+h) - f(x, y)}{h}$$

가 존재할 때, 이변수 함수 $f(x, y)$가 x와 y에 대하여 편미분가능하다고 하고, $f_x: D \to \mathbb{R}$, $f_y: D \to \mathbb{R}$를 각각 함수 f의 x, y에 대한 **편도함수**라고 부른다. 여기서 정의역 D 안의 한 점 (a, b)에서의 편도함수값 $f_x(a, b)$와 $f_y(a, b)$를 각각 x, y에 대한 **편미분 계수**라고 부른다. 또한 편도함수를 구하는 과정을 편미분한다고 한다.

함수 $z = f(x, y)$의 x, y에 대한 편도함수를 다음과 같이 나타내기도 한다.

$$f_x = \frac{\partial f}{\partial x} = \frac{\partial z}{\partial x} = D_x f,$$
$$f_y = \frac{\partial f}{\partial y} = \frac{\partial z}{\partial y} = D_y f$$

이변수 함수 $z = f(x, y)$의 x에 대한 편도함수 f_x는 y를 고정시킬 때 x에 관한 z의 변화율을 뜻하고, f_y는 x를 고정시킬 때 y에 관한 z의 변화율을 뜻한다. 또한, 편도함수는 같은 방법으로 n변수 함수까지 확장할 수 있다. 따라서 n변수 함수는 n개의 편도함수가 존재한다. 예를 들어 삼변수 함수

$$w = f(x, y, z)$$

의 편도함수는 $\frac{\partial w}{\partial x}$, $\frac{\partial w}{\partial y}$, $\frac{\partial w}{\partial z}$이다. 실제로 x에 관한 편도함수는

$$f_x(x, y, z) := \lim_{h \to 0} \frac{f(x+h, y, z) - f(x, y, z)}{h}$$

이 된다.

예제 6.3

이변수 함수 $f(x,y)=xy+y^2$의 x, y에 대한 편도함수를 정의를 이용하여 구하여라.

풀이 편도함수의 정의에 따라, f의 x에 대한 편도함수는 다음과 같이 구할 수 있다.

$$f_x(x,y)=\lim_{h\to0}\frac{f(x+h,y)-f(x,y)}{h}$$

$$=\lim_{h\to0}\frac{(x+h)y+y^2-(xy+y^2)}{h}=\lim_{h\to0}\frac{hy}{h}=y$$

또한, f의 y에 대한 편도함수는

$$f_y(x,y)=\lim_{h\to0}\frac{f(x,y+h)-f(x,y)}{h}$$

$$=\lim_{h\to0}\frac{x(y+h)+(y+h)^2-(xy+y^2)}{h}=\lim_{h\to0}\frac{xh+2yh+h^2}{h}$$

$$=\lim_{h\to0}(x+2y+h)=x+2y$$

이다.

문제 6.3

이변수 함수 $f(x,y)=x^2+y^2$의 x, y에 대한 편도함수를 정의를 이용하여 구하여라.

편도함수의 정의로부터 이변수 함수 $f(x,y)$의 x에 대한 편도함수는 $f(x,y)$에서 y를 상수로 보고 f를 x에 대하여 미분한 것과 같다. 그리고 $f(x,y)$의 y에 대한 편도함수는 $f(x,y)$에서 x를 상수로 보고 f를 y에 대하여 미분한 것과 같음을 알 수 있다. 실제로 예제 6.3의 결과를 살펴보면 이를 확인할 수 있다.

예제 6.4

이변수 함수 $f(x,y)=3x^2y-2xy^3$이 주어져 있을 때, $f_x(1,1)$과 $f_y(1,1)$을 각각 구하여라.

풀이 이변수 함수 $f(x,y)$에서 y를 상수로 보고 f를 x에 대하여 미분하면

$$f_x(x,y)=6xy-2y^3$$

이므로 $f_x(1,1)=6-2=4$이다. 또한 $f(x,y)$에서 x를 상수로 보고 f를 y에 대하여 미분하면

$$f_y(x,y)=3x^2-6xy^2$$

이므로 $f_y(1,1)=3-6=-3$이다.

문제 6.4

이변수 함수 $f(x,y)=\dfrac{5x^2}{y}+3x^2y^3$이 주어져 있을 때, $f_x(1,1)$과 $f_y(1,1)$을 각각 구하여라.

예제 6.5

이변수 함수 $f(x,y)=\sqrt{x^2-y^2+2}$ 가 주어져 있을 때, $f_x(1,-1)$와 $f_y(-1,1)$을 각각 구하여라.

풀이 이변수 함수 $f(x,y)$에서 y를 상수로 보고 f를 x에 대하여 미분하면

$$f_x(x,y)=\frac{x}{\sqrt{x^2-y^2+2}}$$

이므로 $f_x(1,-1)=\dfrac{1}{\sqrt{2}}$이다. 또한 $f(x,y)$에서 x를 상수로 보고 f를 y에 대하여 미분하면

$$f_y(x,y)=\frac{-y}{\sqrt{x^2-y^2+2}}$$

이므로 $f_y(-1,1) = -\dfrac{1}{\sqrt{2}}$ 이다.

문제 6.5

이변수 함수 $f(x,y) = \sqrt[3]{x^3 + y^3 - 3x}$ 가 주어져 있을 때, $f_x(1,1)$와 $f_y(1,1)$을 각각 구하여라.

예제 6.6

이변수 함수 $f(x,y) = xy^2 + 3x^4$의 x, y에 대한 편도함수를 각각 구하고, 점 $(2,1)$에서의 x, y에 대한 편미분 계수를 각각 구하여라.

풀이 이변수 함수 $f(x,y)$에서 y를 상수로 보고 f를 x에 대하여 미분하면

$$f_x(x,y) = y^2 + 12x^3$$

이므로 $f_x(2,1) = 1 + 96 = 97$이다. 또한 $f(x,y)$에서 x를 상수로 보고 f를 y에 대하여 미분하면

$$f_y(x,y) = 2xy$$

이므로 $f_y(2,1) = 2 \times 2 \times 1 = 4$이다.

문제 6.6

다음 주어진 이변수 함수들의 x, y에 대한 편도함수를 각각 구하고, 점 $(1,1)$에서의 x, y에 대한 편미분 계수를 각각 구하여라.

(1) $f(x,y) = x^2y + xy^2$

(2) $g(x,y) = \log_2 x(y^2+1)$

(3) $h(x,y) = 2^{xy+y^2}$

(4) $i(x,y) = ye^{x^2+1} + \ln x^2y$

예제 6.7

삼변수 함수 $f(x, y, z) = x^2 + y^2 + z^2 - 2xyz$가 주어져 있을 때, 편도함수들을 구하여라.

풀이 삼변수 함수 $f(x, y, z)$에서 y, z를 상수로 보고 f를 x에 대하여 미분하면

$$f_x(x, y, z) = 2x - 2yz$$

이고, $f(x,y,z)$에서 x,z를 상수로 보고 f를 y에 대하여 미분하면

$$f_y(x, y, z) = 2y - 2xz$$

이다. 마지막으로 $f(x,y,z)$에서 x,y를 상수로 보고 f를 z에 대하여 미분하면

$$f_z(x, y, z) = 2z - 2xy$$

이다.

문제 6.7

삼변수 함수 $f(x, y, z) = x^2 + y^2 + z^3 - 3x^2yz$가 주어져 있을 때, 편도함수들을 구하여라.

이제 편미분 계수를 기하학적으로 해석해보자. 먼저 $z = f(x, y)$는 삼차원 공간상에서 곡면 S를 이룬다는 사실을 상기하자. 즉 $c = f(a, b)$이면 점 $P(a, b, c)$는 곡면 S 위에 위치한다. 수직평면 $y = b$와 곡면 S가 만나는 곡선을 C_1이라고 하자. 그리고 수직평면 $x = a$와 곡면 S가 만나는 곡선을 C_2라고 하자. 그럼 C_1과 C_2는 점 $P(a, b, c)$에서 만난다는 것을 알 수 있다. 실제로 곡선 C_1은 함수 $g(x) = f(x, b)$이고, C_2는 $h(y) = f(a, y)$이다. 따라서 $g'(a) = f_x(a, b)$는 점 P에서 곡선 C_1에 접하는 접선 T_1의 기울기이고, $h'(b) = f_y(a, b)$는 점 P에서 곡선 C_2에 접하는 접선 T_2의 기울기라고 해석할 수 있다.

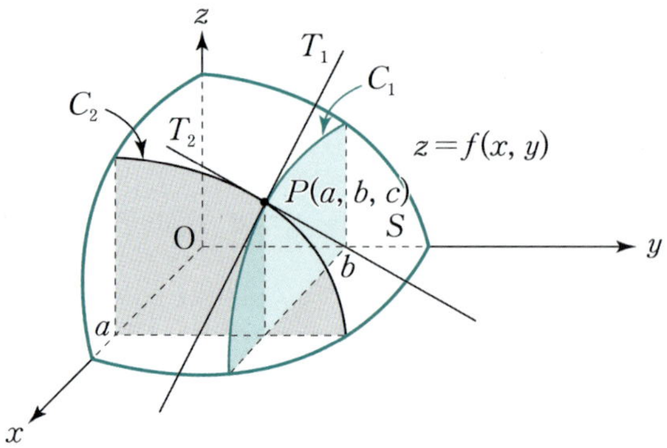

그림 6.3 편미분 계수의 기하학적 의미

이변수 함수 $z=f(x,y)$의 (일계) 편도함수는 이변수 함수이다. 따라서 이변수 함수의 편도함수의 편도함수가 존재한다면, 그것을 $z=f(x,y)$의 **이계 편도함수**라고 부른다. 또한 이러한 과정을 반복하면 $z=f(x,y)$의 삼계 편도함수, 사계 편도함수, …등을 정의할 수 있다. 이와 같이 이계 이상의 편도함수들을 **고계 편도함수**라고 부른다. 한편, 이변수 함수의 이계 편도함수는 네 가지 경우가 생기는데, 각각 기호로 나타내면 다음과 같다.

$$(f_x)_x = f_{xx} = \frac{\partial}{\partial x}\left(\frac{\partial f}{\partial x}\right) = \frac{\partial^2 f}{\partial x^2} = \frac{\partial^2 z}{\partial x^2} = D_{xx}f$$
$$(f_x)_y = f_{xy} = \frac{\partial}{\partial y}\left(\frac{\partial f}{\partial x}\right) = \frac{\partial^2 f}{\partial y \partial x} = \frac{\partial^2 z}{\partial y \partial x} = D_{xy}f$$
$$(f_y)_x = f_{yx} = \frac{\partial}{\partial x}\left(\frac{\partial f}{\partial y}\right) = \frac{\partial^2 f}{\partial x \partial y} = \frac{\partial^2 z}{\partial x \partial y} = D_{yx}f$$
$$(f_y)_y = f_{yy} = \frac{\partial}{\partial y}\left(\frac{\partial f}{\partial y}\right) = \frac{\partial^2 f}{\partial y^2} = \frac{\partial^2 z}{\partial y^2} = D_{yy}f$$

여기서 이계 편도함수 f_{xy}는 먼저 x에 대해 편미분한 다음, 그 편도함수를 다시 y에 대해 편미분한 것을 의미한다. 반면에 f_{yx}의 경우는 먼저 y에 대해 편미분한 다음, 그 편도함수를 다시 x에 대해 편미분한 것을 의미한다.

예제 6.8

이변수 함수 $f(x, y) = x^2 + x^2y - 3y^4$의 네 가지 형태의 이계 편도함수를 모두 구하여라.

풀이 먼저 주어진 함수의 일계 편도함수들을 구해보면 다음과 같다.

$$f_x = 2x + 2xy, \ f_y = x^2 - 12y^3$$

따라서 네 가지 형태의 이계 편도함수들은 각각

$$f_{xx} = \frac{\partial}{\partial x}(2x + 2xy) = 2 + 2y$$

$$f_{xy} = \frac{\partial}{\partial y}(2x + 2xy) = 2x$$

$$f_{yx} = \frac{\partial}{\partial x}(x^2 - 12y^3) = 2x$$

$$f_{yy} = \frac{\partial}{\partial y}(x^2 - 12y^3) = -36y^2$$

임을 알 수 있다.

문제 6.8

다음 주어진 이변수 함수들의 네 가지 형태의 이계 편도함수를 모두 구하여라.

(1) $f(x, y) = x^3 + xy^2 - y^2$

(2) $g(x, y) = \dfrac{y}{x^2 + 1}$

(3) $h(x, y) = y^2 e^{2x+1}$

(4) $i(x, y) = \log_4 (x^2 + yx + y^2)$

예제 6.9

이변수 함수 $f(x,y)=x^3-3xy^3$의 삼계 편도함수 중 f_{xyx}와 f_{xxy}를 각각 구하여라.

풀이 먼저 주어진 함수의 일계 편도함수들을 구해보면 다음과 같다.

$$f_x=3x^2-3y^3,\quad f_y=-9xy^2$$

한편, 다음과 같이 이계 편도함수들을 구할수 있다.

$$f_{xx}=\frac{\partial}{\partial x}(3x^2-3y^3)=6x$$

$$f_{xy}=\frac{\partial}{\partial y}(3x^2-3y^3)=-9y^2$$

따라서 $f_{xxy}=0=f_{xyx}$이다.

문제 6.9

이변수 함수 $f(x,y)=x^4+2x^3y^2-y^4$의 삼계 편도함수 중 f_{yyx}와 f_{yxy}를 각각 구하여라.

예제 6.8에서 주어진 이변수 함수의 이계 편도함수 f_{xy}와 f_{yx}는 같다. 하지만 일반적으로 f_{xy}와 f_{yx}는 편미분을 행한 순서가 다르기 때문에 이들은 같지 않다. (연습문제 6.1 3번 참고) 다음 정리는 이들이 같아지기 위한 조건이며, 증명 없이 제시한다.

정리 6.5

이변수 함수 $z=f(x,y)$가 주어져있다고 하자. 만약 f_x, f_y, f_{xy}가 존재하고 모두 연속 함수이면, f_{yx}도 존재하고

$$f_{xy}=f_{yx}$$

가 성립한다.

위의 정리 6.5에 의하면, 이변수 함수 f가 연속인 이계 편도함수를 가지면 f의 이계 편도함수는 f_{xx}, f_{xy}, f_{yy}으로 세 가지 이다. 또한 정리 6.5는 연속인 삼계 편도함수

를 갖는 이변수 함수 f의 편미분의 순서를 임의로 바꿀 수 있음을 말한다. 예를 들어 이변수 함수 f의 모든 삼계 편도함수가 연속이면,

$$f_{yxx} = (f_{yx})_x = (f_{xy})_x = f_{xyx} = (f_x)_{yx} = (f_x)_{xy} = f_{xxy}$$

이므로 $f_{yxx} = f_{xyx} = f_{xxy}$이다.

예제 6.10

이변수 함수

$$f(x,y) = 3x^5 + 2x^3 + x^4y^2$$

에 대하여 f_{xxy}를 구하여라.

풀이 주어진 함수는 x와 y의 다항식으로 이루어져 있으므로, 모든 계의 편미분 함수가 연속이다. 따라서, $f_{yxx} = f_{xxy}$이다. 또한, 주어진 이변수 함수의 첫 두항이 y를 포함하고 있지 않으므로, f_{xxy}를 구하는 것보다 f_{yxx}를 구하는 것이 더 편리해 보인다. $f_{yxx} = 24x^2y$이므로 $f_{xxy} = 24x^2y$이다.

문제 6.10

이변수 함수

$$f(x,y) = 2x^4 + 7x^2y^2 + 3x$$

에 대하여 f_{xyx}를 구하여라.

참고 (1) 일변수 함수의 연속에 관한 정의를 상기해보자. 일변수 함수 $f(x)$가 $x=a$에서 연속이라는 말은 다음과 같은 성질

$$\lim_{x \to a} f(x) = f(a)$$

를 만족하는 것이다. 이것은 연속 함수에 관한 극한은 계산하기가 쉽고, 실제로 직접 값을 대입하여 계산할 수 있음을 알려준다. 다음 정의는 이변수 함수의 연속에 관한 정의이다. 실제로 이변수 함수에서도 함수의 연속성을 일변수 함수와 같이 정의할 수 있으며, 이변수 연속 함수에 대한 극한은 그 점에서의 함숫값이다. 실제

로, 이변수 함수 $f(x, y)$가 주어져 있다고 하자. 그리고 정의역 D는 (a, b)와 (a, b)에 가까운 점들을 포함하는 집합이라고 하자. 만약

$$\lim_{(x,y)\to(a,b)} f(x, y) = f(a, b)$$

를 만족하면, 함수 $f(x, y)$는 (a, b)에서 연속이라고 부른다.

(2) 연속의 정의에 의하면 어떤 점 (a, b)에서 함수의 극한값이 존재하여 그것이 함숫값과 같을 때 그 점에서 연속이라고 부른다. 반면에 극한값이나 함숫값 둘 중 하나라도 존재하지 않으면 그 점에서 함수가 불연속이라는 것을 알 수 있다.

(3) 일변수 함수처럼, 연속인 두 이변수 함수의 합, 차, 곱, 몫은 모두 연속 함수이다. 특별히 이변수 다항함수는 $\alpha x^n y^m, \alpha \in \mathbb{R}, m, n \in \mathbb{N}$ 형태의 항들의 합인데, $f(x, y) = x, g(x, y) = y,\ h(x, y) = \alpha$는 모두 연속 함수이므로, 연속 함수의 성질에 의해 이변수 다항함수들은 모두 연속이다. 예를 들어,

$$f(x, y) = 5x^2y^3 - xy^2 + 6x^2 - 7y + 3$$

은 이변수 다항함수이고, $\mathbb{R}^2$에서 연속 함수이다. 또한 이변수 다항함수들의 나눗셈으로 이루어진 이변수 유리함수 또한 연속 함수의 성질에 의해 유리함수의 정의역(분모가 0이 아닌 영역)에서 연속 함수이다. 예를 들어,

$$g(x, y) = \frac{2x^2y + xy^3}{x^2 + y^2}$$

은 이변수 유리함수이고, 정의역 $\mathbb{R}^2 - \{(0, 0)\}$에서 연속 함수이다.

6.1.3 방향 도함수

이변수 함수의 편도함수는 각각의 변수 x, y에 대한 순간 변화율을 의미한다. 이제, 편도함수를 일반화하여 평면상의 임의의 단위벡터 $\boldsymbol{u}$방향으로의 순간 변화율에 관하여 알아보자.

정의 6.6

이변수 함수 $f: D \subseteq \mathbb{R}^2 \to \mathbb{R}$, $z=f(x,y)$가 주어져 있고, $\boldsymbol{u}=(u_1,u_2)$가 $xy-$평면상에서 주어진 단위벡터라고 하자. 그러면 단위벡터 $\boldsymbol{u}$방향으로 정의역 D의 점 (x_0,y_0)에서의 함수 f의 **방향 도함수**(Directional derivative of f)를 다음과 같이 정의한다.

$$D_{\boldsymbol{u}}f(x_0,y_0) := \lim_{h\to 0}\frac{f(x_0+hu_1, y_0+hu_2)-f(x_0,y_0)}{h}$$

참고 (1) 위 정의에서 $\boldsymbol{u}=\boldsymbol{e}_1=(1,0)$이면 $D_{\boldsymbol{u}}=D_{\boldsymbol{e}_1}=f_x$이고, $\boldsymbol{u}=\boldsymbol{e}_2=(0,1)$이면 $D_{\boldsymbol{u}}=D_{\boldsymbol{e}_2}=f_y$이다. 따라서 x,y에 대한 f의 편도함수는 방향 도함수의 특별한 경우임을 알 수 있다.

(2) 방향 도함수는 단위벡터를 이용하여 정의된다는 것을 명심하자. 따라서 방향으로 주어진 벡터가 단위벡터가 아닌 경우에는 주어진 벡터를 단위벡터로 변환하여 사용하여야 한다.

미분 가능한 이변수 함수 f에 대한 방향 도함수는 다음 정리를 이용하여 구할 수 있다.

정리 6.7

이변수 함수 $z=f(x,y)$가 점 (x_0,y_0)에서 미분 가능하면, f는 주어진 단위벡터 $\boldsymbol{u}=(u_1,u_2)$에 대하여 방향 도함수를 갖고 다음이 성립한다.

$$D_{\boldsymbol{u}}f(x_0,y_0)=(f_x(x_0,y_0), f_y(x_0,y_0)) \cdot (u_1,u_2) = f_x(x_0,y_0)u_1 + f_y(x_0,y_0)u_2$$

참고 (1) 정리 6.7에서 이변수 함수의 미분 가능성이 언급되어있다. 실제로 이변수 함수 $f(x,y)$가 연속인 일계 편도함수 f_x, f_y를 가지면 미분 가능하다는 사실이 알려져 있다. 이변수 함수의 미분 가능성은 엄밀한 수학적 정의를 요구하므로 이 책에서는 생략한다.

(2) 정리 6.7에서 $f_x(x_0,y_0)$, $f_y(x_0,y_0)$를 성분으로 하는 벡터 $(f_x(x_0,y_0), f_y(x_0,y_0))$을 점 (x_0,y_0)에서의 f의 **기울기 벡터** 또는 **그래디언트 벡터**(gradient vector)라고 하며 ∇f 로 표기한다. 즉,

$$\nabla f = (f_x, f_y)$$

이다.

(3) 방향 도함수를 기울기 벡터와 내적을 이용하여 다음과 같이 표기할 수 있다.

$$D_{\boldsymbol{u}}f(x,y) = \nabla f(x,y) \cdot \boldsymbol{u}$$

예제 6.11

이변수 함수 $f(x,y) = x^2y$에 대하여 점 $(-1, 3)$에서 벡터 $\boldsymbol{a} = (1,1)$방향으로의 방향 도함수 $D_{\boldsymbol{u}}f(-1,3)$을 구하여라.

풀이

방향으로 주어진 벡터가 단위 벡터가 아니므로, 먼저 주어진 벡터를 단위 벡터로 만들면 다음과 같다.

$$\boldsymbol{u} = \frac{\boldsymbol{a}}{\| \boldsymbol{a} \|} = \frac{1}{\sqrt{2}}(1,1)$$

한편 주어진 함수의 일계 편도함수

$$f_x(x,y) = 2xy,\ f_y(x,y) = x^2$$

모두 연속이므로 미분가능하다. 따라서 정리 6.7을 이용하면

$$D_{\boldsymbol{u}}f(-1,3) = \frac{1}{\sqrt{2}}f_x(-1,3) + \frac{1}{\sqrt{2}}f_y(-1,3) = \frac{1}{\sqrt{2}}(-6+1) = -\frac{5}{2}\sqrt{2}$$

이다.

문제 6.11

이변수 함수 $f(x,y) = xy^2$에 대하여 점 $(3,1)$에서 벡터 $\boldsymbol{a} = (3,4)$방향으로의 방향 도함수 $D_{\boldsymbol{u}}f(3,1)$을 구하여라.

이제 주어진 점에서 가능한 모든 방향에 대한 함수 f의 방향 도함수를 생각해 보자. (실제로 f가 미분 가능한 함수이면 정리 6.7에 의하여 방향 도함수가 항상 존재 한다.) 실제로, 방향 도함수는 각 방향에서의 함수 f의 변화율을 알려준다. 다음 정리는 f의 함숫값의 변화가 가장 큰 방향과 그 변화율의 최댓값에 대한 정보를 알려주는 정리이다.

정리 6.8

미분 가능한 이변수 함수 $z = f(x,y)$가 주어져 있다고 하자. 점 (x_0, y_0)에서 방향 도함수 $D_{\boldsymbol{u}} f(x_0, y_0)$의 최댓값은

$$\| \nabla f(x_0, y_0) \|$$

이고, 이때 벡터 $\boldsymbol{u}$의 방향은 $\nabla f(x_0, y_0)$과 일치한다.

증명 단위벡터 $\boldsymbol{u}$가 $\nabla f(x_0,y_0)$와 이루는 사잇각을 θ라고 하자. 그러면, 내적의 정의에 의해

$$D_{\boldsymbol{u}} f(x,y) = \nabla f(x,y) \cdot \boldsymbol{u} = \|\nabla f(x,y)\| \|\boldsymbol{u}\| \cos\theta = \|\nabla f(x,y)\| \cos\theta$$

이므로 $D_{\boldsymbol{u}} f(x_0,y_0)$의 값은 $\theta = 0$일 때 최대가 된다. 따라서 $D_{\boldsymbol{u}} f(x_0,y_0)$의 최댓값은 $\theta = 0$일 때 $\| \nabla f(x_0,y_0) \|$이고, 이때 벡터 $\boldsymbol{u}$의 방향은 $\nabla f(x_0,y_0)$의 방향과 일치한다.

참고 기울기 벡터 $\nabla f(x_0,y_0)$는 이변수 함수 f의 정의역 내의 한 점 (x_0,y_0)에서 함숫값의 증가량이 가장 큰 방향을 알려준다. 따라서, $-\nabla f(x_0,y_0)$는 함숫값의 감소량이 가장 큰 방향이다.

예제 6.12

이변수 함수 $f(x,y) = x^2y^2$에 대하여 점 $(1, 1)$에서 함수 f의 모든 방향 도함수 중 가장 큰 값과 그때의 방향을 구하여라.

풀이 주어진 함수의 기울기 벡터 $\nabla f(x,y)$는

$$\nabla f(x,y) = (f_x(x,y), f_y(x,y)) = (2xy^2, 2x^2y)$$

이므로, $\nabla f(1,1) = (2,2)$이다. 따라서, 정리 6.8에 의해 f의 모든 방향 도함수 중 가장 큰 값은

$$\|\nabla f(1,1)\| = \|(2,2)\| = \sqrt{8} = 2\sqrt{2}$$

이다. 또한 이때의 방향은 $(2,2)$와 같은 방향이다. 이것은 x축과 사잇각이 $\frac{\pi}{4}$가 되는 방향이다.

문제 6.12

이변수 함수 $f(x,y)=x^2y^3$에 대하여 점 $(2,3)$에서 함수 f의 모든 방향 도함수 중 가장 큰 값과 그때의 방향을 구하여라.

SECTION 6.1 연 / 습 / 문 / 제

01 편도함수의 정의를 사용하여 다음 이변수 함수의 일계 편도함수들을 구하여라.

$$f(x, y) = x^2 y - y^2 x$$

02 이변수 함수

$$f(x, y) = \begin{cases} \dfrac{3xy}{x^2 + y^2} & (x, y) \neq (0, 0) \\ 0 & (x, y) = (0, 0) \end{cases}$$

가 주어졌다고 할 때, $f_x(0, 0) = f_y(0, 0) = 0$임을 보여라.

03 이변수 함수

$$f(x, y) = \begin{cases} \dfrac{xy(x^2 - y^2)}{x^2 + y^2} & (x, y) \neq (0, 0) \\ 0 & (x, y) = (0, 0) \end{cases}$$

가 주어졌다고 할 때, 다음 물음에 답하여라.

(1) $(x, y) \neq (0, 0)$일 때 $f_x(x, y)$와 $f_y(x, y)$를 구하여라.

(2) $f_x(0, 0)$과 $f_y(0, 0)$을 구하여라.

(3) $f_{xy}(0, 0) \neq f_{yx}(0, 0)$임을 보여라.

참고 위의 문제는 f_{xy}와 f_{yx}가 다른 예제이다.

04 다음 주어진 함수의 일계 편도함수를 구하여라.

(1) $z = \sqrt{x^2 - y^2}$ (2) $z = e^{x+y}(x + y)$

(3) $u = \dfrac{x - y}{x + y}$, $(x, y) \neq (0, 0)$ (4) $u = \ln(xy - x + y)$

05 다음 주어진 함수의 이계 편도함수를 모두 구하여라.

(1) $z = 5x^4 y^2 + 2x^3 y$ (2) $z = \sqrt{x^2 + y^2 + 1}$

06 이변수 함수 $f(x,y)=x^3y^4$에 대하여 점 $(1,-1)$에서 벡터 $\boldsymbol{a}=(3,-4)$방향으로의 방향 도함수 $D_{\boldsymbol{u}}f(1,-1)$을 구하여라.

07 이변수 함수 $f(x,y)=\dfrac{y^2}{x}$에 대하여 점 $(2,4)$에서 함수 f의 값이 최대 변화가 일어나는 방향과 그때 함수 f의 최대변화율을 구하여라.

SECTION 6.2 연쇄법칙

두 일변수 함수의 합성함수에 관한 미분법(연쇄법칙)을 우리는 이미 학습했다. 실제로 $y=f(x)$이고, $x=g(t)$이며, 함수 f와 g가 미분가능한 함수이면 y는 t에 대해 미분가능한 함수이고 미분은 다음과 같다.

$$\frac{dy}{dt}=\frac{dy}{dx}\frac{dx}{dt}$$

이변수 함수에 대해 여러 가지 형태의 연쇄법칙이 존재하며, 각각은 합성함수의 미분에 관한 법칙을 제공해 주는 것이다. 먼저 간단한 이변수 함수의 합성에 대한 미분법을 증명 없이 제시한다.

정리 6.9 이변수 함수의 연쇄법칙 1

이변수 함수 $z=f(x,y)$가 미분가능한 함수라고 하고, $x=g(t)$와 $y=h(t)$가 모두 t에 대하여 미분가능한 함수라고 하자. 그러면 합성함수 $z(t)=f(g(t),h(t))$는 t에 대하여 미분가능한 함수로서

$$\frac{dz}{dt}=\frac{\partial z}{\partial x}\frac{dx}{dt}+\frac{\partial z}{\partial y}\frac{dy}{dt}$$

이다.

예제 6.13

$x=t^2+t-1$, $y=2t+3$이고, $z=x^2+2xy+y^3$일 때, $\dfrac{dz}{dt}$를 구하여라.

풀이

$\dfrac{\partial z}{\partial x}=2x+2y$, $\dfrac{\partial z}{\partial y}=2x+3y^2$, $\dfrac{dx}{dt}=2t+1$, $\dfrac{dy}{dt}=2$이므로 연쇄법칙 1에 의하여

$$\frac{dz}{dt}=\frac{\partial z}{\partial x}\frac{dx}{dt}+\frac{\partial z}{\partial y}\frac{dy}{dt}=(2x+2y)(2t+1)+2(2x+3y^2)$$

이다. 이제 x,y로 되어 있는 함수의 표현을 t에 관하여 바꾸면 우리가 원하는 답을 얻는다.

문제 6.13

$x=t^3-3t$, $y=t^2+t-1$이고, $z=x^3-xy^2+y^3$일 때, $\dfrac{dz}{dt}$를 구하여라.

예제 6.14

$x=\ln\sqrt{t^2+1}$, $y=e^{2t+1}$이고, $z=xy^2+2x^2y$일 때, $\dfrac{dz}{dt}$를 구하여라.

풀이 $\dfrac{\partial z}{\partial x}=y^2+4xy$, $\dfrac{\partial z}{\partial y}=2xy+2x^2$, $\dfrac{dx}{dt}=\dfrac{t}{\sqrt{t^2+1}}$, $\dfrac{dy}{dt}=2e^{2t+1}$이므로 연쇄법칙 1에 의하여

$$\frac{dz}{dt}=\frac{\partial z}{\partial x}\frac{dx}{dt}+\frac{\partial z}{\partial y}\frac{dy}{dt}=(y^2+4xy)\left(\frac{t}{\sqrt{t^2+1}}\right)+(2xy+2x^2)(2e^{2t+1})$$

이다. 이제 x,y로 되어 있는 함수의 표현을 t에 관하여 바꾸면 우리가 원하는 답을 얻는다.

문제 6.14

$x=e^{3t^2}$, $y=\ln(t^2+1)$이고, $z=2xy+xy^2$일 때, $\dfrac{dz}{dt}$를 구하여라.

이제 $z=f(x,y)$이고, x와 y가 각각 s와 t의 이변수 함수 $x=g(s,t)$와 $y=h(s,t)$인 경우를 생각해 보자. 이런 경우 z는 s와 t의 이변수 함수이고, 여기서는 $\dfrac{\partial z}{\partial s}$와 $\dfrac{\partial z}{\partial t}$를 구하면 된다. 한편 $\dfrac{\partial z}{\partial s}$을 계산하는 것은, t를 고정하고 s에 대하여 z의 도함수를 구하는 것이므로 정리 6.9를 적용하면 다음과 같은 정리를 얻는다.

정리 6.10 **이변수 함수의 연쇄법칙 2**

이변수 함수 $z=f(x,y)$가 미분가능한 함수라고 하고, $x=g(s,t)$와 $y=h(s,t)$가 모두 s와 t에 대하여 미분가능한 함수라고 하자. 그러면 다음이 성립한다.

$$\frac{\partial z}{\partial s}=\frac{\partial z}{\partial x}\frac{\partial x}{\partial s}+\frac{\partial z}{\partial y}\frac{\partial y}{\partial s}, \qquad \frac{\partial z}{\partial t}=\frac{\partial z}{\partial x}\frac{\partial x}{\partial t}+\frac{\partial z}{\partial y}\frac{\partial y}{\partial t}$$

정리 6.10의 연쇄법칙을 수형도를 이용하여 보다 쉽게 기억할 수 있다. 수형도를 그리는 방법은 먼저 z가 x, y의 함수임을 알 수 있도록 z로부터 x, y까지를 각각 가지로 연결한다. 그런 뒤에 다시 x, y로부터 s, t까지를 가지로 연결한다. 이렇게 한 후에 각각의 가지에는 그들에 대응하는 편도함수를 적는다. 이제 완성된 수형도를 통하여 편도함수 $\frac{\partial z}{\partial s}$를 얻어 보자. 이를 위해 z로부터 s까지 각각의 경로를 따라 편도함수들을 곱한 후에 다시 이들 결과를 더하면 된다. 이렇게 해서 얻어진 편도함수는

$$\frac{\partial z}{\partial s}=\frac{\partial z}{\partial x}\frac{\partial x}{\partial s}+\frac{\partial z}{\partial y}\frac{\partial y}{\partial s}$$

이다. 유사한 방법으로 $\frac{\partial z}{\partial t}$을 구하면

$$\frac{\partial z}{\partial t}=\frac{\partial z}{\partial x}\frac{\partial x}{\partial t}+\frac{\partial z}{\partial y}\frac{\partial y}{\partial t}$$

을 얻는다.

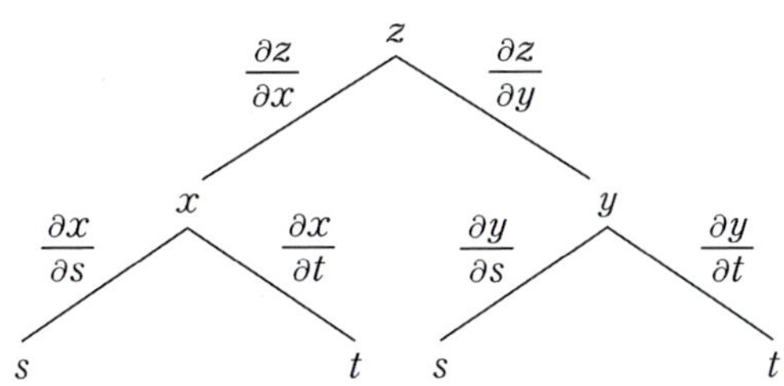

그림 6.4 이변수 함수의 연쇄법칙

예제 6.15

$x = s^2t$, $y = st^2$이고, $z = e^x \ln(y^2+1)$일 때, $\dfrac{\partial z}{\partial s}$와 $\dfrac{\partial z}{\partial t}$를 구하여라.

풀이 $\dfrac{\partial z}{\partial x} = e^x \ln(y^2+1)$, $\dfrac{\partial z}{\partial y} = e^x \dfrac{2y}{y^2+1}$ 이므로, 연쇄법칙 2에 의하여

$$\frac{\partial z}{\partial s} = \frac{\partial z}{\partial x}\frac{\partial x}{\partial s} + \frac{\partial z}{\partial y}\frac{\partial y}{\partial s} = (e^x \ln(y^2+1))(2st) + \left(e^x \frac{2y}{y^2+1}\right)(t^2)$$
$$\frac{\partial z}{\partial t} = \frac{\partial z}{\partial x}\frac{\partial x}{\partial t} + \frac{\partial z}{\partial y}\frac{\partial y}{\partial t} = (e^x \ln(y^2+1))(s^2) + \left(e^x \frac{2y}{y^2+1}\right)(2st)$$

이다. 또한 $x = s^2t$, $y = st^2$이므로,

$$\frac{\partial z}{\partial s} = 2ste^{s^2t}\ln(s^2t^4+1) + \frac{2st^4e^{s^2t}}{s^2t^4+1}$$
$$\frac{\partial z}{\partial t} = s^2e^{s^2t}\ln(s^2t^4+1) + \frac{4s^2t^3e^{s^2t}}{s^2t^4+1}$$

이다.

문제 6.15

$x = 2st^3$, $y = 4s^4t$이고, $z = e^{3x^2}\ln(xy^2+4)$일 때, $\dfrac{\partial z}{\partial s}$와 $\dfrac{\partial z}{\partial t}$를 구하여라.

예제 6.16

$x = se^t$, $y = t^2\ln(s^2+1)$이고, $z = x^2 + y^2$일 때, $\dfrac{\partial z}{\partial s}$와 $\dfrac{\partial z}{\partial t}$를 구하여라.

풀이 $\dfrac{\partial z}{\partial x} = 2x$, $\dfrac{\partial z}{\partial y} = 2y$ 이므로, 연쇄법칙 2에 의하여

$$\frac{\partial z}{\partial s} = \frac{\partial z}{\partial x}\frac{\partial x}{\partial s} + \frac{\partial z}{\partial y}\frac{\partial y}{\partial s} = 2x(e^t) + 2y\left(t^2\frac{2s}{s^2+1}\right)$$
$$\frac{\partial z}{\partial t} = \frac{\partial z}{\partial x}\frac{\partial x}{\partial t} + \frac{\partial z}{\partial y}\frac{\partial y}{\partial t} = 2x(se^t) + 2y(2t\ln(s^2+1))$$

이다. 또한 $x=se^{t}$, $y=t^{2}\ln(s^{2}+1)$이므로,

$$\frac{\partial z}{\partial s}=2se^{2t}+2t^{4}\left(\frac{2s}{s^{2}+1}\right)\ln(s^{2}+1)$$
$$\frac{\partial z}{\partial t}=2s^{2}e^{2t}+4t^{3}(\ln(s^{2}+1))^{2}$$

이다.

문제 6.16

$x=s^{2}e^{t^{2}}$, $y=s\ln(t^{2}+2)$이고, $z=x^{3}+y^{2}$일 때, $\dfrac{\partial z}{\partial s}$와 $\dfrac{\partial z}{\partial t}$를 구하여라.

y가 $f(x,y)=0$에 의한 x의 음함수라는 말은 y가 x에 관한 함수($y=g(x)$)라는 것을 의미한다.

정리 6.11 음함수의 미분법 1

y가 $f(x,y)=0$에 의한 x의 음함수일 때, $\dfrac{dy}{dx}$는 편도함수를 이용하여 다음과 같이 나타낼수 있다.

$$\frac{dy}{dx}=-\frac{f_x}{f_y},\quad (f_y\neq 0)$$

증명 $f(x,y)=0$의 양변을 연쇄법칙 2를 이용하여 x에 관하여 편미분하면

$$0=\frac{\partial f}{\partial x}\frac{\partial x}{\partial x}+\frac{\partial f}{\partial y}\frac{\partial y}{\partial x}=\frac{\partial f}{\partial x}+\frac{\partial f}{\partial y}\frac{dy}{dx}$$

이다. 따라서 위의 식을 $\dfrac{dy}{dx}$에 관하여 정리하면

$$\frac{dy}{dx}=-\frac{f_x}{f_y},\quad (f_y\neq 0)$$

을 얻는다.

예제 6.17

$xy^2+2x^2y-2x=-1$일 때, 음함수의 미분법 1을 이용하여 도함수 $\dfrac{dy}{dx}$를 구하여라.

풀이 $f(x,y)=xy^2+2x^2y-2x+1=0$이라고 하면,

$$f_x=y^2+4xy-2$$
$$f_y=2xy+2x^2$$

이므로, 음함수의 미분법 1에 의해 도함수 $\dfrac{dy}{dx}$는

$$\frac{dy}{dx}=-\frac{y^2+4xy-2}{2xy+2x^2},\quad (2xy+2x^2\neq 0)$$

이다.

문제 6.17

$x^2-y^2+2xy=0$일 때, 음함수의 미분법 1을 이용하여 도함수 $\dfrac{dy}{dx}$를 구하여라.

예제 6.18

$x^2y+y^2e^{2x+1}=0$일 때, 음함수의 미분법 1을 이용하여 도함수 $\dfrac{dy}{dx}$를 구하여라.

풀이 $f(x,y)=x^2y+y^2e^{2x+1}$이라고 하면,

$$f_x=2xy+2y^2e^{2x+1}$$
$$f_y=x^2+2ye^{2x+1}$$

이므로, 음함수의 미분법 1에 의해 도함수 $\dfrac{dy}{dx}$는

$$\frac{dy}{dx}=-\frac{2xy+2y^2e^{2x+1}}{x^2+2ye^{2x+1}},\quad (x^2+2ye^{2x+1}\neq 0)$$

이다.

문제 6.18

$xy^3 + xe^x = 0$일 때, 음함수의 미분법 1을 이용하여 도함수 $\frac{dy}{dx}$을 구하여라.

정리 6.11의 증명 방법을 이용하여 다음 정리를 얻는다.

정리 6.12 음함수의 미분법 2

z가 $f(x, y, z) = 0$에 의한 x, y의 음함수일 때, 다음을 얻는다.

$$\frac{\partial z}{\partial x} = -\frac{f_x}{f_z}, \quad \frac{\partial z}{\partial y} = -\frac{f_y}{f_z}, \qquad (f_z \neq 0)$$

예제 6.19

$x^2 + y^2 + z^2 - 2xyz = 0$일 때, 음함수의 미분법 2를 이용하여 편도함수 $\frac{\partial z}{\partial x}$, $\frac{\partial z}{\partial y}$를 각각 구하여라.

풀이 $f(x,y,z) = x^2 + y^2 + z^2 - 2xyz = 0$이라고 하면,

$$f_x = 2x - 2yz$$
$$f_y = 2y - 2xz$$
$$f_z = 2z - 2xy$$

이므로, 음함수의 미분법 2에 의해 편도함수 $\frac{\partial z}{\partial x}$, $\frac{\partial z}{\partial y}$는

$$\frac{\partial z}{\partial x} = -\frac{2x - 2yz}{2z - 2xy} = -\frac{x - yz}{z - xy}, \quad \frac{\partial z}{\partial y} = -\frac{2y - 2xz}{2z - 2xy} = -\frac{y - xz}{z - xy}, \qquad (z - xy \neq 0)$$

이다.

문제 6.19

$x^3+3y^2+2z^3+yz=0$일 때, 음함수의 미분법 2를 이용하여 편도함수 $\frac{\partial z}{\partial x}$, $\frac{\partial z}{\partial y}$를 각각 구하여라.

SECTION 6.2 연/습/문/제

01 연쇄법칙을 이용하여 $\dfrac{dz}{dt}$를 구하여라.

(1) $z = xy^2 - yx^2,\ x = 1 + t^2,\ y = 1 - t^2$

(2) $z = e^{x^2} - \ln(x + y^2),\ x = 2t + 1,\ y = \sqrt{t}$

02 연쇄법칙을 이용하여 $\dfrac{\partial z}{\partial s}$와 $\dfrac{\partial z}{\partial t}$를 구하여라.

(1) $z = e^x \ln y,\ x = s + t^2,\ y = s^2 t$

(2) $z = x^2 y + yx,\ x = t^2 e^s,\ y = se^{t^2}$

(3) $z = x^2 + 3y^2,\ x = 4s + t^2,\ y = 2e^{ts}$

03 음함수의 미분법을 사용하여 $\dfrac{\partial z}{\partial x}$와 $\dfrac{\partial z}{\partial y}$를 구하여라.

(1) $x^2 + y^2 + z^3 = 2xyz$

(2) $x^2 + z = e^{x^2 yz}$

CHAPTER 07

확률

공정한 주사위를 던질 때 1의 눈이 나올 확률은 $\frac{1}{6}$이고 공정한 동전을 던질 때 앞면이 나올 확률은 $\frac{1}{2}$이라고 쉽게 말하지만, 확률을 정의하는 방법은 그렇게 간단하지 않다. 정의하는 방법에 따라 수학적 확률과 통계적 확률이라고 부르는 정의가 있지만 두 가지 모두 부족한 부분이 있다. 이 부족한 부분을 없애기 위하여 도입한 정의가 공리적인 방법을 사용하는 정의이다. 이 책에서는 각각의 확률을 정의하는 방법과 확률의 간단한 성질을 알아보고 경제학, 심리학 또는 인공지능 등에 많이 사용되는 베이즈 공식을 알아보도록 한다. 그리고 통계적 추론이나 자연과학 및 사회과학에서 가장 중요하게 사용되는 정규분포에 대하여 알아보도록 한다.

SECTION 7.1 경우의 수

경우의 수를 구하는데 필요한 가장 기본적인 법칙은 합의 법칙과 곱의 법칙이다.

정리 7.1 합의 법칙

S를 유한집합이라 하고 $S_1, S_2, \cdots, S_m$을 다음 두 조건을 만족하는 S의 부분집합이라 하자.

(1) $S = S_1 \cup S_2 \cup \cdots \cup S_m$

(2) $S_i \cap S_j = \varnothing \quad (i \neq j)$

S의 원소의 개수를 $|S|$라 하면

$$|S| = |S_1| + |S_2| + \cdots + |S_m|$$

이다.

참고 합의 법칙을 사용할 때는 전체 집합을 몇 개의 부분집합으로 분할할 때 서로 겹치지 않도록 나누어야 한다.

합의 법칙은 다음과 같이 표현할 수도 있다: 한 사건 A가 일어나는 방법의 수가 m가지이고 다른 사건 B가 일어나는 방법의 수가 n가지이면, A와 B가 동시에 일어나지 않을 때 A 또는 B가 일어나는 방법의 수는 $m+n$가지이다.

예제 7.1

서로 다른 주사위 두 개를 동시에 던질 때 나오는 눈의 합이 5의 배수가 되는 경우의 수를 구하여라.

풀이 주사위의 눈의 합이 5 또는 10이 되는 경우의 수를 구하면 된다. 5가 되는 경우는

$$(1,4),\ (2,3),\ (3,2),\ (4,1)$$

이고 10이 되는 경우는

$$(4,6),\ (5,5),\ (6,4)$$

이다. 이들 중 겹치는 것은 없으므로 모든 경우의 수는 $4+3=7$이다.

문제 7.1

주사위를 두 번 던졌을 때 나오는 눈의 합이 소수인 경우의 수를 구하여라.

정리 7.2 **곱의 법칙**

A와 B를 각각 $|A|=n$, $|B|=m$인 집합이라 하면

$$|A\times B|=n\times m$$

이다.

곱의 법칙은 다음과 같이 표현할 수도 있다: 한 사건 A가 일어나는 방법의 수가 n가지이고 각각에 대하여 다른 사건 B가 일어나는 방법의 수가 m가지일 때, A와 B가

순차적으로 일어나는 방법의 수는 $n \times m$가지이다.

참고 (1) 곱의 법칙을 사용할 때는 사건 B가 일어나는 것이 사건 A가 일어나는 것에 영향을 받지 않아야 한다. 즉, A의 결과에 상관없이 B가 일어나는 방법의 수는 항상 일정해야 한다.

(2) 곱의 법칙은 일반적인 유한개의 집합으로 확장될 수 있다.

예제 7.2

집합 $A = \{1, 2, 3, \cdots, 10\}$의 모든 부분집합의 개수를 구하여라.

풀이 B를 A의 부분집합이라고 하자. 1은 B에 포함될 수도 있고 포함되지 않을 수도 있으므로 2가지 경우가 있다. 다른 원소들에 대해서도 각각 2가지 경우가 있으므로 모두 $2^{10} = 1024$개의 부분집합이 있다.

문제 7.2

$2^2 \times 3^3 \times 5^5$의 양의 약수의 개수를 구하여라.

정의 7.3 **순열**

n개의 원소로 이루어진 집합 X에서 k $(1 \le k \le n)$개의 서로 다른 원소를 뽑아 일렬로 나열하는 것을 k-**순열**이라 한다. 그리고 k-순열의 개수를 ${}_n\mathrm{P}_k$로 나타낸다.

정리 7.4

k-순열의 개수 ${}_n\mathrm{P}_k$는

$${}_n\mathrm{P}_k = n(n-1)(n-2)\cdots(n-k+1) = \frac{n!}{(n-k)!}$$

이다.

증명 k개의 서로 다른 상자를 만들고 각 상자에 X의 원소를 하나씩 넣는다고 하자.

처음 상자에 넣을 수 있는 원소의 개수는 n이다. 그리고 두 번째 상자에 넣을 수 있는 원소의 개수는 $n-1$이고 세 번째 상자에 넣을 수 있는 원소의 개수는 $n-2$이다. 그리고 마지막 상자에 넣을 수 있는 원소의 개수는 $n-k+1$이다. 그러므로 곱의 법칙에 의하여 k개의 서로 다른 상자에 원소를 넣는 방법의 수는

$$n(n-1)(n-2)\cdots(n-k+1)$$

이다.

예제 7.3

10명으로 이루어진 동아리에서 회장, 부회장, 총무를 뽑는 방법의 수를 구하여라.

풀이 10명 중에서 3명을 뽑아 일렬로 나열하는 방법의 수와 같으므로 ${}_{10}\mathrm{P}_3 = 10\times 9\times 8 = 720$이다.

문제 7.3

숫자 $0, 1, 2, 3, 4, 5$ 중에서 서로 다른 4개를 택하여 만들 수 있는 네 자리 자연수의 개수를 구하여라.

선택한 원소를 원 주위에 나열하는 것과 일렬로 나열하는 것과의 차이를 살펴보자. $1, 2, 3, \cdots, k$를 일렬로 나열하는 방법의 수는 $k!$이다. 이 나열 중에서 다음 두 나열

$$1,\ 2,\ \cdots,\ (k-1),\ k \qquad\qquad k,\ 1,\ 2,\ \cdots,\ (k-1)$$

은 원 주위에 나열했을 때는 서로 같은 나열이다. 마찬가지로 나열

$$(k-1),\ k,\ 1,\ 2,\ \cdots,\ (k-2)$$

도 원 주위에 나열했을 때는 앞의 나열과 서로 같은 나열이다. 이와 같이 생각하면 원 주위에 나열했을 때 $1, 2, \cdots, (k-1), k$와 같은 것들은 모두 k개가 있음을 알 수 있다.

즉, $k!$개의 나열 중에서 k개씩은 원 주위에 나열했을 때 구별되지 않는다. 따라서 다음 결과를 얻을 수 있다.

정리 7.5 k개의 원소를 원 주위에 나열하는 방법의 수는 $(k-1)!$이다.

예제 7.4

숫자 $1, 2, 3, 4, 5$를 원 주위에 나열하는 방법의 수를 구하여라.

풀이 방법의 수는 $(5-1)! = 24$이다.

문제 7.4

5명의 남자와 4명의 여자를 원 주위에 나열할 때, 여자는 이웃하지 않도록 나열하는 방법의 수를 구하여라.

정의 7.6 **조합**

n개의 원소로 이루어진 집합 X의 원소 중에서 k $(1 \leq k \leq n)$개의 서로 다른 원소를 뽑는 것을 k-**조합**이라 하고 k-조합의 수를 ${}_n\mathrm{C}_k$ 또는 $\binom{n}{k}$로 나타낸다.

정리 7.7 k-조합의 수 ${}_n\mathrm{C}_k$는

$${}_n\mathrm{C}_k = \frac{n!}{k!(n-k)!}$$

이다.

증명 X를 원소의 개수가 n인 집합이라 하자. k-순열은 n개의 원소 중에서 k개를 선택하여 일렬로 나열하는 방법의 수이므로

$$_{n}\mathrm{P}_{k} = {}_{n}\mathrm{C}_{k} \times k!$$

인 관계가 있다. 따라서

$$_{n}\mathrm{C}_{k} = \frac{_{n}\mathrm{P}_{k}}{k!} = \frac{n!}{k!\,(n-k)!}$$

이다.

예제 7.5

10명으로 이루어진 동아리에서 임원 3명을 뽑는 방법의 수를 구하여라.

풀이 방법의 수는 $_{10}\mathrm{C}_{3} = \dfrac{10!}{3! \times 7!} = 120$이다.

문제 7.5

집합 $\{1, 2, 3, \cdots, 7\}$의 부분집합 중에서 원소가 3개인 부분집합의 수를 구하여라.

n개의 원소를 가진 집합 X에서 중복해서 뽑는 것을 허락하여 k개의 원소를 뽑아 나열하는 것을 k-**중복순열**이라 하고 k-중복순열의 수를 $_{n}\Pi_{k}$로 나타낸다. $_{n}\Pi_{k}$의 값은 곱의 법칙을 사용하면 간단히 계산할 수 있다.

정리 7.8

k-중복순열의 수 $_{n}\Pi_{k}$는

$$_{n}\Pi_{k} = n^{k}$$

이다.

예제 7.6

(1) 숫자 $1, 2, 3, 4, 5$ 중에서 중복을 허락하여 숫자 3개를 택하여 만들 수 있는 세 자리 자연수의 개수를 구하여라.

(2) 10개의 서로 다른 공을 3개의 상자에 넣는 방법의 수를 구하여라.

풀이

(1) 개수는 ${}_5\Pi_3 = 5^3 = 125$이다.

(2) 세 상자를 각각 A, B C라 하면 각 공에 A 또는 B 또는 C를 부여하는 방법의 수와 같으므로 방법의 수는 ${}_3\Pi_{10} = 3^{10} = 59049$이다.

문제 7.6

$1, 2, 3, 4, 5$를 나열하여 4자리 자연수를 만들려고 한다.

(1) 중복을 허락하여 숫자를 사용하는 경우, 숫자 1을 반드시 포함하는 자연수의 개수를 구하여라.

(2) 중복을 허락하지 않는 경우, 3241보다 큰 숫자의 개수를 구하여라.

a가 3개, b가 2개, c가 2개 있을 때, 이 문자를 모두 나열하는 방법의 수는 다음과 같은 순서에 따라 구할 수 있다.

(1) 7개의 방을 생각하고 먼저 a가 들어갈 3개의 방을 택한다. 이 방법의 수는 ${}_7C_3$이다.

(2) 나머지 4개의 방 중에서 b가 들어갈 2개의 방을 택한다. 이 방법의 수는 ${}_4C_2$이다.

(3) 나머지 2개의 방 중에서 c가 들어갈 2개의 방을 택한다. 이 방법의 수는 ${}_2C_2$이다.

그러므로 모든 경우의 수는

$${}_7C_3 \times {}_4C_2 \times {}_2C_2 = \frac{7!}{3! \times 4!} \times \frac{4!}{2! \times 2!} \times \frac{2!}{2! \times 1!} = \frac{7!}{3! \times 2! \times 2!}$$

이다. 같은 방법으로 다음과 같은 일반적인 결과를 얻을 수 있다.

정리 7.9

1이 a_1개, 2가 a_2개, $\cdots$, n이 a_n개 있을 때, 주어진 $a_1+a_2+\cdots+a_n$개의 숫자를 일렬로 나열하는 방법의 수는

$$\frac{(a_1+a_2+\cdots+a_n)!}{a_1!\,a_2!\,\cdots\,a_n!}$$

이다.

증명 먼저 $a_1+a_2+\cdots+a_n$개의 방을 생각하자. 먼저 1이 들어갈 a_1개의 방을 선택한다. 이 방법의 수는 ${}_{(a_1+a_2+\cdots+a_n)}C_{a_1}=\frac{(a_1+a_2+\cdots+a_n)!}{a_1!(a_2+\cdots+a_n)!}$이다. 그리고 나머지 $a_2+\cdots+a_n$개의 방에서 2가 들어갈 a_2개의 방을 선택한다. 이 방법의 수는 ${}_{(a_2+\cdots+a_n)}C_{a_2}=\frac{(a_2+a_3+\cdots+a_n)!}{a_2!(a_3+\cdots+a_n)!}$이다. 이와 같은 방법으로 생각하면 모든 순열의 수는

$${}_{(a_1+a_2+\cdots+a_n)}C_{a_1}\times{}_{(a_2+\cdots+a_n)}C_{a_2}\times\cdots\times{}_{a_n}C_{a_n}$$

이고 이 식을 계산하면

$$\frac{(a_1+a_2+\cdots+a_n)!}{a_1!(a_2+\cdots+a_n)!}\times\frac{(a_2+a_3+\cdots+a_n)!}{a_2!(a_3+\cdots+a_n)!}\times\cdots\times\frac{a_n!}{a_n!}=\frac{(a_1+a_2+\cdots+a_n)!}{a_1!a_2!\cdots a_n!}$$

이다.

예제 7.7

(1) 1, 1, 1, 1, 2, 2, 2, 3을 나열하여 만들 수 있는 8자리 자연수의 개수를 구하여라.

(2) 10개의 서로 다른 공을 A, B, C 3개의 서로 다른 상자에 넣는다. A상자에는 4개, B상자에는 3개, C상자에는 3개를 넣는 방법의 수를 구하여라.

풀이

(1) 만들 수 있는 자연수의 개수는 $\frac{(4+3+1)!}{4!\,3!\,1!}=280$이다.

(2) A 4개, B 3개, C 3개를 나열하는 방법의 수와 같으므로 $\frac{10!}{4!\,3!\,3!}=4200$이다.

문제 7.7

아래 그림에서 A에 놓여 있는 점이 선분을 따라 움직인다고 할 때, 최단거리로 B까지 움직이는 방법의 수를 구하여라.

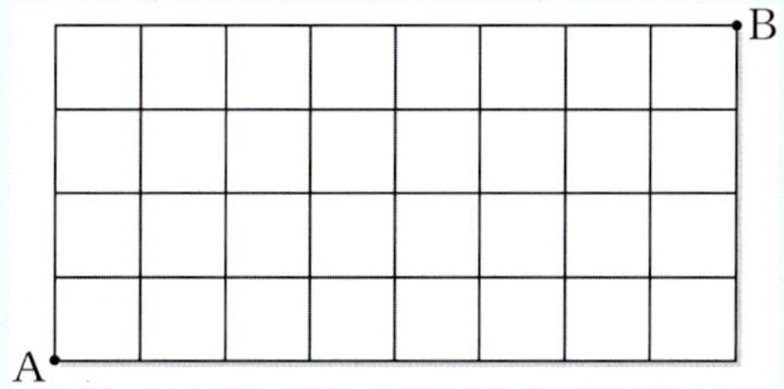

n개의 원소를 가진 집합 X에서 중복을 허락하여 k개의 원소를 뽑는 것을 **k-중복조합**이라고 하고 k-중복조합의 수를 ${}_n\mathrm{H}_k$로 나타낸다. k-중복조합의 수를 구하기 위하여 다음과 같이 생각하자.

집합 $X=\{1, 2, \cdots, n\}$에서 1을 x_1개, 2를 x_2개, $\cdots$, n을 x_n개를 선택하여 모두 k개를 택했다고 하면

$$x_1+x_2+\ \cdots\ +x_n=k$$

이다. 여기서 x_i $(i=1, 2, \cdots, n)$는 음이 아닌 정수이다. 따라서 k-중복조합의 수는 일차방정식 $x_1+x_2+\ \cdots\ +x_n=k$를 만족하는 음이 아닌 정수해의 수와 같다는 사실을 알 수 있다.

방정식 $x_1+x_2+x_3+x_4=7$의 음이 아닌 정수해의 수를 구해보자. 이 방정식의 음이 아닌 정수해 $x_1=1$, $x_2=2$, $x_3=0$, $x_4=4$를 다음과 같이 표현하자.

$$\circ \mid \circ\circ \mid \mid \circ\circ\circ\circ$$

위 방정식의 모든 음이 아닌 정수해는 이와 같이 7개의 ○과 3개의 |를 나열하여 나타낼 수 있다. 역으로 7개의 ○과 3개의 |로 이루어진 나열은 위 방정식의 음이 아닌 정수해를 하나 결정해주는 것을 알 수 있다. 즉, 방정식 $x_1+x_2+x_3+x_4=7$의 음이 아닌 정수해의 개수는 7개의 ○과 3개의 |로 이루어진 나열의 수 $\dfrac{10!}{7!\,3!}={}_{10}\mathrm{C}_7$임을 알 수 있다.

$x_1+x_2+x_3+x_4=7$ 의 해		○○○○○○○||| 의 나열
$x_1=1,\ x_2=2,\ x_3=2,\ x_4=2$	$\leftrightarrow$	○ | ○○ | ○○ | ○○
$x_1=0,\ x_2=3,\ x_3=4,\ x_4=0$	$\leftrightarrow$	| ○○○ | ○○○○ |
$x_1=0,\ x_2=0,\ x_3=2,\ x_4=5$	$\leftrightarrow$	| | ○○ | ○○○○○

따라서 다음의 결과를 얻을 수 있다.

정리 7.10 n개의 원소를 가진 집합 X의 k-중복조합의 수는

$$_n\mathrm{H}_k = \frac{(k+n-1)!}{k!(n-1)!} = {}_{(k+n-1)}\mathrm{C}_k$$

이다.

증명 n개의 원소를 가진 집합 X의 $k-$중복조합의 수는 방정식

$$x_1+x_2+\cdots+x_n=k$$

의 음이 아닌 정수해의 개수와 같고 이것은 k개의 ○와 $n-1$개의 |를 나열하는 방법의 수와 같으므로

$$_n\mathrm{H}_k = \frac{(k+n-1)!}{k!(n-1)!} = {}_{(k+n-1)}\mathrm{C}_k$$

이다.

예제 7.8

(1) 똑같은 공 8개를 4개의 서로 다른 상자에 넣는 방법의 수를 구하여라.

(2) $x_1+x_2+x_3+x_4=10$의 양의 정수해의 수를 구하여라.

풀이 (1) 방정식 $x_1+x_2+x_3+x_4=8$의 음이 아닌 정수해의 개수를 구하면 되므로

$$_4\mathrm{H}_8 = \frac{(8+4-1)!}{8!\,3!} = 165$$

이다.

(2) $y_i = x_i - 1 \ (1 \le i \le 4)$로 치환하면

$$y_1 + y_2 + y_3 + y_4 = 6$$

이다. 이 방정식의 음이 아닌 정수해 $y_1 = 2,\ y_2 = 0,\ y_3 = 1,\ y_4 = 3$을 생각하자. 이 해에 각각 1을 더한 $x_1 = 3,\ x_2 = 1,\ x_3 = 2,\ x_4 = 4$는 방정식 $x_1 + x_2 + x_3 + x_4 = 10$의 양의 정수해가 된다.

역으로 방정식 $x_1 + x_2 + x_3 + x_4 = 10$의 양의 정수해에서 각각 1을 빼면 방정식 $y_1 + y_2 + y_3 + y_4 = 6$의 음이 아닌 정수해를 만들 수 있다. 따라서 문제에 주어진 일차방정식의 양의 정수해의 수는 방정식 $y_1 + y_2 + y_3 + y_4 = 6$의 음이 아닌 정수해의 수와 같으므로 ${}_4\mathrm{H}_6 = \frac{(6+4-1)!}{6!\,3!} = 84$이다.

문제 7.8

(1) 방정식 $a+b+c+d=12 \ (a \ge 0,\ b \ge 1,\ c \ge 2,\ d \ge 3)$의 정수해의 개수를 구하여라.

(2) 방정식 $a+b+c+d+e=25$의 양의 홀수로만 이루어진 정수해의 개수를 구하여라.

합의 법칙에 의하면 집합 S가 $S = S_1 \cup S_2$이고 $S_1 \cap S_2 = \varnothing$이면 $|S| = |S_1| + |S_2|$이다. 일반적으로 집합 S가 $S = S_1 \cup S_2$이면 $|S|$는

$$|S| = |S_1| + |S_2| - |S_1 \cap S_2|$$

로 계산된다. 다음 그림을 생각하자.

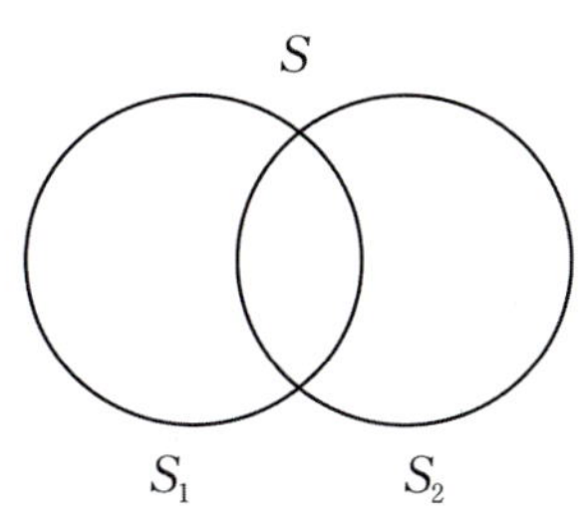

그림 7.1

집합 S는 $S_1 - S_2$, $S_2 - S_1$, $S_1 \cap S_2$ 세 부분으로 분할되어 있다. S에 속하는 각 원소가 식 $|S_1| + |S_2| - |S_1 \cap S_2|$에서 몇 번씩 계산되는지 알아보자. $S_1 - S_2$에 속하는 원소는 $|S_1|$에서만 계산되므로 $1+0-0=1$번 계산된다. 마찬가지로 $S_2 - S_1$에 속하는 원소는 $|S_2|$에서만 계산되므로 $1+0-0=1$번 계산된다. 그리고 $S_1 \cap S_2$에 속하는 원소는 $|S_1|$, $|S_2|$, $|S_1 \cap S_2|$에서 모두 계산되므로 $1+1-1=1$번 계산된다. 따라서 집합 S에 속하는 모든 원소는 식 $|S_1| + |S_2| - |S_1 \cap S_2|$에서 1번씩 계산된다. 그러므로
$|S| = |S_1| + |S_2| - |S_1 \cap S_2|$이다.

같은 방법으로 생각하면 $S = S_1 \cup S_2 \cup S_3$인 경우는

$$|S| = |S_1| + |S_2| + |S_3| - |S_1 \cap S_2| - |S_1 \cap S_3| - |S_2 \cap S_3| + |S_1 \cap S_2 \cap S_3|$$

임을 알 수 있다.

예제 7.9

(1) 100 이하의 자연수 중에서 2 또는 3 또는 5의 배수의 개수를 구하여라.

(2) 50명이 정원인 어느 학과에 개설된 과목 A, B, C의 수강생을 조사했더니, A를 수강한 학생이 25명, B를 수강한 학생이 20명, C를 수강한 학생이 27명이고, A와 B를 수강한 학생이 12명, A와 C를 수강한 학생이 15명, B와 C를 수강한 학생이 18명이었다. 모든 학생이 적어도 한 과목은 수강했다고 할 때, A, B, C를 모두 수강한 학생의 수를 구하여라.

풀이

(1) 100 이하의 자연수 중에서 2 또는 3 또는 5의 배수의 집합을 S라 하자. 2의 배수의 집합을 A, 3의 배수의 집합을 B, 5의 배수의 집합을 C라 하면 $S = A \cup B \cup C$이고 $|A| = 50$, $|B| = 33$, $|C| = 20$이다. 그리고 $A \cap B$는 6의 배수의 집합, $A \cap C$는 10의 배수의 집합, $B \cap C$는 15의 배수의 집합이므로 $|A \cap B| = 16$, $|A \cap C| = 10$, $|B \cap C| = 6$이다. 그리고 $A \cap B \cap C$는 30의 배수의 집합이므로 $|A \cap B \cap C| = 3$이다. 따라서

$$|S| = 50 + 33 + 20 - 16 - 10 - 6 + 3 = 74$$

이다.

(2) A과목을 수강한 학생의 집합을 A, B과목을 수강한 학생의 집합을 B, C과목을 수강한 학생의 집합을 C라 하면 $|A \cup B \cup C| = 50$이다. 모든 과목을 수강한 학생의 수를 x명이라 하면

$$|A \cup B \cup C| = 25 + 20 + 27 - 12 - 15 - 18 + x = 50$$

이므로 $x = 27$이다.

문제 7.9

1, 2, 3 세 숫자로 이루어진 6자리 정수 중에서 1, 2, 3이 모두 들어 있는 것의 개수를 구하여라.

합집합의 원소의 개수를 구하는 식은 다음과 같이 일반적으로 확장될 수 있다.

정리 7.11

$S_1, S_2, \cdots, S_n$이 임의의 집합일 때

$$a_1 = |S_1| + |S_2| + \cdots + |S_n|$$
$$a_2 = |S_1 \cap S_2| + |S_1 \cap S_3| + |S_1 \cap S_4| + \cdots$$
$$a_3 = |S_1 \cap S_2 \cap S_3| + \cdots$$
$$\vdots$$
$$a_n = |S_1 \cap S_2 \cap \cdots \cap S_n|$$

이라 하면

$$|S_1 \cup S_2 \cup \cdots \cup S_n| = a_1 - a_2 + a_3 - \cdots + (-1)^{n-1} a_n$$

이다.

SECTION 7.1 연/습/문/제

01 공정한 주사위를 두 번 던질 때, 눈의 합이 소수일 확률을 구하여라.

02 숫자 $1, 2, 3, 4, 5, 6, 7, 8, 9$를 일렬로 나열한 숫자 중에서 짝수가 연속해서 나타나지 않는 것의 개수를 구하여라.

03 7을 하나만 포함하는 세 자리 정수의 개수를 구하여라.

04 원주 위에 점이 10개가 있다. 이 점을 꼭짓점으로 하는 사각형의 개수를 구하여라.

05 단어 MISSISSIPPI의 순서를 재배열하여 만들 수 있는 단어의 수를 구하여라.

06 문자 a, b를 사용하여 만들 수 있는 길이가 7인 문자열을 만들려고 한다.

(1) 모든 문자열의 개수를 구하여라.

(2) a가 짝수 개인 문자열의 개수를 구하여라.

07 방정식 $5a+b+c+d=20$의 음이 아닌 정수해의 개수를 구하여라.

08 5가지의 서로 다른 공이 들어 있는 주머니에서 10개의 공을 꺼낸다고 하자. 단, 각 종류의 공은 모두 10개 이상씩 들어 있다.

(1) 모든 방법의 수를 구하여라.

(2) 모든 종류의 공이 적어도 하나 이상 뽑히는 방법의 수를 구하여라.

09 4개의 똑같은 연필과 5개의 서로 다른 공책을 3사람에게 나누어 줄 수 있는 방법의 수를 구하여라.

SECTION 7.2 확률의 정의

동일한 조건 아래에서 반복적으로 할 수 있으며 우연에 의해서 그 결과를 예측할 수 없는 실험을 시행이라 한다. 어떤 시행에서 나타날 수 있는 모든 결과의 집합을 표본공간이라 하고 표본공간의 각 원소를 표본점이라 한다. 그리고 표본공간의 부분집합을 사건이라 한다.

공정한 주사위를 던지는 경우 표본공간은 $S=\{1,2,3,4,5,6\}$이다. 공정한 주사위라는 것은 이 여섯 가지가 나올 가능성은 모두 같다는 의미이므로 각 표본점이 나올 가능성은 똑같이 $\frac{1}{6}$이라고 생각할 수 있다. 그리고 예를 들어 짝수가 나올 사건을 A라 하면 $A=\{2,4,6\}$이므로 사건 A가 발생할 확률은 각각의 표본점에 부여된 값을 더한 $\frac{1}{6}+\frac{1}{6}+\frac{1}{6}=\frac{1}{2}$로 생각할 수 있다. 표본공간이 유한집합인 경우, 이와 같은 방법으로 정의한 확률을 수학적 확률이라 한다.

정의 7.12 **수학적 확률**

표본공간이 $S=\{\omega_1, \omega_2, \cdots, \omega_n\}$이고 A를 사건이라 하자. 사건 A가 일어날 확률은 $P(A)$로 나타내고

$$P(A)=\frac{|A|}{|S|}$$

로 정의한다.

참고 정의에 의하여 $P(S)=1$이고 $P(\varnothing)=0$이다.

예제 7.10

(1) 공정한 동전을 세 번 던질 때, 앞면이 적어도 두 번 이상 나올 확률을 구하여라.

(2) 공정한 주사위를 두 번 던질 때 나온 눈의 합이 7일 확률을 구하여라.

풀이 (1) 표본공간은

$$S=\{\text{HHH}, \text{HHT}, \text{HTH}, \text{THH}, \text{HTT}, \text{THT}, \text{TTH}, \text{TTT}\}$$

로 나타낼 수 있다. 여기서 H는 앞면, T는 뒷면을 나타낸다. 적어도 두 번

이상 앞면이 나올 사건을 A라 하면 A는

$$A=\{\mathrm{HHH}, \mathrm{HHT}, \mathrm{HTH}, \mathrm{THH}\}$$

이다. 따라서 $P(A)=\frac{4}{8}=\frac{1}{2}$이다.

(2) 표본공간은 $S=\{(a,b)\mid 1\le a\le 6,\ 1\le b\le 6\}$로 나타낼 수 있다. S의 원소의 개수는 36이고 눈의 합이 7일 사건을 A라 하면 A는

$$A=\{(1,6),(2,5),(3,4),(4,3),(5,2),(6,1)\}$$

이다. 따라서 $P(A)=\frac{6}{36}=\frac{1}{6}$이다.

문제 7.10

(1) 공정한 동전을 4번 던질 때, 나온 앞면의 수와 뒷면의 수가 같을 확률을 구하여라.

(2) 공정한 주사위를 두 번 던질 때 나온 눈의 합이 6 이하일 확률을 구하여라.

참고 공정한 주사위를 던졌을 때 3이 나올 확률이 $\frac{1}{6}$이라고 말하는 것은 이 주사위를 6번 던지면 3의 눈이 1번 나온다는 것을 의미하는 것이 아니고, 이 주사위를 여러 번 던지면 3의 눈이 나온 횟수가 던진 횟수의 $\frac{1}{6}$정도의 비율이 된다는 것을 의미하는 것이다. 이와 같은 방법으로 정의한 확률을 **통계적 확률**이라 한다.

정의 7.13 통계적 확률

어떤 시행을 반복해서 n번 시행할 때, 사건 A가 발생한 횟수를 $f_n(A)$라 하자. 이때 사건 A가 일어날 확률은 $P(A)$로 나타내고

$$P(A)=\lim_{n\to\infty}\frac{f_n(A)}{n}$$

로 정의한다.

참고 실제로 어떤 사건의 수학적 확률이 결정되어 있을 때, 위에서 정의한 통계적 확률이 수학적 확률과 같다는 사실이 알려져 있으며, 이것을 **큰 수의 법칙**이라고 한다.

수학적 확률이나 통계적 확률의 부족한 부분을 없애기 위하여 다음과 같은 확률의 공리적 정의를 사용한다.

정의 7.14 공리적 확률

S를 표본공간이라 하고 S의 멱집합 2^S에 대하여, $P: 2^S \to \mathbb{R}$를 다음 조건을 만족하는 함수라 하자.

(1) 임의의 $A \in 2^S$에 대하여 $0 \leq P(A) \leq 1$이다.

(2) $P(S) = 1$이다.

(3) $\{A_n \mid n \in \mathbb{N}\}$이 서로 배반인 S의 부분집합들의 모임일 때,

즉, $A_i \cap A_j = \varnothing \quad (i \neq j)$일 때

$$P\left(\bigcup_{n=1}^{\infty} A_n\right) = \sum_{n=1}^{\infty} P(A_n)$$

이다.

이때 P를 **확률측도**라 하고 (S, P)를 **확률공간**이라 한다. 그리고 $P(A)$를 사건 A가 일어날 확률이라고 한다.

정의 7.14의 조건을 이용하면 임의의 확률공간 (S, P)에서 $P(\varnothing) = 0$임을 보일 수 있다. 그리고 (3)의 조건을 **가산가법성**이라 한다. 이 조건과 $P(\varnothing) = 0$을 이용하면 서로 배반인 S의 부분집합들의 모임 $\{A_1, A_2, \cdots, A_n\}$ 에 대하여

$$P\left(\bigcup_{i=1}^{n} A_i\right) = \sum_{i=1}^{n} P(A_i)$$

임을 보일 수 있다. 이것을 **유한가법성**이라 한다.

예제 7.11

표본공간이 $S=\{1,2,3,4\}$이고 $P(\{1\})=0.3$, $P(\{2,3\})=0.6$일 때, $P(\{1,4\})$를 구하여라.

풀이 $P(\{1,2,3\})=P(\{1\})+P(\{2,3\})=0.3+0.6=0.9$이므로 $P(\{4\})=0.1$이다. 따라서

$$P(\{1,4\})=P(\{1\})+P(\{4\})=0.3+0.1=0.4$$

이다.

문제 7.11

표본공간이 $S=\{a,b,c\}$이고 $P(\{a\})=0.1$, $P(\{c\})=0.5$일 때, $P(\{a,b\})$를 구하여라.

표본공간이 $S=\{\omega_1,\omega_2,\cdots,\omega_n\}$인 경우, 확률측도 $P:2^S\to\mathbb{R}$를 각 표본점 ω_i에 대하여

$$P(\{\omega_i\})=\frac{1}{n} \qquad (1\le i\le n)$$

으로 정의하면, 이 확률은 수학적 확률과 일치한다. 예를 들어, 동전을 한 번 던지는 실험을 생각하면 표본공간은 $S=\{\mathrm{H},\mathrm{T}\}$이다. 이때 함수 $P:2^S\to\mathbb{R}$를

$$P(\{\mathrm{H}\})=\frac{1}{2}, \quad P(\{\mathrm{T}\})=\frac{1}{2}, \quad P(\{\mathrm{H},\mathrm{T}\})=1$$

로 정의하면 P는 확률측도이고, 따라서 (S,P)는 하나의 확률공간이다. 이렇게 정의한 확률은 우리가 앞에서 정의한 수학적 확률과 일치한다.

두 유한집합 A,B의 합집합 $A\cup B$의 원소의 개수 $|A\cup B|$는

$$|A\cup B|=|A|+|B|-|A\cap B|$$

로 계산한다. 이 식을 이용하면 수학적 확률의 경우 다음 식이 성립한다.

$$
\begin{aligned}
P(A \cup B) &= \frac{|A|+|B|-|A \cap B|}{|S|} \\
&= \frac{|A|}{|S|}+\frac{|B|}{|S|}-\frac{|A \cap B|}{|S|} \\
&= P(A)+P(B)-P(A \cap B)
\end{aligned}
$$

위 식은 공리적 확률을 이용하여 정의한 일반적인 확률공간에서도 성립한다.

정리 7.15 표본공간 S의 두 사건 A, B에 대하여

$$P(A \cup B)=P(A)+P(B)-P(A \cap B)$$

이다.

증명 두 사건 A, B의 합사건 $A \cup B$는

$$A \cup B=(A-B) \cup (A \cap B) \cup (B-A)$$

로 표현되고 위 식의 오른쪽의 세 사건은 서로 배반이다.

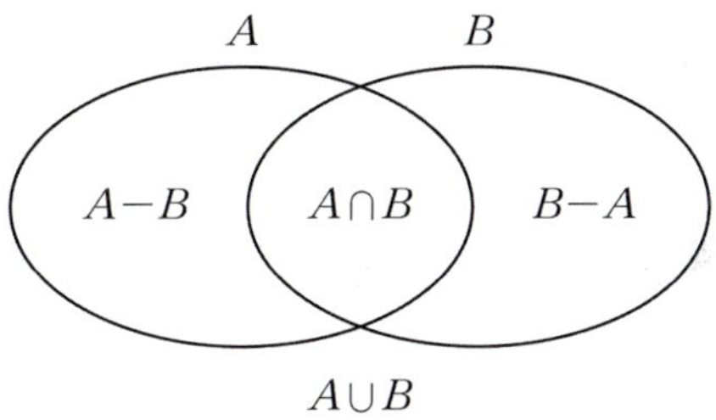

| 그림 7.2 |

따라서 유한가법성에 의하여

$$P(A \cup B)=P(A-B)+P(A \cap B)+P(B-A)$$

이다. 양변에 $P(A \cap B)$를 더하면

$$P(A \cup B)+P(A \cap B)=P(A-B)+P(A \cap B)+P(B-A)+P(A \cap B)$$

이다. 그런데

$$P(A-B)+P(A \cap B)=P(A), \quad P(B-A)+P(A \cap B)=P(B)$$

이므로

$$P(A\cup B)+P(A\cap B)=P(A)+P(B)$$

이고 따라서

$$P(A\cup B)=P(A)+P(B)-P(A\cap B)$$

이다.

두 사건 A와 B가 배반이면, 즉 $A\cap B=\varnothing$ 이면 $P(A\cup B)=P(A)+P(B)$이다. 그리고 일반적으로 세 사건 A,B,C에 대하여 위 식은 다음과 같이 표현된다.

$$\begin{aligned}P(A\cup B\cup C)=&P(A)+P(B)+P(C)-P(A\cap B)-P(A\cap C)-P(B\cap C)\\&+P(A\cap B\cap C)\end{aligned}$$

예제 7.12

1보다 크거나 같고 50보다 작거나 같은 자연수 중에서 한 숫자를 택할 때, 그 숫자가 2의 배수이거나 5의 배수일 확률을 구하여라.

풀이 숫자가 2의 배수일 사건을 A, 5의 배수일 사건을 B라 하면

$$A=\{2,4,6,8,\cdots,48,50\},\quad B=\{5,10,15,20,\cdots,50\}$$

이다. 그리고 $A\cap B=\{10,20,30,40,50\}$이다. 적혀 있는 숫자가 2의 배수이거나 5의 배수일 사건은 $A\cup B$이므로

$$\begin{aligned}P(A\cup B)&=P(A)+P(B)-P(A\cap B)\\&=\frac{25}{50}+\frac{10}{50}-\frac{5}{50}=\frac{3}{5}\end{aligned}$$

이다.

문제 7.12

1보다 크거나 같고 100보다 작거나 같은 자연수 중에서 한 숫자를 택할 때, 그 숫자가 2의 배수 또는 3의 배수 또는 5의 배수일 확률을 구하여라.

정리 7.16 표본공간 S의 사건 A에 대하여

$$P(A^c) = 1 - P(A)$$

이다.

증명 $S = A \cup A^c$이고 A와 A^c가 서로 배반이다.

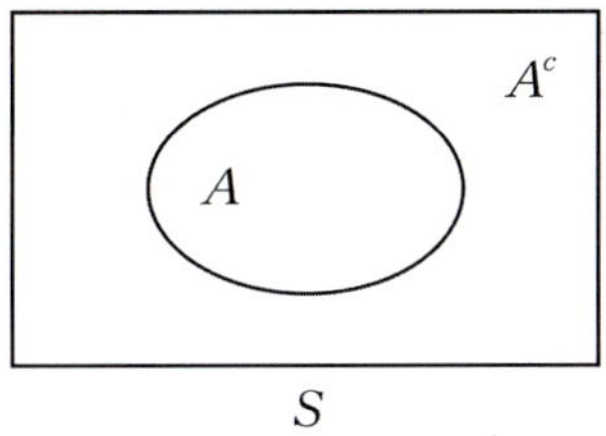

따라서

$$1 = P(S) = P(A \cup A^c) = P(A) + P(A^c)$$

이다. 그러므로 $P(A^c) = 1 - P(A)$이다.

예제 7.13

공정한 동전을 열 번 던질 때, 앞면이 적어도 세 번 나올 확률을 구하여라.

풀이 앞면이 적어도 세 번 나올 사건을 A라 하면 A^c는 앞면이 나오지 않거나 한 번 또는 두 번 나오는 사건이다. 앞면이 나오지 않는 경우는 1가지이고 한 번 나오는 경우는 10가지이다. 그리고 앞면이 두 번 나오는 경우는 $\frac{10!}{2!\,8!} = 45$가지이다. 따라서 $|A^c| = 1 + 10 + 45 = 56$이므로

$$P(A) = 1 - P(A^c) = 1 - \frac{56}{1024} = \frac{121}{128}$$

이다.

문제 7.13

상자에 흰 공 5개, 검은 공 4개, 노란 공 5개가 들어 있다. 4개의 공을 택할 때 서로 다른 색이 적어도 두 가지가 있을 확률을 구하여라.

위에서 얻은 결과를 이용하면 다음 정리를 증명할 수 있다.

정리 7.17

두 사건 A, B가 $A \subseteq B$이면 $P(A) \leq P(B)$이다.

정리 7.18

불의 부등식

임의의 사건 $A_1, A_2, \cdots, A_n$에 대하여

$$P\left(\bigcup_{i=1}^{n} A_i\right) \leq \sum_{i=1}^{n} P(A_i)$$

이다.

SECTION 7.2 연습문제

01 공정한 주사위를 두 번 던질 때, 눈의 합이 소수일 확률을 구하여라.

02 공정한 동전을 10번 던질 때 앞면이 뒷면보다 많이 나올 확률을 구하여라.

03 공정한 주사위를 세 번 던질 때 같은 눈이 두 번 나올 확률을 구하여라.

04 상자에 흰 공 4개와 검은 공 6개가 들어 있다. 5개의 공을 택할 때 흰 공이 3개 들어 있을 확률을 구하여라.

05 5명의 사람을 일렬로 나열할 때, 특정한 두 사람 A와 B가 이웃할 확률을 구하여라.

06 1보다 크거나 같고 20보다 작거나 같은 자연수 중에서 서로 다른 5개의 숫자를 택할 때, 가장 작은 수가 5 이하일 확률을 구하여라.

07 1보다 크거나 같고 100보다 작거나 같은 자연수 중에서 한 숫자를 택할 때, 선택된 숫자가 2 또는 5 또는 7의 배수일 확률을 구하여라.

08 흰 공 2개, 검은 공 3개, 노란 공 4개를 일렬로 나열한다.

(1) 처음 3개의 공이 모두 다른 색깔일 확률을 구하여라.
(2) 처음 3개의 공에 흰 공이 하나도 없을 확률을 구하여라.

09 1보다 크거나 같고 20보다 작거나 같은 자연수 중에서 서로 다른 세 숫자를 택할 때, 적어도 하나의 짝수가 들어 있을 확률을 구하여라.

SECTION 7.3

조건부확률

공정한 주사위를 두 번 던지는 시행에서 두 눈의 합이 8인 사건을 A라 하자. 그러면 $A=\{(2,6),(3,5),(4,4),(5,3),(6,2)\}$이므로 $P(A)=\dfrac{5}{36}$이다. 이제 첫 번째 눈이 홀수라는 사실을 알고 있다고 가정하자. 그러면 표본공간이

$$S=\{(1,1),(1,2),(1,3),(1,4),(1,5),(1,6),(3,1),(3,2),(3,3),(3,4),(3,5),(3,6),(5,1),(5,2),(5,3),(5,4),(5,5),(5,6)\}$$

으로 바뀌므로 이 경우 두 눈의 합이 8이 될 확률은 $\dfrac{1}{9}$이다.

일반적으로 표본공간이 S인 시행에서 두 사건 A, B를 생각하자. 그러면 $P(A)=\dfrac{|A|}{|S|}$ 이다. 이제 사건 B가 발생했다고 가정하면 표본공간이 B로 줄어들게 된다.

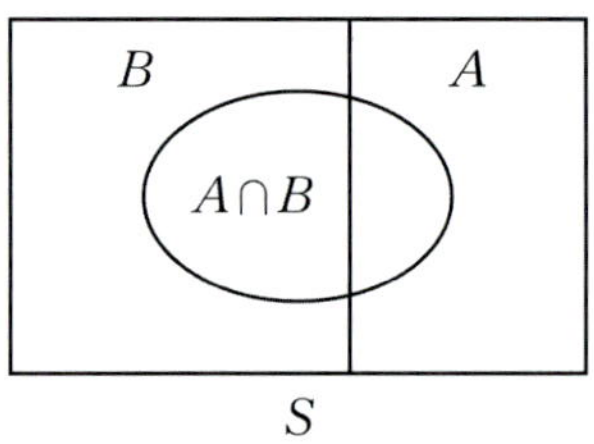

❙ 그림 7.3 ❙

따라서 사건 B가 발생했다고 가정하고 A가 발생할 확률을 구하면

$$\frac{|A\cap B|}{|B|}=\frac{|A\cap B|/|S|}{|B|/|S|}=\frac{P(A\cap B)}{P(B)}$$

이다. 이와 같이 주어진 정보에 의하여 표본공간이 축소되었을 때 어떤 사건이 발생할 확률을 조건부확률이라 하고 다음과 같이 정의한다.

정의 7.19 **조건부확률**

B를 $P(B)>0$인 사건이라 하자. A가 사건일 때, 사건 B가 발생했다는 가정하에서 사건 A가 발생할 **조건부확률**은 $P(A|B)$로 나타내고

$$P(A|B)=\frac{P(A\cap B)}{P(B)}$$

로 정의한다.

예제 7.14

두 개의 공정한 주사위를 던지는 시행에서 두 눈의 합이 홀수라는 가정하에서 처음 나온 눈이 짝수일 확률을 구하여라.

풀이 처음 나온 눈이 짝수인 사건을 A라 하고 두 눈의 합이 홀수인 사건을 B라 하자. 그러면 $P(B)=\frac{18}{36}=\frac{1}{2}$이고

$$A\cap B=\{(2,1),(2,3),(2,5),(4,1),(4,3),(4,5),(6,1),(6,3),(6,5)\}$$

이므로 $P(A\cap B)=\frac{9}{36}=\frac{1}{4}$이다. 따라서

$$P(A|B)=\frac{P(A\cap B)}{P(B)}=\frac{1/4}{1/2}=\frac{1}{2}$$

이다.

문제 7.14

공정한 주사위를 세 번 던지는 시행에서 같은 눈이 두 번 나왔다는 가정하에서 눈의 합이 13일 확률을 구하여라.

예제 7.15

검은 공 6개, 흰 공 3개, 빨간 공 5개가 들어 있는 주머니에서 6개의 공을 꺼낸다. 이 중 2개가 검은 공이라는 사실을 알 때 나머지 4개 중에서 2개가 빨간 공일 확률을 구하여라.

풀이 꺼낸 6개의 공 중에서 2개가 검은 공인 사건을 B라 하면

$$P(B)=\frac{{}_6C_2\times{}_8C_4}{{}_{14}C_6}$$

이다. 나머지 4개의 공 중에서 2개가 빨간 공인 사건을 A라 하면 $A\cap B$는 검은 공, 흰 공, 빨간 공이 각각 2개인 사건이므로

$$P(A\cap B)=\frac{{}_6C_2\times{}_3C_2\times{}_5C_2}{{}_{14}C_6}$$

이다. 따라서 구하는 확률은

$$P(A|B)=\frac{P(A\cap B)}{P(B)}=\frac{\dfrac{{}_6C_2\times{}_3C_2\times{}_5C_2}{{}_{14}C_6}}{\dfrac{{}_6C_2\times{}_8C_4}{{}_{14}C_6}}=\frac{3}{7}$$

이다.

문제 7.15

공정한 주사위를 세 번 던질 때, 첫 번째 나온 눈이 3이라는 가정하에서 나온 세 눈의 합이 9 이상일 확률을 구하여라.

다음 정리는 단계별로 시행을 하는 사건의 확률을 구하는 방법을 제시하고 있다.

정리 7.20 곱의 공식

사건 $A_1, A_2, \cdots, A_n$ $(P(A_1\cap\cdots\cap A_n)>0)$에 대하여 다음이 성립한다.

$$P(A_1\cap A_2\cap\cdots\cap A_n)=P(A_1)P(A_2|A_1)P(A_3|A_1\cap A_2)\cdots P(A_n|A_1\cap\cdots\cap A_{n-1})$$

증명 등식의 우변을 계산하면

$$\begin{aligned}&P(A_1)P(A_2|A_1)P(A_3|A_1\cap A_2)\cdots P(A_n|A_1\cap\cdots\cap A_{n-1})\\&=P(A_1)\frac{P(A_1\cap A_2)}{P(A_1)}\frac{P(A_1\cap A_2\cap A_3)}{P(A_1\cap A_2)}\cdots\frac{P(A_1\cap\cdots\cap A_{n-1}\cap A_n)}{P(A_1\cap\cdots\cap A_{n-1})}\\&=P(A_1\cap A_2\cap\cdots\cap A_n)\end{aligned}$$

이므로 성립한다.

참고 정리 7.17에 의하여 모든 i에 대하여 $P(A_1\cap A_2\cap\cdots\cap A_i)>0$이다.

예제 7.16

흰 공과 검은 공이 각각 5개씩 들어 있는 주머니에서 비복원추출을 한다.

(1) 두 개의 공을 꺼낼 때 두 번 모두 검은 공이 나올 확률을 구하여라.

(2) 세 번째에 처음으로 흰 공이 나올 확률을 구하여라.

풀이 (1) 처음 검은 공이 나오는 사건을 A_1, 두 번째 검은 공이 나오는 사건을 A_2라 하면 구하는 확률은 다음과 같다.

$$P(A_1\cap A_2)=P(A_1)P(A_2|A_1)=\frac{5}{10}\times\frac{4}{9}=\frac{2}{9}$$

(2) 세 번째 흰 공이 나오는 사건을 A_3라 하면 구하는 확률은 다음과 같다.

$$P(A_1\cap A_2\cap A_3)=P(A_1)P(A_2|A_1)P(A_3|A_1\cap A_2)=\frac{5}{10}\times\frac{4}{9}\times\frac{5}{8}=\frac{5}{36}$$

문제 7.16

1보다 크거나 같고 30보다 작거나 같은 자연수 중에서 차례대로 서로 다른 숫자를 택한다.

(1) 두 숫자가 모두 3의 배수일 확률을 구하여라.

(2) 세 번째 처음으로 5의 배수가 택해질 확률을 구하여라.

다음 조건을 만족하는 표본공간 S의 공집합이 아닌 부분집합의 모임 $\{A_1, A_2, \cdots, A_n\}$을 S의 분할이라고 한다.

$$(1)\ A_i \cap A_j = \varnothing \quad (i \neq j)$$

$$(2)\ \bigcup_{i=1}^{n} A_i = S$$

정리 7.21 **전확률 공식**

$\{A_1, A_2, \cdots, A_n\}$가 표본공간 S의 분할이면 임의의 사건 B에 대하여 다음이 성립한다.

$$P(B) = \sum_{i=1}^{n} P(A_i)P(B \mid A_i)$$

증명 $\bigcup_{i=1}^{n} A_i = S$이므로

$$B = B \cap S = B \cap \left(\bigcup_{i=1}^{n} A_i\right) = \bigcup_{i=1}^{n} (B \cap A_i)$$

이다.

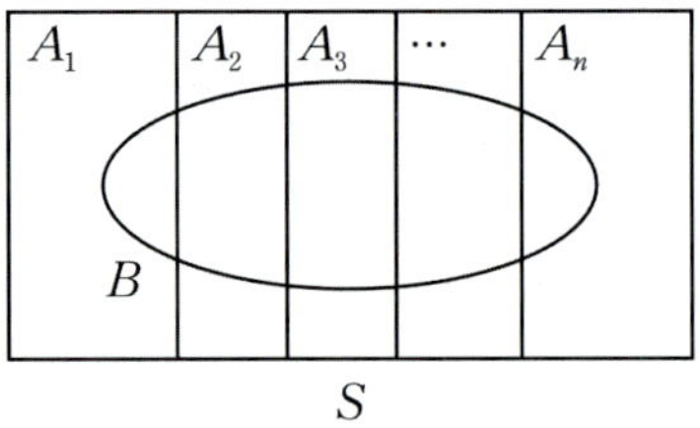

$B \cap A_i$는 서로 배반이므로

$$P(B) = P\left(\bigcup_{i=1}^{n} (B \cap A_i)\right) = \sum_{i=1}^{n} P(B \cap A_i) = \sum_{i=1}^{n} P(A_i)P(B \mid A_i)$$

이다.

예제 7.17

어느 공장에서는 A, B, C 세 기계를 사용하여 제품을 생산한다. A, B, C 세 기계가 생산하는 제품의 비율은 각각 60%, 30%, 10%이다. 그리고 세 기계에서 불량품이 생산될 비율은 각각 2%, 5%, 8%이다. 생산된 제품 중에서 선택한 제품이 불량품일 확률을 구하여라.

풀이 이 제품이 A기계에서 만들어질 사건을 E_A, B기계에서 만들어질 사건을 E_B, C기계에서 만들어질 사건을 E_C 그리고 이 제품이 불량품일 사건을 F라 하면 전확률 공식에 의하여

$$P(F) = P(E_A)P(F|E_A) + P(E_B)P(F|E_B) + P(E_C)P(F|E_C)$$

이다. 그리고

$$P(E_A)P(F|E_A) = \frac{60}{100} \times \frac{2}{100} = \frac{12}{1000},$$

$$P(E_B)P(F|E_B) = \frac{30}{100} \times \frac{5}{100} = \frac{15}{1000},$$

$$P(E_C)P(F|E_C) = \frac{10}{100} \times \frac{8}{100} = \frac{8}{1000}$$

이므로 $P(F) = \frac{12}{1000} + \frac{15}{1000} + \frac{8}{1000} = \frac{7}{200}$ 이다.

문제 7.17

어느 학과의 남녀 학생비율은 각각 55%, 45%이다. 이 중에서 남학생의 70%와 여학생의 60%가 확률론을 수강하였다. 어느 학생을 택했을 때, 이 학생이 확률론을 수강했을 확률을 구하여라.

정리 7.22 **베이즈 공식**

$\{A_1, A_2, \cdots, A_n\}$가 표본공간 S의 분할이면 임의의 사건 B에 대하여 다음이 성립한다.

$$P(A_k|B) = \frac{P(A_k)P(B|A_k)}{\sum_{i=1}^{n} P(A_i)P(B|A_i)}$$

증명 모든 k $(1 \le k \le n)$에 대하여 $P(A_k \cap B) = P(A_k)P(B|A_k)$이므로 전확률 공식에 의하여

$$\begin{aligned} P(A_k|B) &= \frac{P(A_k \cap B)}{P(B)} \\ &= \frac{P(A_k \cap B)}{\sum_{i=1}^{n} P(A_i)P(B|A_i)} \\ &= \frac{P(A_k)P(B|A_k)}{\sum_{i=1}^{n} P(A_i)P(B|A_i)} \end{aligned}$$

이다.

참고 (1) 사건 B의 발생 원인을 제공하는 확률 $P(A_i)$를 사전확률(prior probability), 사건 B가 발생한 이후의 확률 $P(A_i|B)$를 사후확률(posterior probability)이라 한다. 베이즈 공식은 사전확률을 바탕으로 어떤 결과에 대한 원인이 되는 사건의 확률을 계산하는 공식이다.

(2) 베이즈 공식은 원래의 확률이 얻어진 데이터에 의해 어떻게 변하는지를 알 수 있는 공식이다. 다르게 표현하면, 베이즈 공식은 데이터로부터 원인을 찾는 공식이라고 말할 수 있으며, 이러한 특성을 이용하여 베이즈 공식은 경제학, 심리학 또는 인공지능 등에 많이 사용된다.

예제 7.18

A 상자에는 흰 공 1개, 빨간 공 3개, B상자에는 흰 공 3개, 빨간 공 3개, 그리고 C상자에는 흰 공 3개, 빨간 공 5개가 들어 있다. 임의로 한 상자를 택하고 그 상자에서 공을 꺼냈더니 흰색이었다. 택한 상자가 A 상자였을 확률을 구하여라.

풀이 A상자를 택하는 사건을 E_A, B상자를 택하는 사건을 E_B, C상자를 택하는 사건을 E_C라 하고 흰 공이 뽑힐 사건을 F라 하면 구하는 확률은

$$P(E_A|F) = \frac{P(E_A \cap F)}{P(F)}$$

이다. 전확률 공식을 사용하여 $P(F)$를 구하면

$$P(F) = P(E_A)P(F|E_A) + P(E_B)P(F|E_B) + P(E_C)P(F|E_C)$$

$$= \frac{1}{3} \times \frac{1}{4} + \frac{1}{3} \times \frac{3}{6} + \frac{1}{3} \times \frac{3}{8} = \frac{3}{8}$$

이다. 따라서 구하는 확률은

$$P(E_A|F) = \frac{P(E_A \cap F)}{P(F)} = \frac{P(E_A)P(F|E_A)}{P(F)}$$

$$= \frac{\frac{1}{3} \times \frac{1}{4}}{\frac{3}{8}} = \frac{2}{9}$$

이다.

문제 7.18

어떤 바이러스에 감염된 쥐의 혈액검사가 양성으로 나타날 확률은 98%이고 바이러스에 감염되지 않은 쥐의 혈액검사가 양성으로 나타날 확률은 1%이다. 그리고 바이러스에 감염된 쥐의 비율은 0.3%이다. 혈액검사가 양성으로 나타난 쥐가 실제로 바이러스에 감염되었을 확률을 구하여라.

예제 7.19

(몬티 홀 문제) 세 개의 문 A, B, C가 있고 이 중 하나의 문 뒤에 상금이 있다. 참가자는 문을 하나 선택하고 상금이 있으면 상금을 가져간다. 참가자가 문을 하나 선택했다고 하자. 사회자가 나머지 두 개의 문 중에서 상금이 없는 문을 하나 연 후, 참가자에게 문을 바꿀 것인지를 물어본다. 문을 바꾸는 것이 유리한지 아닌지를 판단하여라.

풀이 참가자가 문 A를 택하는 경우, 일어날 수 있는 모든 경우와 각각의 확률은 다음과 같다.

	상금이 있는 문	사회자가 열 수 있는 문	일어날 확률
(i)	문 A	문 B	$1/3\times1/2=1/6$
(ii)		문 C	$1/3\times1/2=1/6$
(iii)	문 B	문 C	$1/3\times1=1/3$
(iv)	문 C	문 B	$1/3\times1=1/3$

(i)과 (ii)의 경우는 문을 바꾸지 않아야 상금을 받을 수 있고 (iii)과 (iv)의 경우는 문을 바꿔야 상금을 받을 수 있다. 따라서 문을 바꾸어서 상금을 받는 경우의 확률이 $\frac{2}{3}$이므로 바꾸지 않는 경우보다 크다.

이 문제를 베이즈 공식을 이용하여 다음과 같이 해결할 수도 있다.

(베이즈 공식을 이용한 풀이)

참가자가 문 A를 택했다고 가정하자. 문 C가 열렸다는 가정하에서 문 A 뒤에 상금이 있을 확률을 p라 하면

$$p=\frac{(\text{문 A에 상금이 있을 확률})\times(\text{문 A에 상금이 있을 때 문 C가 열릴 확률})}{\text{문 C가 열릴 확률}}$$

$$=\frac{1/3\times1/2}{\text{문 C가 열릴 확률}}=\frac{1/6}{\text{문 C가 열릴 확률}}$$

이다. 같은 방법으로 문 C가 열렸다는 가정하에서 문 B 뒤에 상금이 있을 확률을 q라 하면

$$q=\frac{(\text{문 B에 상금이 있을 확률})\times(\text{문 B에 상금이 있을 때 문 C가 열릴 확률})}{\text{문 C가 열릴 확률}}$$

$$=\frac{1/3\times1}{\text{문 C가 열릴 확률}}=\frac{1/3}{\text{문 C가 열릴 확률}}=2p$$

이다. 따라서 문 B 뒤에 상금이 있을 확률이 문 A 뒤에 있을 확률의 2배이므로 바꾸는 것이 유리하다.

문제 7.19

어느 날, 외출하고 집에 돌아온 후 우산을 잃어버린 사실을 알았다. 우산을 잃어버릴 가능성이 있는 장소는 $1, 2, 3$ 세 곳이고 각 장소에서 우산을 잃어버릴 확률은 같다. 우산이 i 장소에 있을 때, 그 장소에서 실제로 우산을 찾을 확률은 p_i $(i=1,2,3)$ 이다. 1 장소에서 우산을 찾지 못했을 때, 우산이 i 장소에 있을 확률을 구하여라.

정의 7.23 **사건의 독립**

두 사건 A와 B에 대하여

$$P(A\cap B)=P(A)P(B)$$

일 때, **확률적으로 독립**(또는 **독립**)이라 한다. 두 사건이 독립이 아닐 때 **종속**이라 한다.

참고 A와 B가 독립이라는 것은 A의 발생여부가 B의 발생에 영향을 미치지 않고 역으로 B의 발생여부가 A의 발생에 영향을 미치지 않는 것을 뜻한다.

예제 7.20

주사위를 두 번 던지는 실험에서 A를 두 눈의 합이 6인 사건, B를 첫 번째 눈이 4인 사건, C를 두 번째 눈이 2인 사건이라 하자.

(1) 사건 A와 사건 B가 독립인지 종속인지 판단하여라.

(2) 사건 B와 사건 C가 독립인지 종속인지 판단하여라.

풀이

(1) 두 눈의 합이 6인 경우는 $(1,5),(2,4),(3,3),(4,2),(5,1)$이므로 $P(A)=\dfrac{5}{36}$이고 $P(B)=\dfrac{1}{6}$이다. 그리고 $A\cap B=\{(4,2)\}$이므로 $P(A\cap B)=\dfrac{1}{36}$이다. $P(A)P(B)\neq P(A\cap B)$이므로 A와 B는 종속이다.

(2) $P(B)=\dfrac{1}{6}$이고 $P(C)=\dfrac{1}{6}$이다. 그리고 $B\cap C=\{(4,2)\}$이므로 $P(B\cap C)=\dfrac{1}{36}$이다. $P(B)P(C)=P(B\cap C)$이므로 B와 C는 독립이다.

문제 7.20

두 사건 A와 B가 서로 독립이고 $P(A)=0.3$, $P(B)=0.5$일 때 $P(A^c \cup B^c)$와 $P(A^c \cap B)$를 구하여라.

SECTION 7.3 연 습 문 제

01 흰 공 4개와 검은 공 5개가 들어 있는 주머니에서 임의로 한 개의 공을 꺼낸 후 같은 색의 공을 한 개 더 넣는다. 그리고 다시 공을 꺼냈을 때 꺼낸 공이 검은 공일 확률을 구하여라.

02 2개의 주사위를 던질 때, 두 주사위의 눈이 다르다는 가정하에서 두 눈이 모두 홀수일 확률을 구하여라.

03 공정한 동전을 세 번 던진다. 앞면이 적어도 한 번 나왔다는 가정하에서 첫 번째 시행에서 뒷면이 나왔을 확률을 구하여라.

04 흰 공 3개, 검은 공 4개, 노란 공 2개가 들어 있는 주머니에서 두 개의 공을 꺼낸다. 꺼낸 공의 색깔이 서로 다르다는 가정하에서 노란 색의 공이 적어도 하나 뽑혔을 확률을 구하여라.

05 어느 공장에서는 A, B, C 세 기계를 사용하여 제품을 생산한다. A, B, C 세 기계가 생산하는 제품의 비율은 각각 60%, 30%, 10%이다. 그리고 세 기계에서 불량품이 생산될 비율은 각각 2%, 5%, 8%이다. 생산된 제품 중에서 선택한 제품이 불량품이었을 때, 이 제품이 B기계에서 생산된 제품일 확률을 구하여라.

06 어느 모임의 55%가 여자이고, 이 모임의 30%가 야구를 좋아한다. 그리고 야구를 좋아하는 여자의 비율은 여자의 5%이다. 한 사람을 선택했더니 그 사람이 야구를 좋아한다고 한다. 이 사람이 여자일 확률을 구하여라.

07 어느 학과의 남녀 학생비율은 각각 55%, 45%이다. 이 중에서 남학생의 70%와 여학생의 60%가 확률론을 수강하였다. 어느 학생을 택했더니 확률론을 수강하였다. 이 학생이 남학생일 확률을 구하여라.

08 통계에 의하면 어느 지역의 6월 1일 날씨가 맑음, 흐림, 비인 확률이 각각 0.3, 0.6, 0.1이다. 그리고 맑은 날 다음 날 비가 올 확률은 0.2, 흐린 날 다음 날 비가 올 확률은 0.5, 비온 날 다음 날 비가 올 확률은 0.4이다. 이 지역에서 6월 2일 비가 왔을 때, 6월 1일 흐렸을 확률을 구하여라.

09 주머니 속에 A, B, C 3개의 정육면체 주사위가 들어 있다. A주사위는 흰 색, 노란 색, 검은 색이 각각 두 면씩 칠해져 있고, B주사위는 흰 색이 한 면, 노란 색이 두 면, 검은 색이 세 면 칠해져 있고, C주사위는 흰 색과 노란 색이 각각 세 면씩 칠해져 있다. 임의로 한 주사위를 꺼내어 던졌더니 흰 면이 나왔다. 세 주사위가 택해질 확률은 같다고 할 때, 이 주사위가 B주사위일 확률을 구하여라.

SECTION 7.4 확률변수와 기댓값

공정한 동전을 세 번 던지면 표본공간은

$$S = \{\mathrm{HHH}, \mathrm{HHT}, \mathrm{HTH}, \mathrm{THH}, \mathrm{HTT}, \mathrm{THT}, \mathrm{TTH}, \mathrm{TTT}\}$$

이다. 이때 앞면이 나온 횟수를 생각하면 HHH는 3번, HHT, HTH, THH는 2번, HTT, THT, TTH는 1번 그리고 TTT는 0번이다. 이처럼 표본공간의 각 원소에 실수를 대응하는 문제를 다루는 경우가 있다.

정의 7.24 **확률변수**

표본공간의 각 원소에 실수값을 대응시킨 함수 $X: S \to \mathbb{R}$를 **확률변수**라 한다.

확률변수를 나타낼 때는 보통 영문자 대문자 $X, Y, \cdots$를 사용한다. 그리고 A가 $\mathbb{R}$의 부분집합일 때,

$$\{x \in S \mid X(x) \in A\} = \{X \in A\}$$

와 같이 나타내고 간단히 $X \in A$라고도 쓴다. 특히 $A = \{a\}$일 때 $\{X = a\}$로 나타낸다.

확률변수 X와 $\mathbb{R}$의 임의의 부분집합 A에 의해서 만들어지는 사건 $\{X \in A\}$에 확률 $P(X \in A)$를 대응시킨 함수를 X의 **확률분포**(간단히 X의 **분포**)라 한다.

정의 7.25 **이산확률변수**

확률변수 X가 취할 수 있는 값의 집합이 유한집합이거나 가산무한집합일 때, X를 **이산확률변수**라 한다. 그리고 이산확률변수 X가 취할 수 있는 값의 집합이 $T = \{x_1, x_2, \cdots, x_n, \cdots\}$일 때, 다음과 같이 정의된 함수

$$p: T \to \mathbb{R}, \quad p(x_n) = P(X = x_n) \ (n = 1, 2, 3, \cdots)$$

를 X의 **확률질량함수**라 한다.

확률변수 X가 취할 수 있는 값의 집합을 T라 하고 p를 확률변수 X의 확률질량함수라 하면 다음이 성립함을 알 수 있다.

(1) 모든 $x(\in T)$에 대하여 $p(x) \geq 0$이다.

(2) $\sum_{x \in T} p(x) = 1$이다.

(3) $\mathbb{R}$의 임의의 부분집합 A에 대하여 $P(X \in A) = \sum_{x \in A} p(x)$이다.

예제 7.21

공정한 주사위를 두 번 던질 때, 확률변수 X를 나온 두 눈의 합이라 하자. $X = n$ $(2 \leq n \leq 12)$이 되는 원소들을 구하고 $A = \{4, 5, 6\}$일 때, $P(X \in A)$를 구하여라.

풀이

$n=2$: $\{X=2\} = \{(1,1)\}$

$n=3$: $\{X=3\} = \{(1,2), (2,1)\}$

$n=4$: $\{X=4\} = \{(1,3), (3,1), (2,2)\}$

$n=5$: $\{X=5\} = \{(1,4), (4,1), (2,3), (3,2)\}$

$n=6$: $\{X=6\} = \{(1,5), (5,1), (2,4), (4,2), (3,3)\}$

$n=7$: $\{X=7\} = \{(1,6), (6,1), (2,5), (5,2), (3,4), (4,3)\}$

$n=8$: $\{X=8\} = \{(2,6), (6,2), (3,5), (5,3), (4,4)\}$

$n=9$: $\{X=9\} = \{(3,6), (6,3), (4,5), (5,4)\}$

$n=10$: $\{X=10\} = \{(4,6), (6,4), (5,5)\}$

$n=11$: $\{X=11\} = \{(5,6), (6,5)\}$

$n=12$: $\{X=12\} = \{(6,6)\}$

이므로 $|\{X \in A\}| = 12$이다. 따라서 $P(X \in A) = \frac{1}{3}$이다.

문제 7.21

공정한 주사위를 두 번 던질 때, 확률변수 X를 나온 두 눈의 차라 하자. $A = \{1, 2\}$일 때, $P(X \in A)$를 구하여라.

예제 7.22

공정한 동전을 4번 던지는 실험에서 나오는 앞면의 수와 뒷면의 수의 차를 X라 할 때, 확률변수 X의 확률질량함수를 구하여라.

풀이 X가 가질 수 있는 값은 $0, 2, 4$이다. 그리고

(1) $X=0$: 앞면이 두 번, 뒷면이 두 번 나오는 경우이므로 $\frac{4!}{2!\times 2!}=6$가지이다.

(2) $X=2$: 앞면이 한 번, 뒷면이 세 번, 또는 앞면이 세 번, 뒷면이 한 번 나오는 경우이므로 $2\times\frac{4!}{3!\times 1!}=8$가지이다.

(3) $X=4$: 앞면이 네 번 또는 뒷면이 네 번 나오는 경우이므로 $2\times 1=2$가지이다.

따라서

$$p(0)=\frac{6}{16}=\frac{3}{8},\quad p(2)=\frac{8}{16}=\frac{1}{2},\quad p(4)=\frac{2}{16}=\frac{1}{8}$$

이다.

문제 7.22

흰 공이 3개, 검은 공이 2개 들어 있는 상자에서 3개의 공을 꺼낼 때, 나오는 흰 공의 수와 검은 공의 수의 차를 X라 하자. 확률변수 X의 확률질량함수를 구하여라.

예제 7.23

앞면이 나올 확률이 p인 동전을 n번 던질 때, 앞면이 나오는 수를 X라 하자. X의 확률질량함수를 구하여라.

풀이 X가 가질 수 있는 값은 $0, 1, 2, \cdots, n$이다. 앞면이 k번 나오는 방법의 수는 $\binom{n}{k}$이고 각 경우마다 확률은 각 시행이 독립시행이므로 $p^k(1-p)^{n-k}$이다. 따라서

$$P(X=k)=\binom{n}{k}p^k(1-p)^{n-k}$$

이다.

문제 7.23

공정한 주사위를 던질 때, 3의 배수가 나오는 수를 X라 하자. X의 확률질량함수를 구하여라.

주사위를 던져서 나온 눈의 10배의 상금을 받는다고 하자. n번 시행했을 때 i의 눈이 i_n번 나왔다고 하면 총 상금은 $\sum_{i=1}^{6}(10i)\,i_n$이므로 상금의 평균은

$$\frac{1}{n}\sum_{i=1}^{6}(10i)\,i_n = \sum_{i=1}^{6}(10i)\frac{i_n}{n}$$

이다. n이 커지면 $\frac{i_n}{n}$이 i가 나올 확률이므로 상금의 평균은 상금과 그 상금을 받을 확률을 곱하여 더한 값과 같다고 할 수 있다.

정의 7.26 **기댓값**

이산확률변수 X가 취할 수 있는 값의 집합이 T일 때, X의 **기댓값**(또는 **평균**, **평균값**)은 $E[X]$로 나타내고 다음과 같이 정의한다.

$$E[X] = \sum_{x \in T} xp(x)$$

예제 7.24

X를 공정한 주사위를 던졌을 때 나오는 눈의 값이라 할 때, 확률변수 X의 기댓값을 구하여라.

풀이

X가 취할 수 있는 값은 $1, 2, 3, 4, 5, 6$이고 각 값이 나올 확률은 모두 $\frac{1}{6}$이므로 기댓값은

$$E[X] = 1\times\frac{1}{6}+2\times\frac{1}{6}+3\times\frac{1}{6}+4\times\frac{1}{6}+5\times\frac{1}{6}+6\times\frac{1}{6}=\frac{7}{2}$$

이다.

문제 7.24

주머니에 흰 공이 3개, 검은 공이 4개 들어 있다. X를 임의로 3개의 공을 꺼낼 때 나오는 흰 공의 수라 할 때, X의 기댓값을 구하여라.

예제 7.25

자유투 성공률이 80%인 농구선수가 자유투를 5번 던질 때 성공할 횟수의 기댓값을 구하여라.

풀이 성공할 횟수를 X라 하면 X가 취할 수 있는 값은 $0, 1, 2, 3, 4, 5$이고 k가 나올 확률은 $\binom{5}{k}\left(\frac{8}{10}\right)^k\left(\frac{2}{10}\right)^{5-k}$ 이다. 따라서 기댓값은

$$E[X] = \sum_{k=0}^{5} k\binom{5}{k}\left(\frac{8}{10}\right)^k\left(\frac{2}{10}\right)^{5-k} = 4$$

이다. 실제로 성공할 확률이 p이고 시행 횟수가 n인 이항확률변수의 기댓값은 np임이 알려져 있다. 이 문제의 경우, 성공할 확률이 0.8이고 시행 횟수가 5인 이항확률변수이므로 기댓값은 $np=4$이고 위 계산과 일치한다. 즉, 자유투 성공률이 80%인 농구선수가 자유투를 5번 던지면 4번 정도 성공한다고 말할 수 있다.

문제 7.25

흰 공 5개, 검은 공 7개가 들어 있는 상자에서 5개의 공을 꺼낸다. 나오는 흰 공의 개수를 X라 할 때, X의 기댓값을 구하여라.

다음 정리는 확률변수의 함수에 대한 기댓값을 구하는 방법이다. 증명은 다른 확률 책을 참고하기 바란다.

정리 7.27 확률변수의 함수의 기댓값

$u(X)$가 확률변수 X의 함수일 때, $u(X)$의 기댓값은 다음과 같다.

$$E[u(X)] = \sum_{x \in T} u(x)p(x)$$

정리 7.27을 사용하면 다음 결과를 얻을 수 있다.

정리 7.28 상수 a, b에 대하여 $E[aX+b] = aE[X]+b$이다.

증명 X가 취할 수 있는 값의 집합을 T라 하면

$$\begin{aligned} E[aX+b] &= \sum_{x \in T} u(x)p(x) \\ &= \sum_{x \in T}(ax+b)p(x) \\ &= a\sum_{x \in T} x\,p(x) + b\sum_{x \in T} p(x) \\ &= aE[X]+b \end{aligned}$$

이다.

확률변수의 평균은 그 확률변수의 분포를 대표하는 값이다. 그러나 평균이 같다고 해서 같은 분포는 아니다. 예를 들면, 40, 50, 60과 30, 50, 70은 평균은 50으로 같지만 같은 분포는 아니다. 두 분포를 구분하기 위하여 사용하는 값이 분산이다.

정의 7.29 **분산**

이산확률변수 X가 취할 수 있는 값의 집합이 T이고 X의 평균이 $E[X]=\mu$일 때, X의 분산은 $Var[X]$로 나타내고 다음과 같이 정의한다.

$$Var[X] = E\left[(X-E[X])^2\right] = \sum_{x \in T}(x-\mu)^2 p(x)$$

참고 (1) 분산은 X가 가질 수 있는 값들이 평균을 중심으로 얼마나 넓게 퍼져 있는지를 나타내는 값이다.

(2) $SD[X] = \sqrt{Var[X]}$를 **표준편차**라 한다.

정리 7.30

확률변수 X의 분산은

$$Var[X] = E[X^2] - (E[X])^2$$

이다.

증명 기댓값의 성질에 의하여

$$\begin{aligned} Var[X] &= E[(X-E[X])^2] \\ &= E[(X^2-2XE[X]+(E[X])^2] \\ &= E[X^2]-2E[X]E[X]+(E[X])^2 \\ &= E[X^2]-(E[X])^2 \end{aligned}$$

이다.

정리 7.31

상수 a, b에 대하여 $Var[aX+b] = a^2 Var[X]$이다.

증명 분산의 정의에 의하여

$$\begin{aligned} Var[aX+b] &= E[((aX+b)-E[aX+b])^2) \\ &= E[((aX+b)-(aE[X]+b))^2) \\ &= E[a^2(X-E[X])^2) \\ &= a^2 Var[X] \end{aligned}$$

이다.

예제 7.26

X를 공정한 주사위를 던졌을 때 나오는 눈의 값이라 할 때, 확률변수 X의 분산을 구하여라.

풀이

X가 취할 수 있는 값은 $1, 2, 3, 4, 5, 6$이고 (예제 7.24)에서 $E[X] = \frac{7}{2}$임을 알았다. 분산을 구하기 위하여 $E[X^2]$을 구하면

$$E[X^2] = 1^2 \times \frac{1}{6} + 2^2 \times \frac{1}{6} + 3^2 \times \frac{1}{6} + 4^2 \times \frac{1}{6} + 5^2 \times \frac{1}{6} + 6^2 \times \frac{1}{6} = \frac{91}{6}$$

이고 따라서

$$Var[X] = E[X^2] - (E[X])^2 = \frac{91}{6} - \left(\frac{7}{2}\right)^2 = \frac{35}{12}$$

이다.

문제 7.26

X가 기댓값이 μ이고 분산이 $\sigma^2(\neq 0)$인 확률변수일 때 $Y = \frac{X-\mu}{\sigma}$의 기댓값과 분산을 구하여라.

SECTION 7.4 연/습/문/제

01 공정한 주사위를 던져 나온 눈을 X라 할 때, X의 기댓값과 분산을 구하여라.

02 $\{1, 2, 3, 4\}$에서 값을 갖는 확률변수 X의 확률질량함수 $p(x)$가 다음과 같다.

$$p(1) = p(2) = \frac{1}{5}, \quad p(3) = p(4)$$

확률변수 X의 기댓값과 분산을 구하여라.

03 $\{1, 2, 3, 4, 5\}$에서 값을 갖는 확률변수 X의 확률질량함수가

$$p(n) = kn \qquad (n = 1, 2, \cdots, 5,\ k\text{는 상수})$$

일 때, k의 값을 구하여라.

04 $\{-1, 1\}$에서 값을 갖는 확률변수 X에 대하여 $E[X] = Var[X]$일 때 $P(X = 0)$을 구하여라.

05 X를 두 개의 주사위를 던져서 나온 눈의 차라 할 때, X의 확률질량함수와 $P(X \leq 3)$을 구하여라.

06 공정한 동전을 4번 던져서 나온 앞면의 수를 X라 하자. $Y = 3X - 2$라 할 때 Y의 기댓값과 분산을 구하여라.

07 상자에 흰 공과 검은 공이 각각 3개씩 들어 있다. 두 개를 뽑아서 같은 색이면 1,000원을 얻고 다른 색이면 800원을 잃는다. 얻는 돈의 기댓값을 구하여라.

08 상자에 1, 2, 3이 각각 적힌 카드가 3장 들어 있다. 복원추출을 하여 적어도 하나의 숫자가 두 번 나올 때까지 뽑은 횟수를 X라 할 때 X의 기댓값을 구하여라.

SECTION 7.5 정규분포

동전을 던지는 시행에서는 나타날 수 있는 결과가 두 가지이다. 이와 같이 나타날 수 있는 결과가 두 가지인 시행을 **베르누이시행**이라 하고, 두 가지 결과를 보통 성공과 실패라고 한다. 성공할 때 1, 실패할 때 0의 값을 갖는 확률변수를 **베르누이확률변수**라고 한다. 예제 7.23에서와 같이 성공할 확률이 p인 베르누이시행을 독립적으로 n번 시행할 때 성공한 횟수를 X라 하면 X는 $\{0, 1, 2, \cdots, n\}$에서 값을 취하고 $X=k$가 될 확률 $P(X=k)$는

$$P(X=k)=\binom{n}{k}p^k(1-p)^{n-k}$$

이다. 이때 X를 모수가 (n, p)인 **이항분포**를 따르는 확률변수, 또는 모수가 (n, p)인 **이항확률변수**라고 한다.

예제 7.27

빨간 공 2개, 파란 공 4개가 들어 있는 항아리에서 5개의 공을 복원추출할 때 2개의 파란 공이 나올 확률을 구하여라.

풀이 파란 공이 나오는 경우를 성공이라 하면 성공할 확률이 $\frac{2}{3}$인 베르누이시행을 독립적으로 5번 시행하는 것과 같다. 따라서 파란 공의 개수를 X라 하면 X는 모수가 $\left(5, \frac{2}{3}\right)$인 이항확률변수이므로 $X=2$일 확률은

$$P(X=2)=\binom{5}{2}\left(\frac{2}{3}\right)^2\left(\frac{1}{3}\right)^3=\frac{40}{243}$$

이다.

문제 7.27

어떤 기계는 각각 독립적으로 작동할 확률이 p인 6개의 부품으로 이루어져 있다. 부품 중 $\frac{2}{3}$가 작동하면 이 기계가 정상적으로 작동한다고 할 때, 이 기계가 작동할 확률을 구하여라.

X가 모수가 (n, p)인 이항분포를 따르는 경우, $k=[(n+1)p]$일 때 $X=k$ 의 확률이 최대이다. 여기서 $[x]$는 x를 넘지 않는 최대의 정수이다. 그리고 확률이 최대가 되는 k를 중심으로 하여 양쪽으로 멀어질수록 확률은 점점 작아진다. 따라서 그래프의 모양은 종 모양을 나타내며, n이 커질수록 종 모양에 더욱 가까워진다.

특히, $p=\frac{1}{2}$인 경우는 완전히 좌우 대칭인 모양이고, $0<p<\frac{1}{2}$이면 왼쪽으로 치우친 모양, $\frac{1}{2}<p<1$이면 오른쪽으로 치우친 모양이다. 예를 들어 $n=10$인 경우, X가 모수가 $(10, p)$인 이항분포를 따를 때, $X=k$인 확률을 그래프로 나타내면 다음과 같다.

$p=\frac{1}{2}$	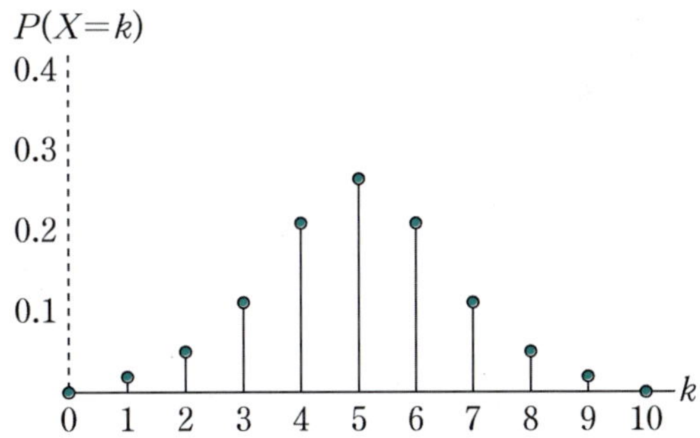

<table>
<tr><td>$0 < p(=0.2) < \frac{1}{2}$</td><td>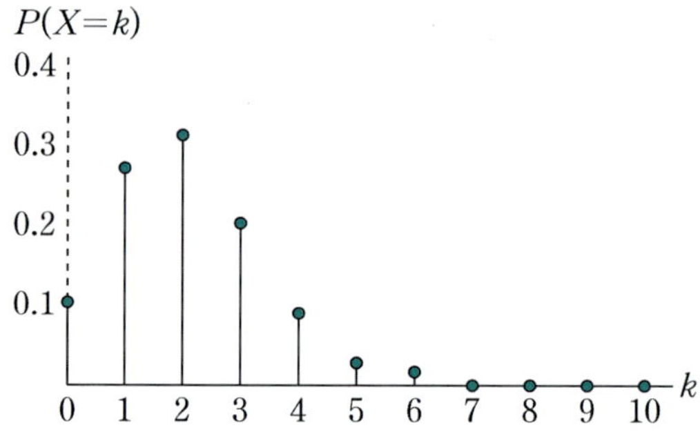
</td></tr>
<tr><td>$\frac{1}{2} < p(=0.8) < 1$</td><td>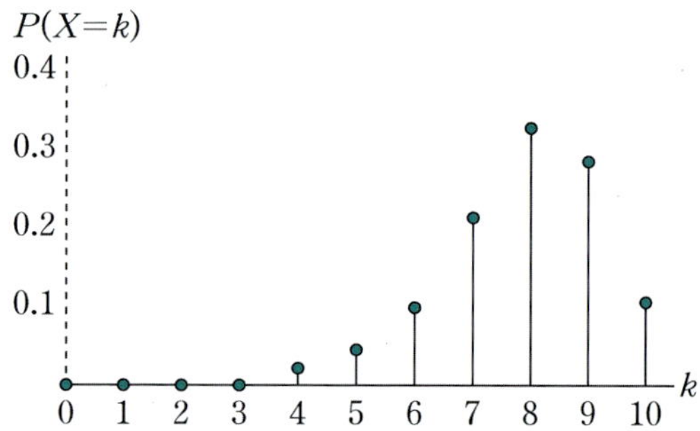
</td></tr>
</table>

n이 큰 경우, 이항분포에서의 확률계산은 직접 계산하기는 쉽지 않고 누적이항분포표를 사용하여 계산한다. 누적이항분포표는 특정한 n과 k 그리고 p에 대하여

$$P(X \leq k) = \sum_{i=0}^{k} \binom{n}{i} p^i (1-p)^{n-i}$$

의 값을 계산한 결과를 나타내고 있다. 보통 $n = 30$까지 계산되어 있으며 부록에 제시되어 있다.

예제 7.28

정사면체의 각 면에 $1, 2, 3, 4$ 번호가 하나씩 적혀있는 주사위가 있다. X를 이 주사위를 던질 때 1이 나오는 횟수라 하자. 이 주사위를 15번 던질 때, $P(4 \leq X \leq 6)$을 구하여라.

풀이 정사면체 주사위를 던져 1이 나올 확률은 0.25이므로 X는 모수가 $(15, 0.25)$인 이항분포를 따른다. 따라서 구하는 확률은

$$P(4 \leq X \leq 6) = \sum_{k=4}^{6} P(X=k) = \sum_{k=4}^{6} \binom{15}{k} (0.25)^k (0.75)^{15-k}$$

이다. 그런데 $P(4 \le X \le 6) = P(X \le 6) - P(X \le 3)$이고 누적이항분포표로부터

$$P(X \le 6) = 0.9434, \quad P(X \le 3) = 0.4613$$

임을 알 수 있다. 따라서

$$P(4 \le X \le 6) = P(X \le 6) - P(X \le 3) = 0.9434 - 0.4613 = 0.4821$$

이다.

문제 7.28

1부터 10까지의 자연수가 각각 적힌 10장의 카드가 들어 있는 상자에서 한 카드를 20번 복원추출한다. 4 이하의 숫자가 나오는 횟수를 X라 할 때, $P(3 \le X < 6)$을 구하여라.

구간 $[0,2]$에서 한 점 P를 택할 때, 원점으로부터 점 P 까지의 거리를 X라 하면 X는 0과 2 사이의 모든 값을 가질 수 있으므로 X는 이산확률변수가 아니다. 사건 $\{X \le a\}$의 확률은 길이의 비로 생각할 수 있으므로

$$P(X \le a) = \frac{a}{2}$$

이다. 그리고 $\frac{a}{2} = \int_0^a \frac{1}{2} dx$이므로 함수 $f(x)$를

$$f(x) = \begin{cases} \frac{1}{2} & (0 \le x \le 2) \\ 0 & (\text{그 밖에}) \end{cases}$$

로 두면

$$P(X \le a) = \int_0^a f(x) dx$$

로 나타낼 수 있다. 이와 같이 표현되는 확률변수를 연속확률변수라 한다.

정의 7.32 **연속확률변수**

확률변수 X에 대하여 사건 $\{X \le a\}$의 확률을

$$P(X \le a) = \int_0^a f(x)dx$$

와 같이 음이 아닌 함수 $f(x)$의 적분으로 나타낼 수 있을 때, X를 **연속확률변수**라 한다. 그리고 $f(x)$를 X의 **확률밀도함수**라 한다.

X가 연속확률변수이면 모든 x에 대하여 $P(X=x)=0$이다. 그리고 연속확률변수 X의 확률밀도함수가 $f(x)$일 때,

$$P(a < X < b) = P(a \le X < b) = P(a < X \le b) = P(a \le X \le b) = \int_a^b f(x)dx$$

이다. 즉, 연속확률변수 X의 확률밀도함수 $f(x)$의 그래프가 다음과 같을 때, $P(a \le X \le b)$는 그래프와 x축 그리고 $x=a$, $x=b$로 둘러싸인 부분의 면적과 같다.

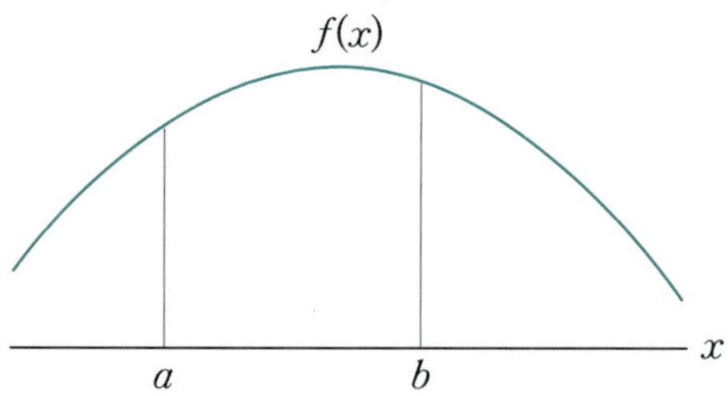

▎그림 7.4▎

가장 중요한 연속확률변수인 정규확률변수에 대하여 알아보자.

정의 7.33 **정규확률변수**

확률밀도함수가

$$f(x) = \frac{1}{\sqrt{2\pi}\,\sigma} e^{-\frac{(x-\mu)^2}{2\sigma^2}} \qquad (-\infty < x < \infty,\ \sigma > 0)$$

로 주어지는 연속확률변수 X를 모수가 (μ, σ^2)인 **정규분포**를 따르는 확률변수 또는 모수가 (μ, σ^2)인 **정규확률변수**라 한다.

정규확률변수의 확률밀도함수의 그래프는 다음과 같다.

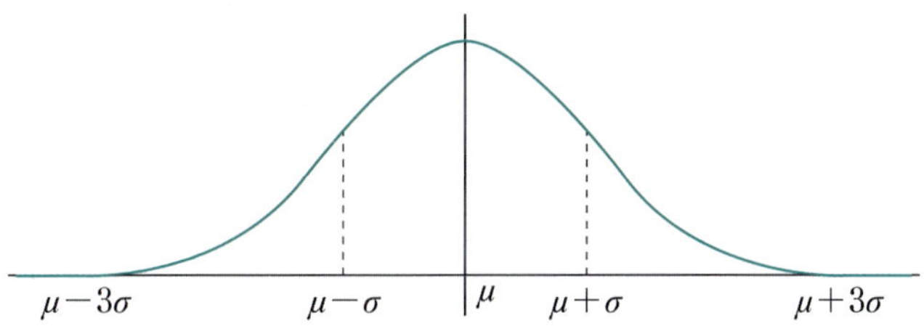

| 그림 7.5 |

정규확률변수의 확률밀도함수 $f(x)$는 다음과 같은 성질을 갖는다.

(1) $\int_{-\infty}^{\infty} f(x)\,dx = 1$ 이다.

(2) $f(x)$는 $x = \mu$에 관해 좌우대칭이다.

(3) σ는 $x = \mu$를 중심으로 그래프가 퍼져있는 정도에 영향을 준다.

(4) $f(x)$는 $x = \mu \pm \sigma$에서 변곡점을 갖는다.

(5) $f(x)$는 $x = \mu \pm 3\sigma$에서 x축에 거의 접한다. 즉, 사건 $\{X \le \mu - 3\sigma\}$와 $\{X \ge \mu + 3\sigma\}$의 확률은 거의 0이다.

(6) 확률변수 X가 모수가 (μ, σ^2)인 정규분포를 따르는 경우, X의 평균은 μ이고 분산은 σ^2이다.

정의 7.34 **표준정규분포**

정규확률변수 중에서 $\mu=0$이고 $\sigma^2=1$인 정규분포를 **표준정규분포**라 하고 Z로 나타낸다. 표준정규분포의 확률밀도함수와 확률 $P(Z\le z)$는 각각 $\phi(z)$, $\Phi(z)$로 나타낸다. 즉

$$\phi(z)=\frac{1}{\sqrt{2\pi}}e^{-\frac{z^2}{2}} \qquad (-\infty<z<\infty)$$

$$\Phi(z)=\int_{-\infty}^{z}\frac{1}{\sqrt{2\pi}}e^{-\frac{t^2}{2}}dt$$

이다.

정규확률변수의 확률밀도함수를 특정한 구간에서 정적분하는 것은 불가능하므로 확률 $P(a\le X\le b)$를 직접 계산할 수는 없다. Z가 표준정규분포를 따를 때, 특정한 실수 z에 대하여 $P(Z\le z)=\int_{-\infty}^{z}\frac{1}{\sqrt{2\pi}}e^{-\frac{t^2}{2}}dt$를 계산한 표가 만들어져 있다. 이 표를 표준정규분포표라 하고 부록에 제시되어 있다.

다음 성질은 표준정규분포표와 표준정규확률변수의 확률밀도함수의 대칭성을 이용하면 쉽게 알 수 있다.

정리 7.34

Z가 표준정규확률변수일 때 다음이 성립한다.

(1) $\Phi(0)=P(Z\le 0)=P(Z\ge 0)=0.5$

(2) $\Phi(-z)=P(Z\le -z)=P(Z\ge z)=1-\Phi(z)$

(3) $\Phi(-z)+\Phi(z)=1$

(4) $P(-1<Z<1)=0.683$, $P(-2<Z<2)=0.954$,
$P(-3<Z<3)=0.997$

(5) $P(Z>1.645)=0.05$, $P(Z>1.96)=0.025$, $P(Z>2.58)=0.005$

(6) $P(|Z|<1.645)=0.9$, $P(|Z|<1.96)=0.95$, $P(|Z|<2.58)=0.99$

하여 $P(X=k)$를 이항분포를 사용하여 계산하면 0보다 큰 값이 나오지만, 정규분포를 이용하여 계산하면 항상 0이다. 이와 같은 문제점을 수정하고, 확률값의 정밀도를 높이기 위하여 이항분포의 확률을 정규분포를 이용하여 계산할 때 다음과 같이 계산한다.

$$P(X=k)=P(k-0.5 \le X \le k+0.5)$$

그러면

$$P(a \le X \le b)=P\left(\frac{(a-0.5)-np}{\sqrt{np(1-p)}}<\frac{X-np}{\sqrt{np(1-p)}}<\frac{(b+0.5)-np}{\sqrt{np(1-p)}}\right)$$

와 같이 된다. 이것을 연속성 보정이라고 한다.

SECTION 7.5 연습문제

01 표준정규분포표를 이용하여 다음 확률을 구하여라.

(1) $P(Z \le 1.57)$　　(2) $P(Z \ge 0.76)$

02 표준정규분포표를 이용하여 다음 확률을 구하여라.

(1) $P(Z \le -0.52)$　　(2) $P(-0.5 \le Z \le 1.57)$

03 X가 평균이 20이고 분산이 4인 정규분포를 따른다고 하자.

(1) $P(17 < X < 21)$을 구하여라.

(2) $P(X < x) = 0.7454$인 x를 구하여라.

04 X가 $n=50$, $p=0.8$인 이항분포를 따를 때, $P(37 \le X \le 44)$를 구하여라. (연속성 보정은 하지 않고, 소수점 셋째자리에서 반올림하여 구하여라)

05 공정한 주사위를 500번 던져 6의 눈이 나오는 횟수를 X라 할 때 $P(80 \le X \le 90)$을 구하여라. (연속성 보정은 하지 않고, 소수점 셋째자리에서 반올림하여 구하여라.)

06 어느 학교 남학생의 키는 평균이 172cm이고 표준편차가 σcm인 정규분포를 따른다.

(1) 키가 177cm 이상인 학생이 전체 학생의 18.94%일 때, σ의 근삿값을 소숫점 이하 두 자리까지 구하여라.

(2) 한 학생을 선택하였을 때, 그 학생의 키가 170cm 이상 175cm 이하일 확률을 구하여라.

07 어느 지역을 통과하는 차량의 속도는 평균 65km/h, 표준편차 5km/h인 정규분포를 따른다고 한다.

(1) 이 지역을 통과하는 차량 중에서 속도가 58km/h 이하인 차량의 비율을 구하여라.

(2) 이 지역을 통과하는 차량 중에서 속도가 60km/h 이상 67km/h 이하인 차량의 비율을 구하여라.

APPENDIX

연습문제 정답

Fundamentals of Elementary Mathematics

CHAPTER 01

함수

SECTION 1.1 함수의 정의

01 (1) 함수이다 (2) 함수가 아니다 (3) 함수가 아니다 (4) 함수가 아니다

02 $g(x)=3x+1$

03 $g(x)=-2(x-2)^2$

04 $g(x)=\sqrt{x+3}-2$

05 $g(x)=\dfrac{2}{x+1}+3$

06 $g(x)=|x+2|-3$

07 x축 대칭: $y=-\dfrac{1}{x+2}$

y축 대칭: $y=\dfrac{1}{-x+2}$

원점에 대한 대칭: $y=-\dfrac{1}{-x+2}$

08 x축 대칭: $y=-f(x)=-\sqrt{2x-1}$

y축 대칭: $y=f(-x)=\sqrt{-2x-1}$

원점에 대한 대칭: $y=-f(-x)=-\sqrt{-2x-1}$

09 (1)

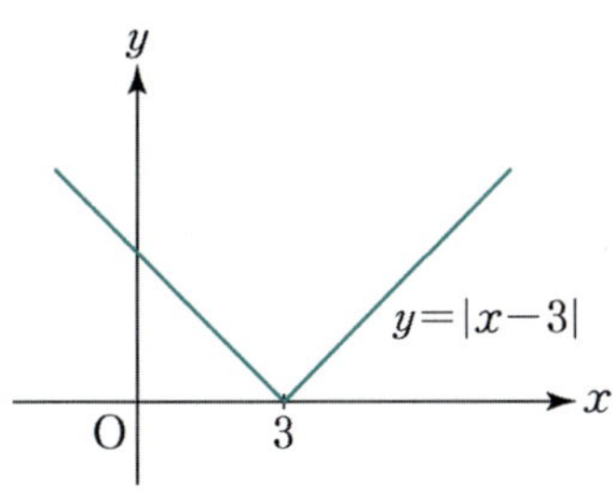

(2)

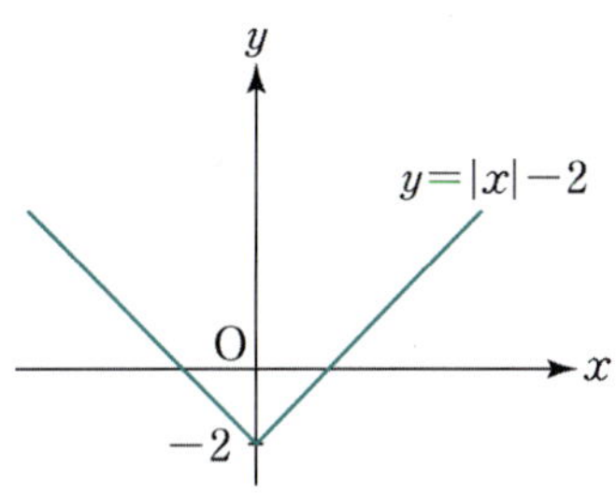

(3)

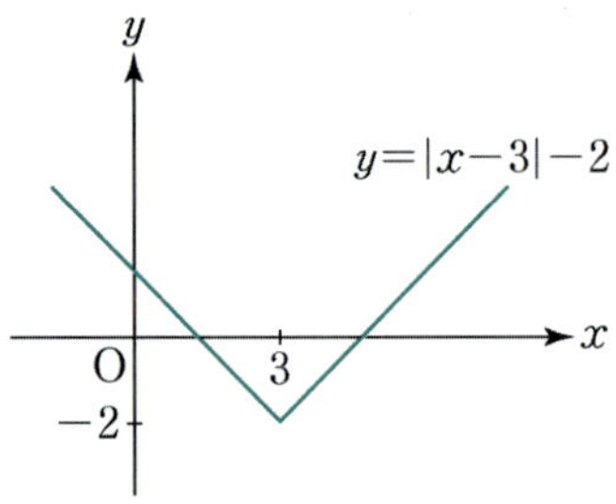

(4)

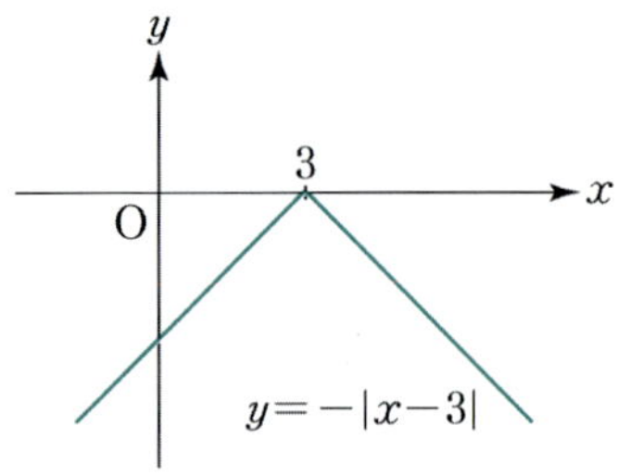

(5)

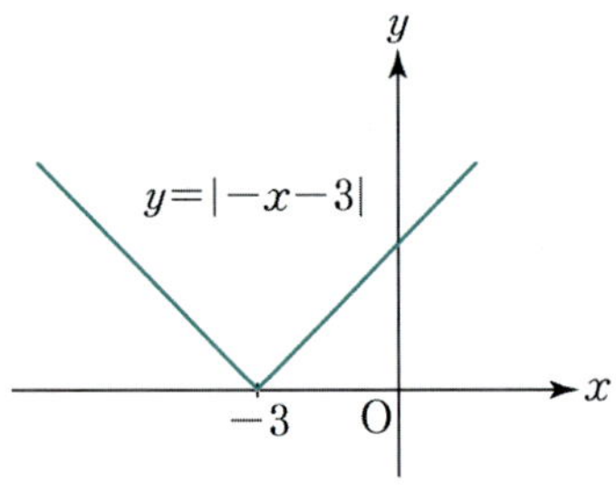

(6)

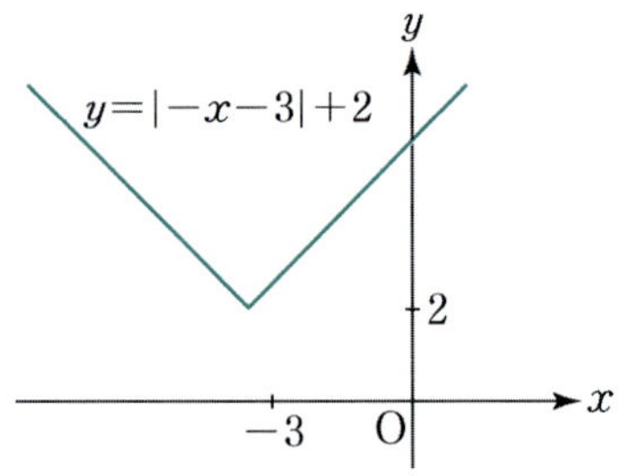

10 (1) $(f \circ g)(x) = f(g(x)) = \sqrt{x-2}+1$

(2) $(g \circ f)(x) = g(f(x)) = \sqrt{x-1}$

(3) $((g \circ f) \circ h)(x) = (g \circ f)(h(x)) = \sqrt{\dfrac{1}{x^2}-1}$

(4) $(f \circ h)(x) = f(h(x)) = \dfrac{1}{x^2}+1$이므로

$$(g \circ (f \circ h))(x) = g((f \circ h)(x)) = \sqrt{\frac{1}{x^2}-1}$$

11 (1) f의 정의역과 치역은 $\mathbb{R}$ 이다. $f^{-1}(x) = \dfrac{x-2}{3}$

(2) f의 정의역은 $\{x \in \mathbb{R} \mid x \geq 1\}$, 치역은 $\{y \in \mathbb{R} \mid y \geq 0\}$이다. $f^{-1}(x) = \sqrt{x}+1$

(3) f의 정의역은 $\{x \in \mathbb{R} \mid x \neq -1\}$, 치역은 $\{y \in \mathbb{R} \mid y \neq 0\}$이다. $f^{-1}(x) = \dfrac{-x+1}{x}$

(4) f의 정의역은 $\{x \in \mathbb{R} \mid x \leq 0\}$, 치역은 $\{y \in \mathbb{R} \mid y \leq -1\}$이다. $f^{-1}(x) = -\sqrt{-x-1}$

SECTION 1.2 함수의 종류

01 (1) 정의역은 $\{x\in\mathbb{R} \mid x \geq 7\}$, 치역은 $\{y\in\mathbb{R} \mid y \geq 0\}$

(2) 정의역과 치역은 $\mathbb{R}$

(3) 정의역은 $\{x\in\mathbb{R} \mid x > 7\}$, 치역은 $\{y\in\mathbb{R} \mid y > 0\}$

(4) 정의역은 $\mathbb{R}-\{7\}$, 치역은 $\mathbb{R}-\{0\}$

(5) 정의역은 $\{x\in\mathbb{R} \mid x \geq -1\}$, 치역은 $\{y\in\mathbb{R} \mid y \geq -3\}$

(6) 정의역은 $\{x\in\mathbb{R} \mid x \leq 2\}$, 치역은 $\{y\in\mathbb{R} \mid y \leq 1\}$

(7) 정의역은 $\mathbb{R}-\{-2,3\}$, 치역은 $\mathbb{R}-\left\{-\frac{1}{5}, 0\right\}$

(8) 정의역은 $\mathbb{R}$, 치역은 $\left\{y\in\mathbb{R} \mid y \geq -\frac{25}{4}\right\}$

(9) 정의역은 $\{x\in\mathbb{R} \mid x \leq -2, x \geq 3\}$, 치역은 $\{y\in\mathbb{R} \mid y \geq 0\}$

(10) 정의역은 $\mathbb{R}$, 치역은 $\left\{y\in\mathbb{R} \mid y \geq \sqrt[5]{-\frac{25}{4}}\right\}$

02 (1) $y=-x+5$

(2) 두 점 $(-1,0)$과 $(0,-2)$을 지나므로 기울기는 $\frac{-2-0}{0+1}=-2$이다. 따라서 직선의 방정식은 $y=-2x-2$

(4) $y-2=\sqrt{x+1}$의 양변을 제곱하여 정리하면 $x=(y-2)^2-1=y^2-4y+3$이다. x, y를 바꿔 쓰면 역함수는 $y=x^2-4x+3$

03 (1) $x=\frac{1}{6}$에서 최솟값 $\frac{11}{12}$

(2) $x=-\frac{1}{4}$에서 최댓값 $\frac{13}{4}$

(3) $x=-2$, 3에서 최솟값 0

(4) $x=0$, 2에서 최댓값 0

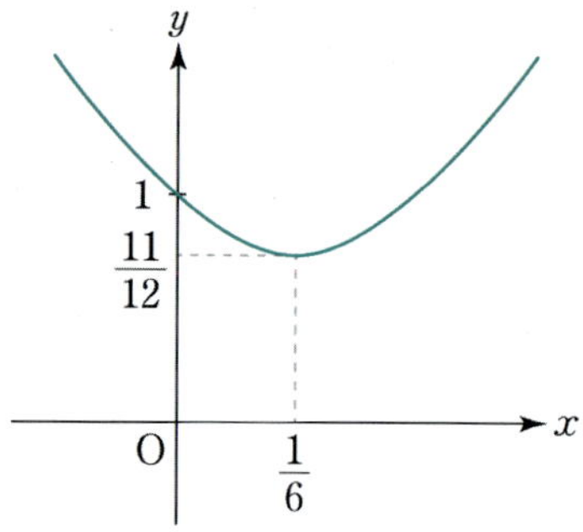

(1) $f(x)=3x^2-x+1$

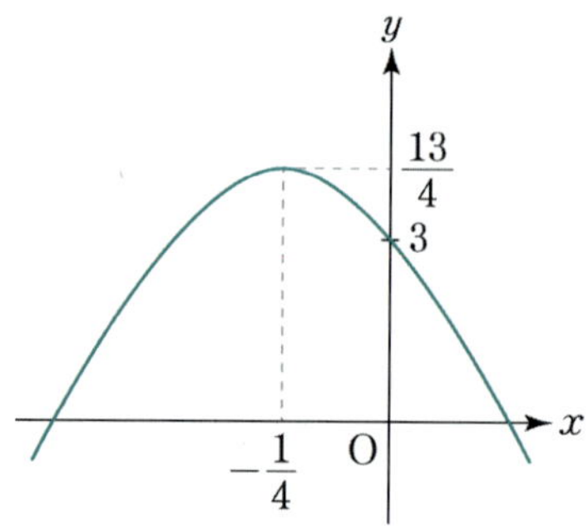

(2) $g(x)=-4x^2-2x+3$

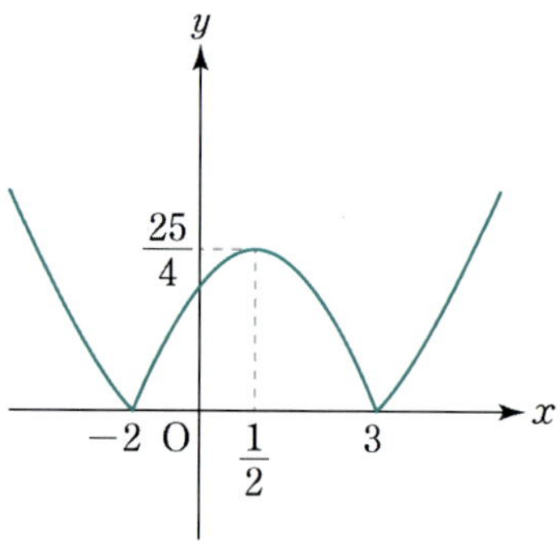

(3) $h(x)=|x^2-x-6|$

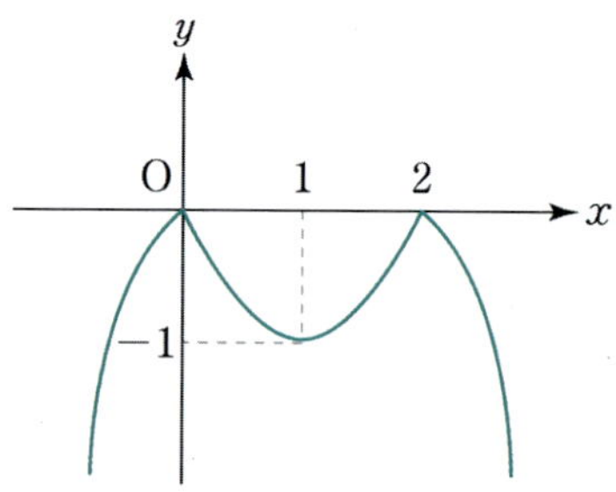

(4) $l(x)=-|x^2-2x|$

04 (1) $y=\sqrt[3]{x+5}$

(2) $y=x^2-6x=(x-3)^2-9$이므로 치역은 $y\geq-9$이다. 식을 정리하면 $(x-3)^2=y+9$로 쓸 수 있으므로 $x-3=\pm\sqrt{y+9}$을 얻는다. $x\geq3$이므로 $x=3+\sqrt{y+9}$이다. x, y을 바꿔쓰면 역함수는 $y=3+\sqrt{x+9}$

(3) $y=\dfrac{x+1}{-2x+3}$

(4) $y-2=\sqrt{x+1}$의 양변을 제곱하여 정리하면 $x=(y-2)^2-1=y^2-4y+3$이다. x, y을 바꿔쓰면 역함수는 $y=x^2-4x+3$

SECTION 1.3 지수함수와 로그함수

01 (1) $2^{\frac{31}{30}}$　(2) $\log_2\frac{x}{\sqrt{x-2}}$　(3) $\frac{1}{25}$

(4) 10　(5) 3　(6) $\log_3(-6+\sqrt{35})$

02 $\log_2(x^2-y^2)=\frac{\ln((x+y)(x-y))}{\ln 2}=\frac{\ln(x+y)+\ln(x-y)}{\ln 2}$이고

$\log_4(x-y)=\frac{\ln(x-y)}{\ln 4}=\frac{\ln(x-y)}{2\ln 2}$ 이므로

$$\begin{aligned}\log_2(x^2-y^2)-\log_4(x-y)&=\frac{\ln(x+y)+\ln(x-y)}{\ln 2}-\frac{\ln(x-y)}{2\ln 2}\\&=\frac{1}{\ln 2}\left(\ln(x+y)+\ln(x-y)-\frac{1}{2}\ln(x-y)\right)\\&=\frac{1}{\ln 2}\left(\ln(x+y)+\frac{1}{2}\ln(x-y)\right)\\&=\frac{\ln\left((x+y)\sqrt{x-y}\right)}{\ln 2}\end{aligned}$$

03 (1) $f^{-1}(x)=\log_3(x-1)-1$ 이고 역함수의 정의역은 $\{x\in\mathbb{R}\mid x>1\}$

(2) $f^{-1}(x)=\frac{1}{3}\ln(4-x^2)$ 이고 역함수의 정의역은 $\{x\in\mathbb{R}\mid -2<x<2\}$

(3) $f^{-1}(x)=\ln(x+\sqrt{x^2-1})$이고 역함수의 정의역은 $\{x\in\mathbb{R}\mid x>1\}$

(4) $f^{-1}(x)=e^x-5$ 이고 역함수의 정의역은 $\mathbb{R}$

(5) 모든 실수 x에 대해 $\sqrt{x^2+1}>|x|$이므로 $x+\sqrt{x^2+1}>0$은 항상 성립한다. 따라서 $f(x)$의 정의역과 치역은 실수 전체 집합이다. 주어진 식은 다음과 같이 변형된다.

$e^y=x+\sqrt{x^2+1}$

$(e^y-x)^2=(\sqrt{x^2+1})^2$

$e^{2y}-2xe^y+x^2=x^2+1$

$x=\frac{e^y-e^{-y}}{2}$

따라서 $f^{-1}(x)=\frac{e^x-e^{-x}}{2}$이고 역함수의 정의역은 $\mathbb{R}$

(6) $f^{-1}(x)=\sqrt[3]{2^x-1}$ 이고 역함수의 정의역은 $\mathbb{R}$

04 (1) $f^{-1}(4)=-\frac{1}{2}$ (2) $f^{-1}(4)=\log_2\frac{5}{3}$

(3) $f^{-1}(4)=63$ (4) $f^{-1}(4)=3$

CHAPTER 02 극한과 연속

SECTION 2.1 함수의 극한

01 (1) 2 (2) 2 (3) 0 (4) 4

02 (1) 3 (2) 11 (3) -10 (4) $-\frac{5}{2}$

03 (1) 3 (2) $3\sqrt{6}$ (3) $\frac{1}{e}$ (4) 2

04 (1) $\lim_{x\to 0-} f(x) = -1$, $\lim_{x\to 0+} f(x) = 1$

(2) $\lim_{x\to 0-} f(x) = \lim_{x\to 0-}(x^2-2) = -2$, $\lim_{x\to 0+} f(x) = \lim_{x\to 0+}(x^2+2x+3) = 3$

(3) $\lim_{x\to 0-} f(x) = -1$, $\lim_{x\to 0+} f(x) = 3$

(4) $\lim_{x\to 0-} f(x) = \lim_{x\to 0-}\sqrt{-x+1} = 1$, $\lim_{x\to 0+} f(x) = \lim_{x\to 0+} 2\sqrt{x}+1 = 1$

05 (1) 6 (2) $\frac{3}{2}$ (3) $\frac{1}{4}$ (4) $\frac{1}{12}$

SECTION 2.2 함수의 연속성

01 (1) 이차 다항함수는 실수 전체 집합에서 연속이므로 $x=2$에서 연속이다.

(2) 분수함수 $y=f(x)$는 $x=2$에서 정의되지 않으므로 $x=2$에서 불연속이다.

(3) $\lim_{x\to 2} f(x) = \lim_{x\to 2}\frac{x^4-16}{x^2-4} = 8 = f(2)$이므로 $x=2$에서 연속이다.

(4) $\lim_{x\to 2+} f(x) = 1$이고 $\lim_{x\to 2-} f(x) = -1$이므로 $\lim_{x\to 2} f(x)$이 존재하지 않는다. 따라서 $x=2$에서 불연속이다.

02 $x=4$에서 연속이기 위해 $\lim_{x\to 4} g(x) = g(4)$이 성립해야 한다.

$$\lim_{x\to 4}\frac{x^2-2x-8}{x-4} = \lim_{x\to 4}\frac{(x-4)(x+2)}{x-4} = \lim_{x\to 4}(x+2) = 6$$

이므로 $b=6$이다.

03 (1) $f(x)=x^4+x-3$라 두면 $f(x)$는 다항함수이므로 구간 $[1, 2]$에서 연속이다. 또한

$$f(1)f(2)=(-1)\cdot 15<0$$

이므로 중간값정리에 의하여 $f(c)=0$이 되는 $c\in(1, 2)$가 적어도 하나 존재한다. 따라서 $x^4+x-3=0$의 실근이 $(1, 2)$에 적어도 하나 있다.

(2) $f(x)=e^x+x-2$라 두면 $f(x)$는 구간 $[0, 2]$에서 연속이다. 또한

$$f(0)f(2)=(-1)\cdot e^2<0$$

이므로 중간값정리에 의하여 $f(c)=0$이 되는 $c\in(0, 2)$가 적어도 하나 존재한다. 따라서 $e^x+x-2=0$의 근이 $(0, 2)$에 적어도 하나 있다.

SECTION 2.3 무한대의 극한

01 (1) ∞ (2) $-\infty$ (3) ∞ (4) $-\infty$

(5) ∞ (6) -1 (7) $-\infty$ (8) 1

02 (1) 수평점근선 $y=1$

(2) 수직점근선을 조사하기 위해 분모가 0이 되는 점들에서 극한을 계산해 보면

$$\lim_{x\to 2^+}\frac{x}{4-x^2}=-\infty,\qquad \lim_{x\to 2^-}\frac{x}{4-x^2}=\infty$$

$$\lim_{x\to -2^+}\frac{x}{4-x^2}=-\infty,\qquad \lim_{x\to -2^-}\frac{x}{4-x^2}=\infty$$

이다. 따라서 수직점근선은 $x=\pm 2$이다. 수평점근선을 조사하기 위해 $x\to\pm\infty$일 때 극한을 구하면

$$\lim_{x\to\infty}\frac{x}{4-x^2}=\lim_{x\to\infty}\frac{\frac{1}{x}}{\frac{4}{x^2}-1}=0,\qquad \lim_{x\to-\infty}\frac{x}{4-x^2}=\lim_{x\to-\infty}\frac{\frac{1}{x}}{\frac{4}{x^2}-1}=0$$

이므로 수평점근선은 $y=0$이다. 분자의 차수가 분모의 차수보다 작으므로 사점근선은 없다.

(3) 수직점근선 $x=\pm 2$, 사점근선 $y=-x$

(4) 수직점근선 $x=2$, $x=-3$, 사점근선 $y=x-1$

CHAPTER 03 미분

SECTION 3.1 순간변화율과 미분

01 (1) 1 (2) 9 (3) -1 (4) $2\Delta x+5$ (5) $-\dfrac{3}{4}$ (6) $\sqrt{6}-\sqrt{2}$

02 (1) 4 (2) $2x+1$ (3) $-2x$ (4) $3x^2$ (5) $\dfrac{-12}{(4x-2)^2}$ (6) $\dfrac{2x}{\sqrt{2x^2-3}}$

03 $(-\infty,-2)\cup(-2,1)\cup(1,\infty)$

04 $y=2x-1$

05 $y=-x+2$

06 $y=3x-3$

07 $\dfrac{2}{9}$

08 -6

09 3

10 $(2,1)$

SECTION 3.2 여러 가지 함수의 미분

01 (1) $2x+2$ (2) $4x+3$ (3) $-3x^2-4x+3$ (4) $\dfrac{3}{5x^{2/5}}-\dfrac{3}{2x^{1/2}}$

(5) $\dfrac{1}{2\sqrt{x}}-1$ (6) $-\dfrac{3(x+1)}{x^3}$ (7) $(x^3+3x^2)e^x$ (8) $\dfrac{3}{2x\ln 2}$

02 (1) $6x^2+4x+2$ (2) $4x^3+3x^2+6x+2$ (3) $1-2x^{-3}+x^{-2}$ (4) $\dfrac{4x^3+3x^2+4}{(2x+1)^2}$

(5) $\dfrac{3x\sqrt{x}+4x+2\sqrt{x}+4}{2(x^2+2x)^2}$ (6) $\dfrac{-\sqrt{x}-2}{2\sqrt{x}\sqrt{2-x}(\sqrt{x}+1)^2}$ (7) $\dfrac{(3x+5)e^{3x}}{(x+2)^2}$

(8) $\dfrac{2^x\ln 2}{(2^x-1)^2}$ (9) $\dfrac{x+2-x\ln 3x}{x(x+2)^2}$ (10) $\dfrac{-1}{x\ln 2(\log_2 x-1)^2}$

03 0 또는 $\dfrac{1}{3}e^{-1/4}$

04 $y=(1+3e)x-1$

05 $y=\left((\ln 2)^2+2\ln 2\right)x-4\ln 2$

06 3

SECTION 3.3 연쇄법칙

01 (1) $18x^2(4x^6+2x^3)^2(4x^3+1)$ (2) $\dfrac{3x+1}{\sqrt{3x^2+2x+1}}$

(3) $\dfrac{2}{3}(x+1)^{-1/3}(2x^2-1)(14x^2+12x-1)$

(4) $2(2x-3)(x^3+4x^2-1)^3(13x^3+18x^2-48x-1)$

(5) $\dfrac{1}{2}(x^2+1)^{-3/4}(3x^2+2)$ (6) $\dfrac{-18x^2(x^3+1)^2}{(x^3-1)^4}$

(7) $\dfrac{x+1}{x^2+x\ln x}$ (8) $\dfrac{\ln x(-x\ln x+\ln x+2)}{e^x}$ (9) $(1-2x^2)e^{-x^2}$

02 (1) $y=8x+1$ (2) $y=ex+e$ (3) $y=4ex-3e$

03 $y=-11x+30$

04 $\dfrac{1}{\ln(x)\ln(\ln(x))}$

05 $y=2ex-e$

06 $\sqrt{2}+\ln 2$

SECTION 3.4 음함수의 미분법

01 (1) $\dfrac{dy}{dx}=\dfrac{y^2-x^2}{y^2-2xy}$

(2) $\dfrac{dy}{dx}=\dfrac{3x^3+3x^2y+2xy+2y^2-1}{1-2x^2-2xy}$

(3) $\frac{dy}{dx}=-\frac{x(2x^2+y^2)}{y(x^2+2y^2)}$

(4) $\frac{dy}{dx}=\frac{x^2+2xy-y^2}{x^2-2xy-y^2}$ 또는 $\frac{dy}{dx}=\frac{-2x+5}{2y-5}$

(5) $\frac{dy}{dx}=-\left(\frac{y}{x}\right)^{\frac{2}{3}}$

(6) $\frac{dy}{dx}=\frac{(x^2+y^2)e^{x+y}-2x}{2y-(x^2+y^2)e^{x+y}}$

(7) $\frac{dy}{dx}=-\frac{4xy^{\frac{5}{2}}+2y}{4x^2y^{\frac{3}{2}}+x}$

(8) $\frac{dy}{dx}=\frac{6x^2\sqrt{x+y}-1}{1-6y^2\sqrt{x+y}}$

02 (1) $y=x$

(2) $y=\frac{1}{2}x-\frac{1}{2}$

(3) $y=x-\frac{1}{2}$

(4) $y=-x+6$

03 $y=-x$

04 바닥으로부터 사다리의 위쪽 끝까지의 거리를 h라 하면 $25=h^2+(0.3t)^2$이다.

따라서, 양변을 t에대하여 미분하면,

$0=2h\frac{dh}{dt}+2(0.3t)(0.3) \Rightarrow 2h\frac{dh}{dt}=-0.18t \Rightarrow \frac{dh}{dt}=-0.09\frac{t}{h}$이다.

$t=10$일 때 $h=4$이므로 그 때의 h의 변화량은 $-0.09\cdot\frac{10}{4}=-\frac{9}{40}$이다.

따라서, 답은 $\frac{9}{40}m/s$이다.

05 (1) $\frac{dy}{dx}=x^{x^2}(x+2x\ln x)$

(2) $\frac{dy}{dx}=x^{\frac{2}{x}}\left(\frac{2}{x^2}-\frac{2\ln x}{x^2}\right)$

(3) $\dfrac{dy}{dx}=\dfrac{x}{\sqrt{x^2+1}\,(x^4+1)}-\dfrac{4x^3\sqrt{x^2+1}}{(x^4+1)^2}$

(4) $\dfrac{dy}{dx}=\dfrac{2y-\ln y}{x\ln x\left(\dfrac{1}{y}-2\right)}$

SECTION 3.5 고계도함수

01 $f^{(4)}(x)=\dfrac{24}{(1-x)^5}$

02 $-1,\ 0$

03 $\dfrac{d^2y}{dx^2}=-\dfrac{2y^2+x^2}{4y^3}$

SECTION 3.6 최댓값과 최솟값

01 (1) $-\dfrac{2}{5}$

(2) $\dfrac{1}{\sqrt{2}},\ -\dfrac{1}{\sqrt{2}}$

(3) $\dfrac{1}{4}, 0$

(4) $0, \dfrac{16}{9}$

02 (1) $2, 0$

(2) $23,\ -9$

(3) $11,\ -41$

(4) $2,\ -2$

(5) $\frac{10}{3}$, 2

03 $\frac{a^a b^b}{(a+b)^{a+b}}$, $(a, b>0)$, 0

SECTION 3.7 평균값 정리

01 $c=1$

02 $f(x)=e^x+2x$라 두면 $f(x)$는 연속이고 미분가능하다. $f(0)=1>0$이고 $f(-1)=e^{-1}-2<0$이므로 중간값 정리에 의해 구간 $(-1, 0)$에서 적어도 한 개의 실근이 존재한다. 만약 $f(x)$가 두 개의 실근 a, b를 갖는다고 가정하자. $f(a)=0=f(b)$이므로 롤의 정리에 의해 $f'(c)=0$을 만족하는 점 $c\in(a,b)$가 존재한다. 그러나 모든 x에 대하여 $f'(x)=e^x+2>0$이므로 $f'(c)=0$이 되는 c가 존재하지 않는다. 따라서 $f(x)=0$은 단 한 개의 실근을 가진다.

03 $c=-\frac{2}{3}$

04 (1) $f(x)=e^x-x$라 두면 $f(0)=1$이고 $x>0$이면 $f'(x)=e^x-1>0$이므로 f는 증가함수이다. 따라서 $x>0$이면 $f(x)\geq f(0)>0$이다.

(2) $f(x)=x-\ln x$라 두면 $f(1)=1$이고 $x>1$이면 $f'(x)=1-\frac{1}{x}>0$이므로 f는 증가함수이다. 따라서 $x>1$이면 $f(x)>0$이다.

05 (1) $\frac{3}{11}$ (2) $\frac{1}{4}$ (3) 0 (4) 2

06 (1) $\frac{\infty}{\infty}$꼴이므로 로피탈 정리를 이용하면

$$\lim_{x\to\infty}\frac{6x+5}{3x-2}=\lim_{x\to\infty}\frac{\frac{d}{dx}(6x+5)}{\frac{d}{dx}(3x-2)}=\lim_{x\to\infty}\frac{6}{3}=2$$

(2) $\frac{\infty}{\infty}$꼴이므로 로피탈 정리를 이용하거나 분모의 최고차항인 x^2로 분자, 분모를 나눈다.

$$\lim_{x\to\infty}\frac{5x^2-3x+1}{x^2-2x+3}=\lim_{x\to\infty}\frac{(5x^2-3x+1)/x^2}{(x^2-2x+3)/x^2}=\lim_{x\to\infty}\frac{5-\frac{3}{x}+\frac{1}{x^2}}{1-\frac{2}{x}+\frac{3}{x^2}}=5$$

(3) $\infty-\infty$꼴이므로 먼저 무리식을 유리화하면

$$\lim_{x\to\infty}\left(x-\sqrt{x^2+x}\right)=\lim_{x\to\infty}\frac{\left(x-\sqrt{x^2+x}\right)\left(x+\sqrt{x^2+x}\right)}{x+\sqrt{x^2+x}}=\lim_{x\to\infty}\frac{(x^2-x^2-x)}{x+\sqrt{x^2+x}}$$
$$=\lim_{x\to\infty}\frac{-x}{x+\sqrt{x^2+x}}$$

을 얻는다. 이것은 $\frac{\infty}{\infty}$꼴이므로 로피탈 정리를 이용하거나 분모의 최고차항인 x로 분자, 분모를 나눈다.

$$\lim_{x\to\infty}\left(x-\sqrt{x^2+x}\right)=\lim_{x\to\infty}\frac{-x/x}{\left(x+\sqrt{x^2+x}\right)/x}=\lim_{x\to\infty}\frac{-1}{1+\sqrt{1+\frac{1}{x}}}=-\frac{1}{2}$$

(4) $\frac{\infty}{\infty}$꼴이므로 로피탈 정리를 3번 적용하면

$$\lim_{x\to\infty}\frac{-x^3+2x}{e^x}=\lim_{x\to\infty}\frac{\frac{d}{dx}(-x^3+2x)}{\frac{d}{dx}e^x}=\lim_{x\to\infty}\frac{-3x^2+2}{e^x}$$
$$=\lim_{x\to\infty}\frac{\frac{d}{dx}(-3x^2+2)}{\frac{d}{dx}e^x}=\lim_{x\to\infty}\frac{-6x}{e^x}$$
$$=\lim_{x\to\infty}\frac{\frac{d}{dx}(-6x)}{\frac{d}{dx}e^x}=\lim_{x\to\infty}\frac{-6}{e^x}=0$$

07 (1) ∞ (2) 0 (3) e (4) 1

SECTION 3.8 그래프 그리기

01 (1) $-\sqrt{\frac{3}{2}}<x<0,\ x>\sqrt{\frac{3}{2}}$ 에서 증가, $-\sqrt{\frac{3}{2}}>x,\ 0<x<\sqrt{\frac{3}{2}}$ 에서 감소

(2) $x<-1,\ x>1$ 에서 증가, $-1<x<1$에서 감소

(3) $-2<x<0, x>2$ 에서 증가, $-2>x, 0<x<2$에서 감소

02 (1) $$f'(x)=\frac{4x+2}{3x^{2/3}},\ f''(x)=\frac{4(x-1)}{9x^{5/3}}$$

이므로 $x<0, x>1$에서 위로 오목, $0<x<1$에서 아래로 오목, 변곡점은 $x=1$

(2) $$f'(x)=4x^3-12x,\ f''(x)=12x^2-12$$

이므로 $x<-1, x>1$에서 위로 오목, $-1<x<1$에서 아래로 오목, 변곡점은 $x=-1, 1$

(3) $$f'(x)=\frac{-1}{2\sqrt{x}(\sqrt{x}+2)^2},\ f''(x)=\frac{3\sqrt{x}+2}{4x\sqrt{x}(\sqrt{x}+2)^3}$$

이다. $x>0$에서 $f''(x)>0$이므로 위로 오목이고 변곡점은 없다.

(4) $$f'(x)=\frac{-2x}{(x^2-1)^2},\ f''(x)=\frac{6x^2+2}{(x^2-1)^3}$$

이므로 $x<-1, x>1$에서 위로 오목, $-1<x<1$에서 아래로 오목, 변곡점은 없다.

03 (1) 1. 정의역은 $x\neq\pm1$인 실수 전체 집합

2. $x=0$일 때 $y=0$이다.

3. $x\to\pm1$ 일 때 극한을 조사하면

$$\lim_{x\to1^+}f(x)=\lim_{x\to1^+}\frac{x}{x^2-1}=\infty,\qquad \lim_{x\to1^-}f(x)=\lim_{x\to1^-}\frac{x}{x^2-1}=-\infty$$

$$\lim_{x\to-1^+}f(x)=\lim_{x\to-1^+}\frac{x}{x^2-1}=\infty,\qquad \lim_{x\to-1^-}f(x)=\lim_{x\to-1^-}\frac{x}{x^2-1}=-\infty$$

이므로 $x=\pm1$은 수직점근선이다. 한편

$$\lim_{x\to\infty}f(x)=\lim_{x\to\infty}\frac{x}{x^2-1}=\lim_{x\to\infty}\frac{1/x}{1-1/x^2}=0,$$

$$\lim_{x\to-\infty}f(x)=\lim_{x\to-\infty}\frac{x}{x^2-1}=\lim_{x\to-\infty}\frac{1/x}{1-1/x^2}=0$$

이므로 $y=0$은 수평점근선이다.

4. 함수 $f(x)$의 도함수는

$$f'(x)=\frac{-x^2-1}{(x^2-1)^2}<0$$

이므로 $f'(x)=0$인 x값은 없다. 따라서 임계점은 분모가 0일 때 $x=\pm1$뿐이다.

5. $f'(x)<0$이므로 $f(x)$는 감소함수이다.

6. 극댓값과 극솟값은 없다.

7. f의 이계도함수를 구하면

$$f''(x) = \frac{2x(x^2+3)}{(x^2-1)^3}$$

이므로 $x<-1$, $0<x<1$에서 f''의 부호가 음수이므로 아래로 오목이고, $-1<x<0$, $x>1$에서 f''의 부호가 양수이므로 위로로 오목이다. 따라서 $x=0$은 변곡점이다.

위 내용을 표로 정리하면 다음과 같다.

x	$\cdots$	-1	$\cdots$	0	$\cdots$	1	$\cdots$
$f'(x)$	$-$		$-$		$-$		$-$
증감	감소		감소		감소		감소
$f''(x)$	$-$		$+$	변곡	$-$		$+$
오목성	아래로 오목		위로 오목		아래로 오목		위로 오목
$f(x)$	↘		↘	0	↘		↘

이를 그래프로 나타내면 다음과 같다.

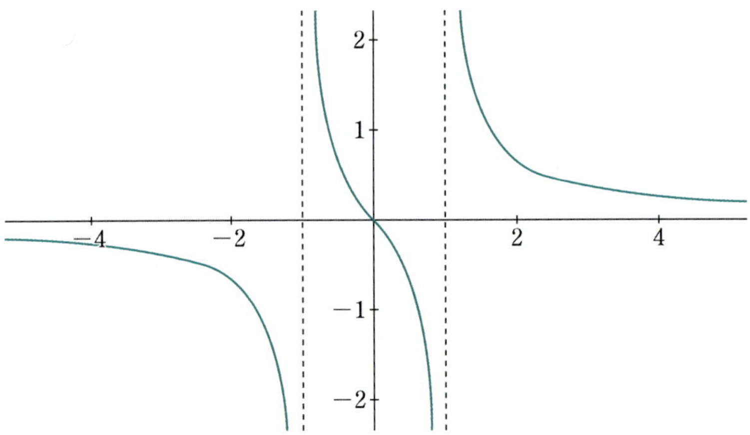

| 그림 | $f(x)=\dfrac{x}{x^2-1}$의 그래프

(2) $x<-2$, $x>0$에서 증가, $-2<x<-1$, $-1<x<0$에서 감소, 극댓값 $f(-2)=-4$, 극솟값 $f(0)=0$, 변곡점 : 없음

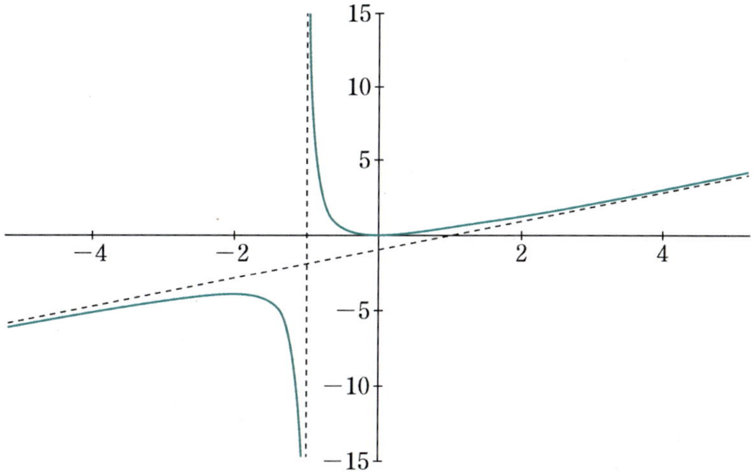

▌그림▌ $f(x)=\dfrac{x^2}{x+1}$의 그래프

(3) 1. 정의역은 $-1 \le x < 0,\ 0 < x \le 1$

2. $x = \pm 1$일 때 $y=0$이다.

3. $x \to 0$일 때 극한을 조사하면

$$\lim_{x\to 0^+} f(x) = \lim_{x\to 0^+}\frac{\sqrt{1-x^2}}{x} = \infty, \qquad \lim_{x\to 0^-} f(x) = \lim_{x\to 0^-}\frac{\sqrt{1-x^2}}{x} = -\infty$$

이므로 $x=0$은 수직점근선이다.

4. 함수 $f(x)$의 도함수는

$$f'(x) = \frac{-1}{x^2\sqrt{1-x^2}} < 0$$

이므로 $f'(x)=0$인 x값은 없다. 따라서 임계점은 분모가 0일 때 $x=0, \pm 1$뿐이다.

5. $f'(x) < 0$이므로 $f(x)$는 감소함수이다.

6. 극댓값과 극솟값은 없다.

7. f의 이계도함수를 구하면

$$f''(x) = \frac{-3x^2+2}{x^3(1-x^2)^{3/2}}$$

이므로 $-\sqrt{\dfrac{2}{3}} < x < 0,\ \sqrt{\dfrac{2}{3}} < x < 1$에서 f''의 부호가 음수이므로 아래로 오목이고, $-1 < x < -\sqrt{\dfrac{2}{3}},\ 0 < x < \sqrt{\dfrac{2}{3}}$에서 f''의 부호가 양수이므로 위로 오목이

다. 따라서 $x = \pm\sqrt{\frac{2}{3}}$ 은 변곡점이다.

위 내용을 표로 정리하면 다음과 같다.

x	-1	$\cdots$	$-\sqrt{2/3}$	$\cdots$	0	$\cdots$	$\sqrt{2/3}$	$\cdots$	1
$f'(x)$		$-$		$-$		$-$		$-$	
증감		감소		감소		감소		감소	
$f''(x)$		$+$	변곡	$-$		$+$	변곡	$-$	
오목성		위로 오목		아래로 오목		위로 오목		아래로 오목	
$f(x)$	0	↘	$-\frac{1}{\sqrt{2}}$	↘		↘	$\frac{1}{\sqrt{2}}$	↘	0

이를 그래프로 나타내면 다음과 같다.

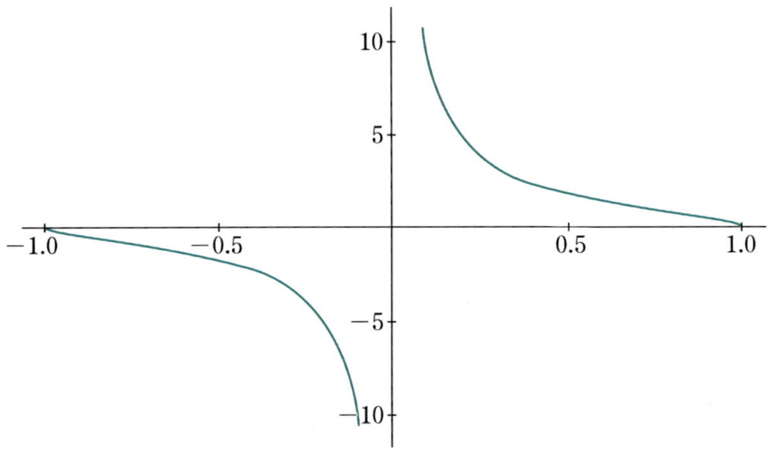

| 그림 | $f(x) = \frac{\sqrt{1-x^2}}{x}$ 의 그래프

CHAPTER 04 벡터

SECTION 4.1 좌표공간과 벡터

01 (1) $(2,2,3)$

(2) $(11,-4,4)$

(3) $(-5,4,0)$

(4) $(4,10,11)$

02 벡터의 성분 계산에 의해 다음을 얻는다.

$$\begin{aligned}\alpha\boldsymbol{u}+\beta\boldsymbol{v}+\gamma\boldsymbol{w}&=\alpha(1,1,1)+\beta(-1,3,2)+\gamma(-3,1,2)\\&=(\alpha,\alpha,\alpha)+(-\beta,3\beta,2\beta)+(-3\gamma,\gamma,2\gamma)\\&=(\alpha-\beta-3\gamma,\alpha+3\beta+\gamma,\alpha+2\beta+2\gamma)=(-1,-5,8).\end{aligned}$$

따라서, 다음과 같은 연립 방정식

$$\begin{cases}\alpha-\beta-3\gamma=-1\\\alpha+3\beta+\gamma=-5\\\alpha+2\beta+2\gamma=8\end{cases}$$

을 얻는다. 위 연립 방정식을 풀면, $\alpha=10$, $\beta=-7$, $\gamma=6$이다.

03 (1) $\pm\dfrac{(-3,4)}{5}$

(2) $\pm\dfrac{(1,0,-1)}{\sqrt{2}}$

04 (1) $\boldsymbol{u}=\overrightarrow{PQ}=(0-1,1-2,2-3)=(-1,-1,-1)$

(2) $\boldsymbol{u}=\overrightarrow{PQ}=(0-(-1),1-2,2-(-1))=(1,-1,3)$

SECTION 4.2 내적

01 (1) $\sqrt{17}$

(2) $\sqrt{13}+\sqrt{6}$

(3) $\dfrac{(3,0,2)}{\sqrt{13}}$

(4) 0

02 $\boldsymbol{u} \cdot \boldsymbol{v}=(-1,-2,3) \cdot (-2,3,-1)=2-6-3=-7$ 이고,

$\|\boldsymbol{u}\|=\sqrt{(-1)^2+(-2)^2+3^2}=\sqrt{14}$, $\|\boldsymbol{v}\|=\sqrt{(-2)^2+3^2+(-1)^2}=\sqrt{14}$ 이므로

$\cos\theta=\dfrac{-7}{\sqrt{14}\sqrt{14}}=-\dfrac{1}{2}$ 이다. 따라서 사잇각 θ는 $0\le\theta\le\pi$에서 $\theta=\dfrac{2\pi}{3}$ 이다.

04 내적의 정의에 의해 다음과 같이 계산할 수 있다.

(1) $\boldsymbol{u} \cdot \boldsymbol{v}=(3,2,2) \cdot (-1,2,-1)=-3+4-2=-1$

(2) $\boldsymbol{u} \cdot \boldsymbol{v}=(-1,4,3) \cdot (-1,2,1)=1+8+3=12$

(3) $\boldsymbol{u} \cdot \boldsymbol{v}=(3,0) \cdot (2,1)=6+0=6$

(4) $\boldsymbol{u} \cdot \boldsymbol{v}=(3,-2,-1,4) \cdot (-2,2,3,-2)=-6-4-3-8=-21$

05 $\left(\dfrac{4}{\sqrt{77}},\dfrac{5}{\sqrt{77}},-\dfrac{6}{\sqrt{77}}\right)$ 또는 $\left(-\dfrac{4}{\sqrt{77}},-\dfrac{5}{\sqrt{77}},\dfrac{6}{\sqrt{77}}\right)$

06 정사영의 정의에 의해 다음과 같이 계산할 수 있다.

$$\mathrm{Proj}_{\boldsymbol{v}}\boldsymbol{u}=\frac{(1,1,0) \cdot (1,0,-2)}{(1,0,-2) \cdot (1,0,-2)}(1,0,-2)=\frac{1}{5}(1,0,-2)$$

$$\mathrm{Proj}_{\boldsymbol{u}}\boldsymbol{v}=\frac{(1,0,-2) \cdot (1,1,0)}{(1,1,0) \cdot (1,1,0)}(1,1,0)=\frac{1}{2}(1,1,0)$$

08 내적의 성질에 의해 다음과 같이 계산할 수 있다.

$$\begin{aligned}\|\boldsymbol{u}-\boldsymbol{v}\|^2&=(\boldsymbol{u}-\boldsymbol{v}) \cdot (\boldsymbol{u}-\boldsymbol{v})\\&=\|\boldsymbol{u}\|^2-2(\boldsymbol{u} \cdot \boldsymbol{v})+\|\boldsymbol{v}\|^2\\&\ge\|\boldsymbol{u}\|^2-2|\boldsymbol{u} \cdot \boldsymbol{v}|+\|\boldsymbol{v}\|^2\\&\ge\|\boldsymbol{u}\|^2-2\|\boldsymbol{u}\|\,\|\boldsymbol{v}\|+\|\boldsymbol{v}\|^2\\&=(\|\boldsymbol{u}\|-\|\boldsymbol{v}\|)^2.\end{aligned}$$

따라서, $\| \boldsymbol{u}-\boldsymbol{v} \|^2 \geq (\| \boldsymbol{u} \| - \| \boldsymbol{v} \|)^2$이므로 $|\| \boldsymbol{u} \| - \| \boldsymbol{v} \|| \leq \| \boldsymbol{u}-\boldsymbol{v} \|$이다.

09 예를 들어 다음 표를 만들어서 분석할 수 있다.

나는(1), 너는(−1)	장난감을(1)	독서를(1)	좋아한다(1), 싫어한다(−1)

$u=(1,1,0,1)$, $v=(1,0,1,1)$, $w=(0,1,1,0)$

$$S(u,v)=\frac{u \cdot v}{\| u \| \, \| v \|}=\frac{2}{3},$$

$$S(u,w)=\frac{u \cdot w}{\| u \| \, \| w \|}=\frac{1}{\sqrt{6}}=\frac{\sqrt{6}}{6},$$

$$S(v,w)=\frac{v \cdot w}{\| v \| \, \| w \|}=\frac{1}{\sqrt{6}}=\frac{\sqrt{6}}{6}$$

10 정사영의 정의와 내적의 성질에 의해 다음과 같이 계산할 수 있다.

$$\mathrm{Proj}_{\boldsymbol{v}}\boldsymbol{u} \cdot \mathrm{Proj}_{\boldsymbol{u}}\boldsymbol{v}=\left(\frac{\boldsymbol{u} \cdot \boldsymbol{v}}{\boldsymbol{v} \cdot \boldsymbol{v}}\boldsymbol{v}\right) \cdot \left(\frac{\boldsymbol{v} \cdot \boldsymbol{u}}{\boldsymbol{u} \cdot \boldsymbol{u}}\boldsymbol{u}\right)$$

$$=\left(\frac{\| \boldsymbol{u} \| \, \| \boldsymbol{v} \| \cos\theta}{\| \boldsymbol{v} \|^2}\boldsymbol{v}\right) \cdot \left(\frac{\| \boldsymbol{v} \| \, \| \boldsymbol{u} \| \cos\theta}{\| \boldsymbol{u} \|^2}\boldsymbol{u}\right)$$

$$=\left(\frac{\| \boldsymbol{u} \| \cos\theta}{\| \boldsymbol{v} \|}\boldsymbol{v}\right) \cdot \left(\frac{\| \boldsymbol{v} \| \cos\theta}{\| \boldsymbol{u} \|}\boldsymbol{u}\right)$$

$$=\frac{\| \boldsymbol{u} \| \cos\theta}{\| \boldsymbol{v} \|}\frac{\| \boldsymbol{v} \| \cos\theta}{\| \boldsymbol{u} \|}(\boldsymbol{v} \cdot \boldsymbol{u})$$

$$=(\boldsymbol{u} \cdot \boldsymbol{v})\cos^2\theta$$

CHAPTER 05 행렬

SECTION 5.1 행렬의 정의와 연산

01 (1) $\begin{pmatrix} 2 & 4 & -8 \\ 0 & -2 & 6 \end{pmatrix}$ (2) $\begin{pmatrix} 3 & 5 & -7 \\ 1 & 2 & 7 \end{pmatrix}$ (3) $\begin{pmatrix} 4 & 10 & -26 \\ -2 & -14 & 16 \end{pmatrix}$ (4) $\begin{pmatrix} 1 & 10 & -24 \\ -4 & -21 & 11 \end{pmatrix}$

02 $B=\begin{pmatrix} -2 & -3 \\ -5 & 2 \end{pmatrix}$

03 (1) $a=1,\ b=2,\ c=5,\ d=-3$ (2) $a=6,\ b=6,\ c=22,\ d=10$

04 (1) $\begin{pmatrix} 4 & 11 \\ 44 & -42 \end{pmatrix}$ (2) $\begin{pmatrix} 4 & -15 \\ 38 & -5 \end{pmatrix}$ (3) $\begin{pmatrix} 64 & -30 \\ -54 & 90 \end{pmatrix}$

(4) $\begin{pmatrix} -60 & 72 \\ -120 & 84 \end{pmatrix}$ (5) $\begin{pmatrix} -4 & 9 \\ -28 & -7 \end{pmatrix}$ (6) $\begin{pmatrix} 0 & 36 \\ -60 & 72 \end{pmatrix}$

05 $AB=\begin{pmatrix} -4 & 4 \\ -10 & 11 \end{pmatrix}$ $BA=\begin{pmatrix} 4 & -2 & -6 \\ -7 & 5 & 12 \\ 2 & 0 & -2 \end{pmatrix}$

06 $a=4,\ b=-12,\ c=9$

SECTION 5.2 역행렬

01 (1) 가역적이 아니다. (2) $\frac{1}{25}\begin{pmatrix} 5 & 5 \\ -2 & 3 \end{pmatrix}$

(3) $\frac{1}{23}\begin{pmatrix} 3 & -2 \\ 4 & 5 \end{pmatrix}$ (4) 가역적이 아니다.

02 (1) $-\frac{1}{3}\begin{pmatrix} 3 & -5 & 2 \\ 0 & -1 & 1 \\ -6 & 8 & -5 \end{pmatrix}$ (2) $\frac{1}{12}\begin{pmatrix} -6 & -6 & 6 \\ 5 & 5 & -3 \\ 8 & -4 & 0 \end{pmatrix}$

(3) $\begin{pmatrix} -1 & -1 & 2 \\ 1 & 2 & -3 \\ 2 & 0 & -1 \end{pmatrix}$ (4) $\begin{pmatrix} 1 & 2 & 3 \\ 2 & 5 & 7 \\ -2 & -4 & -5 \end{pmatrix}$

03 (1) $x=-\frac{9}{2},\ y=\frac{23}{4}$ (2) $x=-8,\ y=-\frac{5}{2}$

(3) $x=-4,\ y=12,\ z=7$ (4) $x=\frac{15}{7},\ y=-\frac{11}{7},\ z=\frac{3}{7}$

04 $A=\begin{pmatrix} a_{11} & a_{12} \\ a_{21} & a_{22} \end{pmatrix}$라 하면 $kA=\begin{pmatrix} ka_{11} & ka_{12} \\ ka_{21} & ka_{22} \end{pmatrix}$이다. 따라서

$\det(kA)=k^2a_{11}a_{22}-k^2a_{12}a_{21}=k^2(a_{11}a_{22}-a_{12}a_{21})=k^2\det A$이다.

05 $-2,\ 0,\ 1,\ 4$

SECTION 5.3 행렬식과 역행렬

01 (1) 18 (2) 0 (3) 0 (4) 295

02 (1) $\begin{pmatrix} 20 & -10 & 0 \\ 5 & -3 & 2 \\ -15 & 5 & 0 \end{pmatrix}$ (2) $\begin{pmatrix} -1 & -2 & 5 \\ -4 & 1 & -7 \\ 3 & -3 & 3 \end{pmatrix}$

(3) $\begin{pmatrix} a^2 & 0 & 0 \\ -a^2 & a^2 & 0 \\ 0 & -a^2 & a^2 \end{pmatrix}$ (4) $\begin{pmatrix} bc-a^2 & ac-b^2 & ab-c^2 \\ ac-b^2 & ab-c^2 & bc-a^2 \\ ab-c^2 & bc-a^2 & ac-b^2 \end{pmatrix}$

03 (1) 역행렬이 존재하지 않는다.

(2) $B^{-1}=\begin{pmatrix} 1 & 0 & 0 \\ -2/3 & 1/3 & 0 \\ -1/9 & -5/18 & 1/6 \end{pmatrix}$

(3) $C^{-1}=\begin{pmatrix} a^2 & 1+a & -a \\ -a+a^2 & a & 1-a \\ \frac{1}{a}-a & 1-\frac{1}{a} & 1 \end{pmatrix}$

(4) $D^{-1}=\frac{1}{(a-b)(b-c)(c-a)}\begin{pmatrix} bc(b-c) & (b+c)(b-c) & b-c \\ ac(a-c) & (c+a)(c-a) & a-c \\ ab(b-a) & (a+b)(a-b) & b-a \end{pmatrix}$

04 (Hint) 행렬 A에서 i행 j열을 제외한 행렬과 행렬 B에서 $(i+1)$행 j열을 제외한 행렬은 같다. 따라서 행렬식의 정의를 i행에 적용하여 $\det A$를 구하고 $(i+1)$행에 적용하여 $\det B$를 구하여 값을 비교한다.

CHAPTER 06 다변수 함수

SECTION 6.1 이변수 함수와 편도함수

01 x에 대한 편도함수

$$f_x(x,y)=\lim_{h\to0}\frac{(x+h)^2y-y^2(x+h)-x^2y+y^2x}{h}$$
$$=\lim_{h\to0}\frac{2xhy+h^2y-y^2h}{h}=2xy-y^2$$

y에 대한 편도함수

$$f_y(x,y)=\lim_{h\to0}\frac{x^2(y+h)-(y+h)^2x-x^2y+y^2x}{h}$$
$$=x^2-2yx$$

02 편도함수의 정의에 의해 다음과 같이 계산할수 있다.

$$f_x(x,0)=\lim_{h\to0}\frac{f(x+h,0)-f(x,0)}{h}=\lim_{h\to0}\frac{0-0}{h}=0$$

$$f_y(0,y)=\lim_{h\to0}\frac{f(0,y+h)-f(0,y)}{h}=\lim_{h\to0}\frac{0-0}{h}=0$$

03 (1) $f_x(x,y)=\dfrac{x^4y+4x^2y^3-y^5}{(x^2+y^2)^2}$

$f_y(x,y)=\dfrac{x^5-xy^4-4x^3y^2}{(x^2+y^2)^2}$

(2) $f_x(0,0)=0$, $f_y(0,0)=0$

(3) $f_{xy}(0,0)=-1$, $f_{yx}(0,0)=1$

04 (1) $\dfrac{dz}{dx}=\dfrac{x}{\sqrt{x^2-y^2}}$, $\dfrac{dz}{dy}=\dfrac{-y}{\sqrt{x^2-y^2}}$

(2) $\dfrac{dz}{dx}=e^{x+y}(x+y+1)$, $\dfrac{dz}{dy}=e^{x+y}(x+y+1)$

(3) $\dfrac{du}{dx}=\dfrac{2y}{(x+y)^2}$, $\dfrac{du}{dy}=\dfrac{-2x}{(x+y)^2}$

(4) $\dfrac{du}{dx}=\dfrac{y-1}{xy-x+y},\ \dfrac{du}{dy}=\dfrac{x+1}{xy-x+y}$

05 (1) $\dfrac{\partial^2 z}{\partial x^2}=12xy+60x^2y^2,\ \dfrac{\partial^2 z}{\partial y^2}=10x^4$

$\dfrac{\partial^2 z}{\partial y\partial x}=\dfrac{\partial^2 z}{\partial x\partial y}=6x^2+40x^3y$

(2) $\dfrac{\partial^2 z}{\partial x^2}=\dfrac{1}{\sqrt{x^2+y^2+1}}-\dfrac{x^2}{(x^2+y^2+1)^{3/2}},\dfrac{\partial^2 z}{\partial y^2}=\dfrac{1}{\sqrt{x^2+y^2+1}}-\dfrac{y^2}{(x^2+y^2+1)^{3/2}}$

$\dfrac{\partial^2 z}{\partial y\partial x}=\dfrac{\partial^2 z}{\partial x\partial y}=-\dfrac{xy}{(x^2+y^2+1)^{3/2}}$

06 $u=\dfrac{a}{\| a \|}=\dfrac{1}{5}(3,-4)$이고, $f_x(x,y)=3x^2y^4,\ f_y(x,y)=4x^3y^3$이므로

$$D_u f(1,-1)=\frac{3}{5}f_x(1,-1)-\frac{4}{5}f_y(1,-1)$$
$$=\frac{3}{5}\times 3-\frac{4}{5}\times(-4)$$
$$=\frac{9}{5}+\frac{16}{5}=\frac{25}{5}=5$$

이다.

07 방향:$(-4,4)$, 최대 변화율:$4\sqrt{2}$

SECTION 6.2 연쇄법칙

01 (1) $\dfrac{dz}{dt}=\dfrac{dz}{dx}\dfrac{dx}{dt}+\dfrac{dz}{dy}\dfrac{dy}{dt}=12t^5-4t$

(2) $\dfrac{dz}{dt}=\dfrac{dz}{dx}\dfrac{dx}{dt}+\dfrac{dz}{dy}\dfrac{dy}{dt}=4(2t+1)e^{(2t+1)^2}-\dfrac{3}{3t+1}$

02 (1) $\dfrac{dz}{ds}=e^x\ln y\times 1+\dfrac{e^x}{y}2st,\ \dfrac{dz}{dt}=e^x\ln y\times 2t+\dfrac{e^x}{y}s^2$

(2) $\dfrac{dz}{ds}=(2xy+y)\times t^2e^s+(x^2+x)\times e^{t^2},$

$$\frac{dz}{dt}=(2xy+y)\times 2te^{s}+(x^2+x)\times 2tse^{t^2}$$

(3) $\frac{dz}{ds}=2x\times 4+6y\times 2te^{ts}$, $\frac{dz}{dt}=2x\times 2t+6y\times 2se^{ts}$

03 (1) $\frac{dz}{dx}=-\frac{f_x}{f_z}=-\frac{2x-2yz}{3z^2-2xy}$

$$\frac{dz}{dy}=-\frac{f_y}{f_z}=-\frac{2y-2xz}{3z^2-2xy}$$

(2) $\frac{dz}{dx}=-\frac{2x-yz2xe^{x^2yz}}{1-x^2ye^{x^2yz}}$

$$\frac{dz}{dy}=-\frac{-x^2ze^{x^2yz}}{1-x^2ye^{x^2yz}}$$

CHAPTER 07 확률

SECTION 7.1 경우의 수

01 12　　02 43200　　03 225　　04 210

05 34650　　06 (1) 128　(2) 63　　07 455

08 (1) 1001　(2) 126　　09 3645

SECTION 7.2 확률의 정의

01 $\frac{5}{12}$　　02 $\frac{193}{512}$　　03 $\frac{5}{12}$　　04 $\frac{5}{21}$

05 $\frac{2}{5}$　　06 (1) $\frac{2}{7}$　(2) $\frac{5}{12}$　　07 $\frac{33}{50}$

08 (1) $\frac{2}{7}$　(2) $\frac{5}{12}$　　09 $\frac{17}{19}$

SECTION 7.3 조건부 확률

01 $\frac{5}{9}$　　02 $\frac{1}{5}$　　03 $\frac{3}{7}$　　04 $\frac{7}{13}$　　05 $\frac{3}{7}$

06 $\frac{11}{120}$　　07 $\frac{77}{200}$　　08 0.75　　09 $\frac{1}{3}$

SECTION 7.4 확률변수와 기댓값

01 $\frac{7}{2}$, $\frac{35}{12}$

02 $E[X]=\frac{27}{10}$, $Var[X]=\frac{121}{100}$

03 $\frac{1}{15}$

04 $\frac{3-\sqrt{5}}{4}$

05 $\frac{5}{6}$

06 $E[Y]=4$, $Var[Y]=21$

07 280

08 $\frac{26}{9}$

SECTION 7.5 정규분포

01 (1) 0.9418 (2) 0.2236

02 (1) 0.3015 (2) 0.6333

03 (1) 0.6247 (2) 21.32

04 0.78

05 0.4435

06 (1) 5.68 (2) 0.3387

07 (1) 0.0908 (2) 0.3185

APPENDIX

부록

Fundamentals of Elementary Mathematics

부록 누적 이항분포표

표 1 누적 이항분포표

$$P(X \le x) = \sum_{r=0}^{x} \binom{n}{r} p^r (1-p)^{n-r}$$

n	x	p								
		0.05	0.10	0.15	0.20	0.25	0.30	0.35	0.40	0.45
1	0	0.9500	0.9000	0.8500	0.8000	0.7500	0.7000	0.6500	0.6000	0.5500
2	0	0.9025	0.8100	0.7225	0.6400	0.5625	0.4900	0.4225	0.3600	0.3025
	1	0.9975	0.9900	0.9775	0.9600	0.9375	0.9100	0.8775	0.8400	0.7975
3	0	0.8574	0.7290	0.6141	0.5120	0.4219	0.3430	0.2746	0.2160	0.1664
	1	0.9928	0.9720	0.9393	0.8960	0.8438	0.7840	0.7182	0.6480	0.5748
	2	0.9999	0.9990	0.9967	0.9920	0.9844	0.9730	0.9571	0.9360	0.9089

n	x	p									
		0.50	0.55	0.60	0.65	0.70	0.75	0.80	0.85	0.90	0.95
1	0	0.5000	0.4500	0.4000	0.3500	0.3000	0.2500	0.2000	0.1500	0.1000	0.0500
2	0	0.2500	0.2025	0.1600	0.1225	0.0900	0.0625	0.0400	0.0225	0.0100	0.0025
	1	0.7500	0.6975	0.6400	0.5775	0.5100	0.4375	0.3600	0.2775	0.1900	0.0975
3	0	0.1250	0.0911	0.0640	0.0429	0.0270	0.0156	0.0080	0.0034	0.0010	0.0001
	1	0.5000	0.4252	0.3520	0.2818	0.2160	0.1406	0.1040	0.0608	0.0280	0.0072
	2	0.8750	0.8336	0.7840	0.7254	0.6570	0.5625	0.4880	0.3859	0.2710	0.1426

표 1 누적 이항분포표(계속)

n	x	p								
		0.05	0.10	0.15	0.20	0.25	0.30	0.35	0.40	0.45
4	0	0.8145	0.6561	0.5220	0.4096	0.3164	0.2401	0.1785	0.1296	0.0915
	1	0.9860	0.9477	0.8905	0.8192	0.7383	0.6517	0.5630	0.4752	0.3910

	2	0.9995	0.9963	0.9880	0.9728	0.9492	0.9163	0.8735	0.8208	0.7585
	3	1.0000	0.9999	0.9995	0.9984	0.9961	0.9919	0.9850	0.9744	0.9590
5	0	0.7738	0.5905	0.4437	0.3277	0.2373	0.1681	0.1160	0.0778	0.0503
	1	0.9774	0.9185	0.8352	0.7373	0.6328	0.5282	0.4284	0.3370	0.2562
	2	0.9988	0.9914	0.9734	0.9421	0.8965	0.8369	0.7648	0.6826	0.5931
	3	1.0000	0.9995	0.9978	0.9933	0.9844	0.9692	0.9460	0.9130	0.8688
	4	1.0000	1.0000	0.9999	0.9997	0.9990	0.9976	0.9947	0.9898	0.9815
6	0	0.7351	0.5314	0.3771	0.2621	0.1780	0.1176	0.0754	0.0467	0.0277
	1	0.9672	0.8857	0.7765	0.6554	0.5339	0.4202	0.3191	0.2333	0.1636
	2	0.9978	0.9842	0.9527	0.9011	0.8306	0.7443	0.6471	0.5443	0.4415
	3	0.9999	0.9987	0.9941	0.9830	0.9624	0.9295	0.8826	0.8208	0.7447
	4	1.0000	0.9999	0.9996	0.9984	0.9954	0.9891	0.9777	0.9590	0.9308
	5	1.0000	1.0000	1.0000	0.9999	0.9998	0.9993	0.9982	0.9959	0.9917
7	0	0.6983	0.4783	0.3206	0.2097	0.1335	0.0824	0.0490	0.0280	0.0152
	1	0.9556	0.8503	0.7166	0.5767	0.4449	0.3294	0.2338	0.1586	0.1024
	2	0.9962	0.9743	0.9262	0.8520	0.7564	0.6471	0.5323	0.4199	0.3164
	3	0.9998	0.9973	0.9879	0.9667	0.9294	0.8740	0.8002	0.7102	0.6083
	4	1.0000	0.9998	0.9988	0.9953	0.9871	0.9712	0.9444	0.9037	0.8471
	5	1.0000	1.0000	0.9999	0.9996	0.9987	0.9962	0.9910	0.9812	0.9643
	6	1.0000	1.0000	1.0000	1.0000	0.9999	0.9998	0.9994	0.9984	0.9963

| 표 1 | 누적 이항분포표(계속)

n	x	p									
		0.50	0.55	0.60	0.65	0.70	0.75	0.80	0.85	0.90	0.95
4	0	0.0625	0.0410	0.0256	0.0150	0.0081	0.0039	0.0016	0.0005	0.0001	0.0000
	1	0.3125	0.2415	0.1792	0.1265	0.0837	0.0508	0.0272	0.0120	0.0037	0.0005
	2	0.6875	0.6090	0.5248	0.4370	0.3483	0.2617	0.1808	0.1095	0.0523	0.0140
	3	0.9375	0.9085	0.8704	0.8215	0.7599	0.6836	0.5904	0.4780	0.3439	0.1855
5	0	0.0312	0.0185	0.0102	0.0053	0.0024	0.0010	0.0003	0.0001	0.0000	0.0000
	1	0.1875	0.1312	0.0870	0.0540	0.0308	0.0156	0.0067	0.0022	0.0005	0.0000
	2	0.5000	0.4069	0.3174	0.2352	0.1631	0.1035	0.0579	0.0266	0.0086	0.0012
	3	0.8125	0.7438	0.6630	0.5716	0.4718	0.3672	0.2627	0.1648	0.0815	0.0226
	4	0.9688	0.9497	0.9222	0.8840	0.8319	0.7627	0.6723	0.5563	0.4095	0.2262
6	0	0.0156	0.0083	0.0041	0.0018	0.0007	0.0002	0.0001	0.0000	0.0000	0.0000
	1	0.1094	0.0692	0.0410	0.0223	0.0109	0.0046	0.0016	0.0004	0.0001	0.0000

6	2	0.3438	0.2553	0.1792	0.1174	0.0705	0.0376	0.0170	0.0059	0.0013	0.0001
	3	0.6562	0.5585	0.4557	0.3529	0.2557	0.1694	0.0989	0.0473	0.0158	0.0022
	4	0.8906	0.8364	0.7667	0.6809	0.5798	0.4661	0.3446	0.2235	0.1143	0.0328
	5	0.9844	0.9723	0.9533	0.9246	0.8824	0.8220	0.7379	0.6229	0.4686	0.2649
7	0	0.0078	0.0037	0.0016	0.0006	0.0002	0.0001	0.0000	0.0000	0.0000	0.0000
	1	0.0625	0.0357	0.0188	0.0090	0.0038	0.0013	0.0004	0.0001	0.0000	0.0000
	2	0.2266	0.1529	0.0963	0.0556	0.0288	0.0129	0.0047	0.0012	0.0002	0.0000
	3	0.5000	0.3917	0.2898	0.1998	0.1260	0.0706	0.0333	0.0121	0.0027	0.0002
	4	0.7734	0.6836	0.5801	0.4677	0.3529	0.2436	0.1480	0.0738	0.0257	0.0038
	5	0.9375	0.8976	0.8414	0.7662	0.6706	0.5551	0.4233	0.2834	0.1497	0.0444
	6	0.9922	0.9848	0.9720	0.9510	0.9176	0.8665	0.7903	0.6794	0.5217	0.3017

표 1 누적 이항분포표(계속)

n	x	p								
		0.05	0.10	0.15	0.20	0.25	0.30	0.35	0.40	0.45
8	0	0.6634	0.4305	0.2725	0.1678	0.1001	0.0576	0.0319	0.0168	0.0084
	1	0.9428	0.8131	0.6572	0.5033	0.3671	0.2553	0.1691	0.1064	0.0632
	2	0.9942	0.9619	0.8948	0.7969	0.6785	0.5518	0.4278	0.3154	0.2201
	3	0.9996	0.9950	0.9786	0.9437	0.8862	0.8059	0.7064	0.5941	0.4770
	4	1.0000	0.9996	0.9971	0.9896	0.9727	0.9420	0.8939	0.8263	0.7396
	5	1.0000	1.0000	0.9998	0.9988	0.9958	0.9887	0.9747	0.9502	0.9115
	6	1.0000	1.0000	1.0000	0.9999	0.9996	0.9987	0.9964	0.9915	0.9819
	7	1.0000	1.0000	1.0000	1.0000	1.0000	0.9999	0.9998	0.9993	0.9983
9	0	0.6302	0.3874	0.2316	0.1342	0.0751	0.0404	0.0207	0.0101	0.0046
	1	0.9288	0.7748	0.5995	0.4362	0.3003	0.1960	0.1211	0.0705	0.0385
	2	0.9916	0.9470	0.8591	0.7382	0.6007	0.4628	0.3373	0.2318	0.1495
	3	0.9994	0.9917	0.9661	0.9144	0.8343	0.7297	0.6089	0.4826	0.3614
	4	1.0000	0.9991	0.9944	0.9804	0.9511	0.9012	0.8283	0.7334	0.6214
	5	1.0000	0.9999	0.9994	0.9969	0.9900	0.9747	0.9464	0.9006	0.8342
	6	1.0000	1.0000	1.0000	0.9997	0.9987	0.9957	0.9888	0.9750	0.9502
	7	1.0000	1.0000	1.0000	1.0000	0.9999	0.9996	0.9986	0.9962	0.9909
	8	1.0000	1.0000	1.0000	1.0000	1.0000	1.0000	0.9999	0.9997	0.9992
10	0	0.5987	0.3487	0.1969	0.1074	0.0563	0.0282	0.0135	0.0060	0.0025
	1	0.9139	0.7361	0.5443	0.3758	0.2440	0.1493	0.0860	0.0464	0.0233
	2	0.9885	0.9298	0.8202	0.6778	0.5256	0.3828	0.2616	0.1673	0.0996

	3	0.9990	0.9872	0.9500	0.8791	0.7759	0.6496	0.5138	0.3823	0.2660
	4	0.9999	0.9984	0.9901	0.9672	0.9219	0.8497	0.7515	0.6331	0.5044
	5	1.0000	0.9999	0.9986	0.9936	0.9803	0.9527	0.9051	0.8338	0.7384
	6	1.0000	1.0000	0.9999	0.9991	0.9965	0.9894	0.9740	0.9452	0.8980
	7	1.0000	1.0000	1.0000	0.9999	0.9996	0.9984	0.9952	0.9877	0.9726
	8	1.0000	1.0000	1.0000	1.0000	1.0000	0.9999	0.9995	0.9983	0.9955
	9	1.0000	1.0000	1.0000	1.0000	1.0000	1.0000	1.0000	0.9999	0.9997

표 1 | 누적 이항분포표(계속)

n	x	p									
		0.50	0.55	0.60	0.65	0.70	0.75	0.80	0.85	0.90	0.95
8	0	0.0039	0.0017	0.0007	0.0002	0.0001	0.0000	0.0000	0.0000	0.0000	0.0000
	1	0.0352	0.0181	0.0085	0.0036	0.0013	0.0004	0.0001	0.0000	0.0000	0.0000
	2	0.1445	0.0885	0.0498	0.0253	0.0113	0.0042	0.0012	0.0002	0.0000	0.0000
	3	0.3633	0.2604	0.1737	0.1061	0.0580	0.0273	0.0104	0.0029	0.0004	0.0000
	4	0.6367	0.5230	0.4059	0.2936	0.1941	0.1138	0.0563	0.0214	0.0050	0.0004
	5	0.8555	0.7799	0.6846	0.5722	0.4482	0.3215	0.2031	0.1052	0.0381	0.0058
	6	0.9648	0.9368	0.8936	0.8309	0.7447	0.6329	0.4967	0.3428	0.1869	0.0572
	7	0.9961	0.9916	0.9832	0.9681	0.9424	0.8999	0.8322	0.7275	0.5695	0.3366
9	0	0.0020	0.0008	0.0003	0.0001	0.0000	0.0000	0.0000	0.0000	0.0000	0.0000
	1	0.0195	0.0091	0.0038	0.0014	0.0004	0.0001	0.0000	0.0000	0.0000	0.0000
	2	0.0898	0.0498	0.0250	0.0112	0.0043	0.0013	0.0003	0.0000	0.0000	0.0000
	3	0.2539	0.1658	0.0994	0.0536	0.0253	0.0100	0.0031	0.0006	0.0001	0.0000
	4	0.5000	0.3786	0.2666	0.1717	0.0988	0.0489	0.0196	0.0056	0.0009	0.0000
	5	0.7461	0.6386	0.5174	0.3911	0.2703	0.1657	0.0856	0.0339	0.0083	0.0006
	6	0.9102	0.8505	0.7682	0.6627	0.5372	0.3993	0.2618	0.1409	0.0530	0.0084
	7	0.9805	0.9615	0.9295	0.8789	0.8040	0.6997	0.5638	0.4005	0.2252	0.0712
	8	0.9980	0.9954	0.9899	0.9793	0.9596	0.9249	0.8658	0.7684	0.6126	0.3698
10	0	0.0010	0.0003	0.0001	0.0000	0.0000	0.0000	0.0000	0.0000	0.0000	0.0000
	1	0.0107	0.0045	0.0017	0.0005	0.0001	0.0000	0.0000	0.0000	0.0000	0.0000
	2	0.0547	0.0274	0.0123	0.0048	0.0016	0.0004	0.0001	0.0000	0.0000	0.0000
	3	0.1719	0.1020	0.0548	0.0260	0.0106	0.0035	0.0009	0.0001	0.0000	0.0000
	4	0.3770	0.2616	0.1662	0.0949	0.0473	0.0197	0.0064	0.0014	0.0001	0.0000
	5	0.6230	0.4956	0.3669	0.2485	0.1503	0.0781	0.0328	0.0099	0.0016	0.0001
	6	0.8281	0.7340	0.6177	0.4862	0.3504	0.2241	0.1209	0.0500	0.0128	0.0010
	7	0.9453	0.9004	0.8327	0.7384	0.6172	0.4474	0.3222	0.1798	0.0702	0.0115

	8	0.9893	0.9767	0.9536	0.9140	0.8507	0.7560	0.6242	0.4557	0.2639	0.0861
	9	0.9990	0.9975	0.9940	0.9865	0.9718	0.9437	0.8926	0.8031	0.6513	0.4013

표 1 누적 이항분포표(계속)

n	x	p								
		0.05	0.10	0.15	0.20	0.25	0.30	0.35	0.40	0.45
15	0	0.4633	0.2059	0.0874	0.0352	0.0134	0.0047	0.0016	0.0005	0.0001
	1	0.8290	0.5490	0.3186	0.1671	0.0802	0.0353	0.0142	0.0052	0.0017
	2	0.9638	0.8159	0.6042	0.3980	0.2361	0.1268	0.0617	0.0271	0.0107
	3	0.9945	0.9444	0.8227	0.6482	0.4613	0.2969	0.1727	0.0905	0.0424
	4	0.9994	0.9873	0.9383	0.8358	0.6865	0.5155	0.3519	0.2173	0.1204
	5	0.9999	0.9978	0.9832	0.9389	0.8516	0.7216	0.5643	0.4032	0.2608
	6	1.0000	0.9997	0.9964	0.9819	0.9434	0.8689	0.7548	0.6098	0.4522
	7	1.0000	1.0000	0.9994	0.9958	0.9827	0.9500	0.8868	0.7869	0.6535
	8	1.0000	1.0000	0.9999	0.9992	0.9958	0.9848	0.9578	0.9050	0.8182
	9	1.0000	1.0000	1.0000	0.9999	0.9992	0.9963	0.9876	0.9662	0.9231
	10	1.0000	1.0000	1.0000	1.0000	0.9999	0.9993	0.9972	0.9907	0.9745
	11	1.0000	1.0000	1.0000	1.0000	1.0000	0.9999	0.9995	0.9981	0.9937
	12	1.0000	1.0000	1.0000	1.0000	1.0000	1.0000	0.9999	0.9997	0.9989
	13	1.0000	1.0000	1.0000	1.0000	1.0000	1.0000	1.0000	1.0000	0.9999
	14	1.0000	1.0000	1.0000	1.0000	1.0000	1.0000	1.0000	1.0000	1.0000
20	0	0.3585	0.1216	0.0388	0.0115	0.0032	0.0008	0.0002	0.0000	0.0000
	1	0.7358	0.3917	0.1756	0.0692	0.0243	0.0076	0.0021	0.0005	0.0001
	2	0.9245	0.6769	0.4049	0.2061	0.0913	0.0355	0.0121	0.0036	0.0009
	3	0.9841	0.8670	0.6477	0.4114	0.2252	0.1071	0.0444	0.0160	0.0049
	4	0.9974	0.9568	0.8298	0.6296	0.4148	0.2375	0.1182	0.0510	0.0189
	5	0.9997	0.9887	0.9327	0.8042	0.6172	0.4164	0.2454	0.1256	0.0553
	6	1.0000	0.9976	0.9781	0.9133	0.7858	0.6080	0.4166	0.2500	0.1299
	7	1.0000	0.9996	0.9941	0.9679	0.8982	0.7723	0.6010	0.4159	0.2520
	8	1.0000	0.9999	0.9987	0.9900	0.9591	0.8867	0.7624	0.5956	0.4143
	9	1.0000	1.0000	0.9998	0.9974	0.9861	0.9520	0.8782	0.7553	0.5914
	10	1.0000	1.0000	1.0000	0.9994	0.9961	0.9829	0.9468	0.8725	0.7507
	11	1.0000	1.0000	1.0000	0.9999	0.9991	0.9949	0.9804	0.9435	0.8692
	12	1.0000	1.0000	1.0000	1.0000	0.9998	0.9987	0.9940	0.9790	0.9420
	13	1.0000	1.0000	1.0000	1.0000	1.0000	0.9997	0.9985	0.9935	0.9786
	14	1.0000	1.0000	1.0000	1.0000	1.0000	1.0000	0.9997	0.9984	0.9936

15	1.0000	1.0000	1.0000	1.0000	1.0000	1.0000	1.0000	0.9997	0.9985
16	1.0000	1.0000	1.0000	1.0000	1.0000	1.0000	1.0000	1.0000	0.9997
17	1.0000	1.0000	1.0000	1.0000	1.0000	1.0000	1.0000	1.0000	1.0000
18	1.0000	1.0000	1.0000	1.0000	1.0000	1.0000	1.0000	1.0000	1.0000
19	1.0000	1.0000	1.0000	1.0000	1.0000	1.0000	1.0000	1.0000	1.0000
20	1.0000	1.0000	1.0000	1.0000	1.0000	1.0000	1.0000	1.0000	1.0000

표 1 누적 이항분포표(계속)

n	x	p									
		0.50	0.55	0.60	0.65	0.70	0.75	0.80	0.85	0.90	0.95
15	0	0.0000	0.0000	0.0000	0.0000	0.0000	0.0000	0.0000	0.0000	0.0000	0.0000
	1	0.0005	0.0001	0.0000	0.0000	0.0000	0.0000	0.0000	0.0000	0.0000	0.0000
	2	0.0037	0.0011	0.0003	0.0001	0.0000	0.0000	0.0000	0.0000	0.0000	0.0000
	3	0.0176	0.0063	0.0019	0.0005	0.0001	0.0000	0.0000	0.0000	0.0000	0.0000
	4	0.0592	0.0255	0.0093	0.0028	0.0007	0.0001	0.0000	0.0000	0.0000	0.0000
	5	0.1509	0.0769	0.0338	0.0124	0.0037	0.0008	0.0001	0.0000	0.0000	0.0000
	6	0.3036	0.1818	0.0950	0.0422	0.0152	0.0042	0.0008	0.0001	0.0000	0.0000
	7	0.5000	0.3465	0.2131	0.1132	0.0500	0.0173	0.0042	0.0006	0.0000	0.0000
	8	0.6964	0.5478	0.3902	0.2452	0.1311	0.0566	0.0181	0.0036	0.0003	0.0000
	9	0.8491	0.7392	0.5968	0.4357	0.2784	0.1484	0.0611	0.0168	0.0022	0.0001
	10	0.9408	0.8796	0.7827	0.6481	0.4845	0.3135	0.1642	0.0617	0.0127	0.0006
	11	0.9824	0.9576	0.9095	0.8273	0.7031	0.5387	0.3518	0.1773	0.0556	0.0055
	12	0.9963	0.9893	0.9729	0.9383	0.8732	0.7639	0.6020	0.3958	0.1841	0.0362
	13	0.9995	0.9983	0.9948	0.9858	0.9647	0.9198	0.8329	0.6814	0.4510	0.1710
	14	1.0000	0.9999	0.9995	0.9984	0.9953	0.9866	0.9648	0.9126	0.7941	0.5367
20	0	0.0000	0.0000	0.0000	0.0000	0.0000	0.0000	0.0000	0.0000	0.0000	0.0000
	1	0.0000	0.0000	0.0000	0.0000	0.0000	0.0000	0.0000	0.0000	0.0000	0.0000
	2	0.0002	0.0000	0.0000	0.0000	0.0000	0.0000	0.0000	0.0000	0.0000	0.0000
	3	0.0013	0.0003	0.0000	0.0000	0.0000	0.0000	0.0000	0.0000	0.0000	0.0000
	4	0.0059	0.0015	0.0003	0.0000	0.0000	0.0000	0.0000	0.0000	0.0000	0.0000
	5	0.0207	0.0064	0.0016	0.0003	0.0000	0.0000	0.0000	0.0000	0.0000	0.0000
	6	0.0577	0.0214	0.0065	0.0015	0.0003	0.0000	0.0000	0.0000	0.0000	0.0000
	7	0.1316	0.0580	0.0210	0.0060	0.0013	0.0002	0.0000	0.0000	0.0000	0.0000
	8	0.2517	0.1308	0.0565	0.0196	0.0051	0.0009	0.0001	0.0000	0.0000	0.0000
	9	0.4119	0.2493	0.1275	0.0532	0.0171	0.0039	0.0006	0.0000	0.0000	0.0000
	10	0.5881	0.4086	0.2447	0.1218	0.0480	0.0139	0.0026	0.0002	0.0000	0.0000

11	0.7483	0.5857	0.4044	0.2376	0.1133	0.0409	0.0100	0.0013	0.0001	0.0000
12	0.8684	0.7480	0.5841	0.3990	0.2277	0.1018	0.0321	0.0059	0.0004	0.0000
13	0.9423	0.8701	0.7500	0.5834	0.3920	0.2142	0.0867	0.0219	0.0024	0.0000
14	0.9793	0.9447	0.8744	0.7546	0.5836	0.3828	0.1958	0.0673	0.0113	0.0003
15	0.9941	0.9811	0.9490	0.8818	0.7625	0.5852	0.3704	0.1702	0.0432	0.0026
16	0.9987	0.9951	0.9840	0.9556	0.8929	0.7748	0.5886	0.3523	0.1330	0.0159
17	0.9998	0.9991	0.9964	0.9879	0.9645	0.9087	0.7939	0.5951	0.3231	0.0755
18	1.0000	0.9999	0.9995	0.9979	0.9924	0.9757	0.9308	0.8244	0.6083	0.2642
19	1.0000	1.0000	1.0000	0.9998	0.9992	0.9968	0.9885	0.9612	0.8784	0.6415
20	1.0000	1.0000	1.0000	1.0000	1.0000	1.0000	1.0000	1.0000	1.0000	1.0000

부록 표준 정규분포표

표 2 | 표준 정규분포표

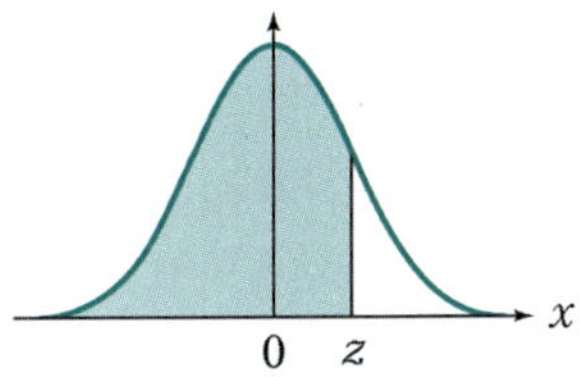

	0.00	0.01	0.02	0.03	0.04	0.05	0.06	0.07	0.08	0.09
0	0.5000	0.5040	0.5080	0.5120	0.5160	0.5199	0.5239	0.5279	0.5319	0.5359
0.1	0.5398	0.5438	0.5478	0.5517	0.5557	0.5596	0.5636	0.5675	0.5714	0.5753
0.2	0.5793	0.5832	0.5871	0.5910	0.5948	0.5987	0.6026	0.6064	0.6103	0.6141
0.3	0.6179	0.6217	0.6255	0.6293	0.6331	0.6368	0.6406	0.6443	0.6480	0.6517
0.4	0.6554	0.6591	0.6628	0.6664	0.6700	0.6736	0.6772	0.6808	0.6844	0.6879
0.5	0.6915	0.6950	0.6985	0.7019	0.7054	0.7088	0.7123	0.7157	0.7190	0.7224
0.6	0.7257	0.7291	0.7324	0.7357	0.7389	0.7422	0.7454	0.7486	0.7517	0.7549
0.7	0.7580	0.7611	0.7642	0.7673	0.7704	0.7734	0.7764	0.7794	0.7823	0.7852
0.8	0.7881	0.7910	0.7939	0.7967	0.7995	0.8023	0.8051	0.8078	0.8106	0.8133
0.9	0.8159	0.8186	0.8212	0.8238	0.8264	0.8289	0.8315	0.8340	0.8365	0.8389
1	0.8413	0.8438	0.8461	0.8485	0.8508	0.8531	0.8554	0.8577	0.8599	0.8621
1.1	0.8643	0.8665	0.8686	0.8708	0.8729	0.8749	0.8770	0.8790	0.8810	0.8830
1.2	0.8849	0.8869	0.8888	0.8907	0.8925	0.8944	0.8962	0.8980	0.8997	0.9015
1.3	0.9032	0.9049	0.9066	0.9082	0.9099	0.9115	0.9131	0.9147	0.9162	0.9177
1.4	0.9192	0.9207	0.9222	0.9236	0.9251	0.9265	0.9279	0.9292	0.9306	0.9319
1.5	0.9332	0.9345	0.9357	0.9370	0.9382	0.9394	0.9406	0.9418	0.9429	0.9441
1.6	0.9452	0.9463	0.9474	0.9484	0.9495	0.9505	0.9515	0.9525	0.9535	0.9545
1.7	0.9554	0.9564	0.9573	0.9582	0.9591	0.9599	0.9608	0.9616	0.9625	0.9633
1.8	0.9641	0.9649	0.9656	0.9664	0.9671	0.9678	0.9686	0.9693	0.9699	0.9706

1.9	0.9713	0.9719	0.9726	0.9732	0.9738	0.9744	0.9750	0.9756	0.9761	0.9767
2	0.9772	0.9778	0.9783	0.9788	0.9793	0.9798	0.9803	0.9808	0.9812	0.9817
2.1	0.9821	0.9826	0.9830	0.9834	0.9838	0.9842	0.9846	0.9850	0.9854	0.9857
2.2	0.9861	0.9864	0.9868	0.9871	0.9875	0.9878	0.9881	0.9884	0.9887	0.9890
2.3	0.9893	0.9896	0.9898	0.9901	0.9904	0.9906	0.9909	0.9911	0.9913	0.9916
2.4	0.9918	0.9920	0.9922	0.9925	0.9927	0.9929	0.9931	0.9932	0.9934	0.9936
2.5	0.9938	0.9940	0.9941	0.9943	0.9945	0.9946	0.9948	0.9949	0.9951	0.9952
2.6	0.9953	0.9955	0.9956	0.9957	0.9959	0.9960	0.9961	0.9962	0.9963	0.9964
2.7	0.9965	0.9966	0.9967	0.9968	0.9969	0.9970	0.9971	0.9972	0.9973	0.9974
2.8	0.9974	0.9975	0.9976	0.9977	0.9977	0.9978	0.9979	0.9979	0.9980	0.9981
2.9	0.9981	0.9982	0.9982	0.9983	0.9984	0.9984	0.9985	0.9985	0.9986	0.9986
3	0.9987	0.9987	0.9987	0.9988	0.9988	0.9989	0.9989	0.9989	0.9990	0.9990

대학기초수학 제2판

지은이 진현성, 박진원, 최병진
펴낸이 조경희
펴낸곳 경문사
펴낸날 2025년 2월 20일 2판 1쇄
등 록 1979년 11월 9일 제1979-000023호
주 소 04057, 서울특별시 마포구 와우산로 174
전 화 (02)332-2004 팩스 (02)336-5193
이메일 kyungmoon@kyungmoon.com

값 25,000원

ISBN 979-11-6073-772-1